全国高等职业教育技能型紧缺人才培养培训推荐教材

# 居住建筑装饰工程

## (建筑装饰工程技术专业)


本教材编审委员会组织编写

主编　江向东

主审　冯美宇

中国建筑工业出版社

**图书在版编目(CIP)数据**

居住建筑装饰工程/江向东主编 .—北京:中国建筑工业出版社,2005

全国高等职业教育技能型紧缺人才培养培训推荐教材 . 建筑装饰工程技术专业

ISBN 7-112-07177-1

Ⅰ.居 ... Ⅱ.江 ... Ⅲ.居住建筑—建筑装饰—高等学校:技术学校—教材 Ⅳ.TU767

中国版本图书馆 CIP 数据核字(2005)第 081610 号

全国高等职业教育技能型紧缺人才培养培训推荐教材

**居住建筑装饰工程**

**(建筑装饰工程技术专业)**

本教材编审委员会组织编写

主编 江向东

主审 冯美宇

*

中国建筑工业出版社出版(北京西郊百万庄)

新华书店总店科技发行所发行

北京密东印刷有限公司印刷

*

开本:787×1092毫米 1/16 印张:14½ 字数:350千字

2005年9月第一版 2006年6月第二次印刷

印数:2501—4000册 定价:**20.00**元

ISBN 7-112-07177-1

TU·6412(13131)



本社网址:http://www.china-abp.com.cn

网上书店:http://www.china-building.com.cn

本书主要内容包括:住宅建筑装饰装修概论、住宅建筑装饰装修设计原理、施工组织设计与施工技术、住宅建筑装饰装修材料、住宅设备的安装与室内装饰装修施工的协调配合、住宅建筑装饰装修饰面防水与厨房、卫生间防水技术、住宅建筑装饰装修施工图纸、住宅建筑装饰装修的合同管理、工程价款结算等。

本教材适用于高职院校建筑装饰工程技术专业的师生及其相关专业人员,并可作为岗位培训教材使用。

本书在使用过程中有何意见和建议,请与我社教材中心(jiaocai@china-abp.com.cn)联系。

* * *

责任编辑:朱首明　杨　虹
责任设计:郑秋菊
责任校对:关　健　王雪竹

# 序

改革开放以来，我国建筑业蓬勃发展，已成为国民经济的支柱产业。随着城市化进程的加快、建筑领域的科技进步、市场竞争的日趋激烈，急需大批建筑技术人才。人才紧缺已成为制约建筑业全面协调可持续发展的严重障碍。

面对我国建筑业发展的新形势，为深入贯彻落实《中共中央、国务院关于进一步加强人才工作的决定》精神，2004年10月，教育部、建设部联合印发了《关于实施职业院校建设行业技能型紧缺人才培养培训工程的通知》，确定在建筑施工、建筑装饰、建筑设备和建筑智能化等四个专业领域实施技能型紧缺人才培养培训工程，全国有71所高等职业技术学院、94所中等职业学校、702个主要合作企业被列为示范性培养培训基地，通过构建校企合作培养培训人才的机制，优化教学与实训过程，探索新的办学模式。这项培养培训工程的实施，充分体现了教育部、建设部大力推进职业教育改革和发展的办学理念，有利于职业院校从建设行业人才市场的实际需要出发，以素质为基础，以能力为本位，以就业为导向，加快培养建设行业一线迫切需要的高技能人才。

为配合技能型紧缺人才培养培训工程的实施，满足教学急需，中国建筑工业出版社在跟踪“高等职业教育建设行业技能型紧缺人才培养培训指导方案”编审过程中，广泛征求有关专家对配套教材建设的意见，组织了一大批具有丰富实践经验和教学经验的专家和骨干教师，编写了高等职业教育技能型紧缺人才培养培训“建筑工程技术”、“建筑装饰工程技术”、“建筑设备工程技术”、“楼宇智能化工程技术”4个专业的系列教材。我们希望这4个专业的系列教材对有关院校实施技能型紧缺人才的培养培训具有一定的指导作用。同时，也希望各院校在实施技能型紧缺人才培养培训工作中，有何意见及建议及时反馈给我们。

**建设部人事教育司**

2005年5月30日

# 前　言

本教材是全国高等职业教育技能型紧缺人才培养培训推荐教材。本书主要内容包括住宅建筑装饰装修概论、住宅建筑装饰装修设计原理、施工组织设计与施工技术、住宅建筑装饰装修材料、住宅设备的安装与室内装饰施工的协调配合、住宅建筑装饰装修饰面防水与厨房、卫生间防水技术、住宅建筑装饰装修施工图纸、住宅建筑装饰装修的合同管理、工程价款结算。

本书依据现行的与建设工程相关的法律、法规、规范等，结合实际案例系统介绍了住宅建筑装饰装修设计、施工、预算、材料的使用等有关内容。本书十分重视理论的实际应用和操作，列举了大量的实例，着重培养学生的实际应用和操作能力，体现了高等职业教育注重培养应用型人才的特点。

本教材单元3、8、9由徐州建筑职业技术学院江向东同志编写；单元1、2、7由徐州建筑职业技术学院陆文莺同志编写；单元4、5、6由四川建筑职业技术学院魏大平同志编写。全书由江向东同志统稿、修改并定稿。

本教材由山西建筑职业技术学院冯美宇同志审核。冯美宇同志对书稿提出了很多宝贵的意见，对该书的定稿给予了极大的支持，在此表示衷心的感谢。同时，感谢徐州工程学院滕道社老师的大力支持。

本书在编写过程中参考了有关文献资料，谨在此向其作者致以衷心的感谢。

限于编者水平有限，书中有错误和不当之处，敬请读者批评指正。

编　者

2005年5月

# 目　录

# 单元1 住宅建筑室内装饰装修概论

**知 识 点:**本章主要介绍住宅建筑的室内装饰装修的基本概念;介绍住宅建筑装饰装修的起源及发展历史;介绍住宅建筑装饰装修的内容、特点及质量要求。

**教学目标:**通过本章的学习,要求学生掌握不同结构、不同房型的住宅建筑的室内装饰装修的基本概念;了解住宅建筑装饰装修的起源及发展历史;了解住宅建筑装饰装修的内容、特点及质量要求。

## 课题 住宅建筑装饰装修的基本概念

### 1.1 住宅建筑装饰装修的基本概念

#### 1.1.1 基本概念

现代城市中,人们越来越重视居住环境的优劣,不断追求生活的高质量,让家成为真正的远离工作压力、喧闹街道的"避风港"。温馨古朴自然或优雅恬静舒适的家居环境是每个家庭追求的目标。因此,住宅建筑室内装饰装修行业悄然兴起,并迅速发展起来。

住宅建筑室内装饰装修是根据居住家庭的居住要求,遵循人体工程学和环境心理学原理,运用物质技术手段和建筑美学原理,采用适当的装饰装修材料和正确的结构,以科学的技术工艺方法,对住宅建筑内部固定表面的装饰和可移动设备的布置,进而创造功能合理、舒适优美,满足居住者物质和精神生活需求的住宅室内环境。

住宅是给人居住的,因此住宅建筑室内装饰装修设计应体现以人为本的原则。住宅是人的私有领地,人的一生有大约3/5的时间是在家中度过的,舒适永远是第一位的,而室内装饰装修风格在解决功能布局、细节处理、使用与美观的矛盾中自然产生,进而强调和升华后形成的。不同的生活习惯、生活阅历、兴趣爱好在住宅建筑室内装饰装修设计中自然形成不同的风格。

进入信息时代后,人们开阔了眼界,耳濡目染了各种文化和美的熏陶,品位不断提高,懂得了追求个性化的居住环境。时下的流行趋势也不容忽视,就像时装发布会,了解潮流、增加灵感有助于对住宅建筑室内装饰装修的定位。

#### 1.1.2 住宅建筑室内装饰装修的起源及发展历史

现代住宅装饰装修的兴起尽管只是近数十年的事,但是人类在文明伊始的时期就开始了有意识地对自己的生活环境进行布置、安排,甚至美化装饰。原始社会的陕西西安半坡村的方形、圆形居住空间,已考虑合理地安排内部空间,方形居室内部有一圆形的浅坑(火塘),一侧为卧眠,另一侧为休息,火塘靠近门并安排有进风的浅槽;圆形居住空间入口两侧也设置了引导作用的短墙,对居住空间已经能够依据功能合理划分空间,在布局上充分体现了居住环境的功能性,如图1-1、图1-2所示。

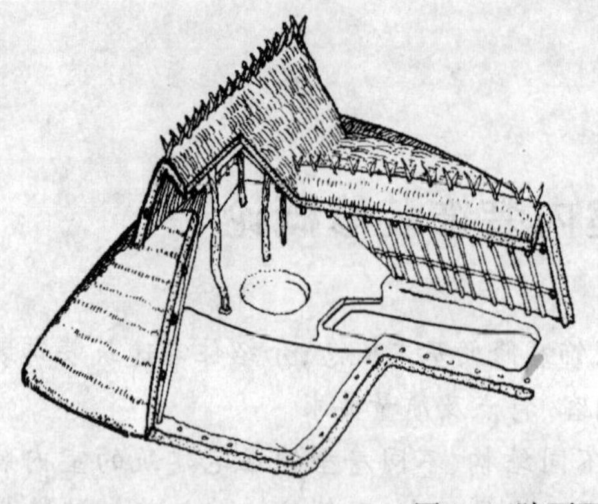
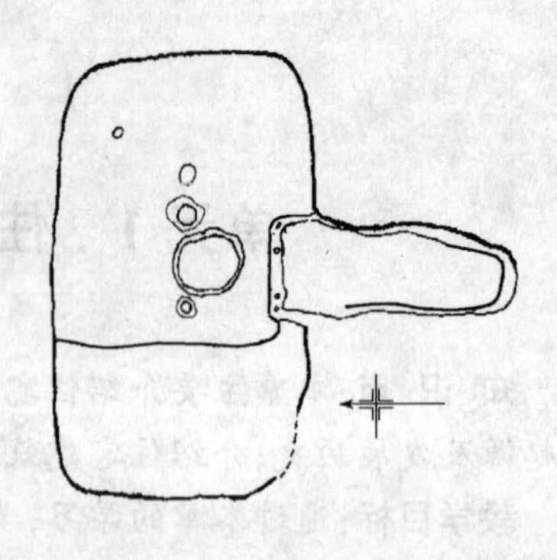

图 1-1　陕西西安半坡村方形住宅

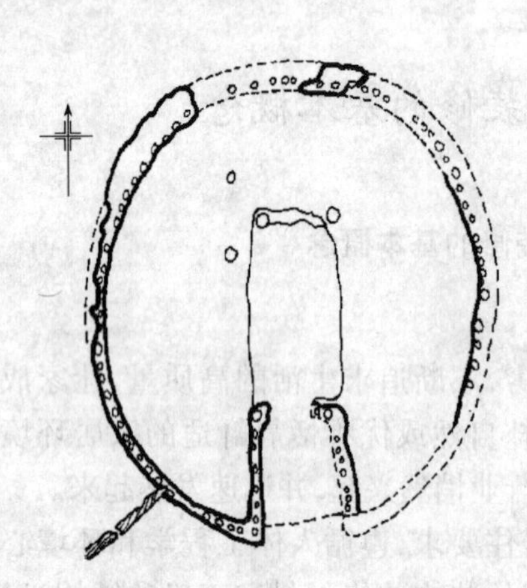
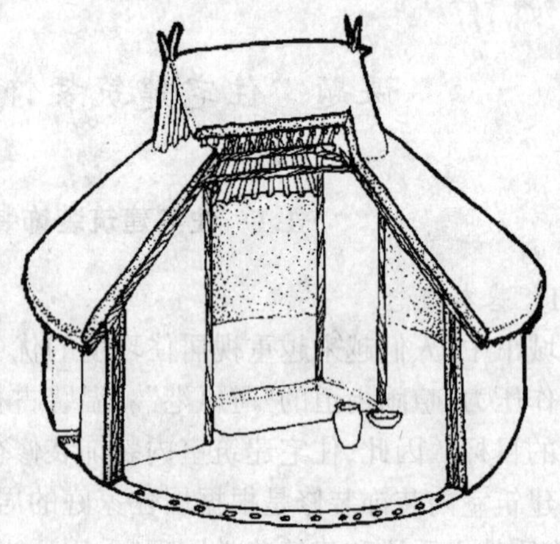

图 1-2　陕西西安半坡村圆形住宅

早在原始氏族社会的居室里已经有人工做成的平整光洁的石灰质地面，这是原始装饰材料的运用，新石器时代的居室遗址里，还留有修饰精细、坚硬美观的红色烧土面，即使是在原始人穴居的洞穴里，也懂得在壁面上绘制兽形和围猎的图形装饰居住环境。人类在很早就开始关注居住环境中"使用和氛围"、"物质和精神"等方面的功能。

考古发现，古埃及宅邸的遗址中，抹灰墙面上绘有彩色竖直条纹，地上铺有草编织物，配有各类家具和生活用品，古希腊和古罗马在住宅室内装饰方面已发展到了很高的水平，古罗马庞贝城的遗址中，从贵族官邸室内墙面的壁饰、铺地的大理石地面，以及家具、灯饰等加工制作的精细程度看，当时的室内装饰已相当成熟。

东西方在建筑艺术理论方面留下了许多珍贵的论述，涉及住宅室内装饰设计的就有《考工记》、《梓人传》、《营造法式》和《园冶》等众多历史文献。在专著《家言居室器玩部》的居室篇中李渔论述："该居室之制，贵精不贵丽，贵新奇大雅，不贵纤巧烂漫"，"窗棂以名透为先，栏杆以玲珑为主，然此皆属第二义，其首重者，止在一字之坚，坚而厚论工拙"，对住宅建筑室内设计与装修的构思立意有独到和精辟的见解。

我国许多民族特色的名居，在体现地域文化的建筑形体和室内空间组织、建筑装饰设计与制作方面都有很多宝贵的可供借鉴的成果。徽州明代住宅以木雕精美著名，喜用色彩淡雅的彩画，常在天花绘浅色木纹，以改善室内折射的亮度，懂得了使用装饰色彩改善居住质量(图 1-3)。北京四合院是华北地区明清住宅的典型,大门入口的影壁表面加以线角、雕花、图案、福禧字等装饰,既美观又起到室外到室内的屏障作用。室内有各种形式的罩、博古架、隔扇等分隔空间,顶棚常用纸裱或用天花顶格装饰,善于对空间进行二次设计和装饰(图 1-4)。苏州住宅擅长浮游生活情趣的空间设计与装饰,住宅内设有各种厅室,并颇有讲究和专门功能,如大厅为喜庆典礼之用,花厅为主人宴客会友听曲清谈之处,厅堂的周围多设庭院,布置山石花木,幽静雅致(图 1-5)。还有造型雄伟、风格浑朴,不多雕饰的闽南土楼住宅,地盘方整、外观也方整的云南一颗印住宅、因地制宜、因材致用、造型别致的傣族的干阑式住宅(图 1-6 ~ 图 1-9)。中国传统住宅室内装饰丰富多样又纯朴自然,通过室内的剑扇、罩、博古架等划分空间,运用雕梁画栋、斗栱、彩画辅以天花藻井加以美化,并巧妙运用家具陈设、字画、玩器等布置手段,常常可以创造出一种含蓄而高雅的室内空间意境和气氛,充分反映出中国传统文化和生活修养的特征(图 1-10)。

图 1-3　徽州明代住宅

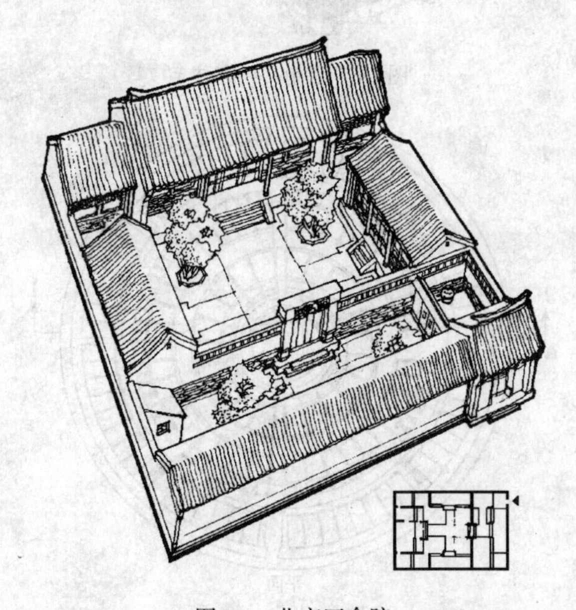

图 1-4　北京四合院

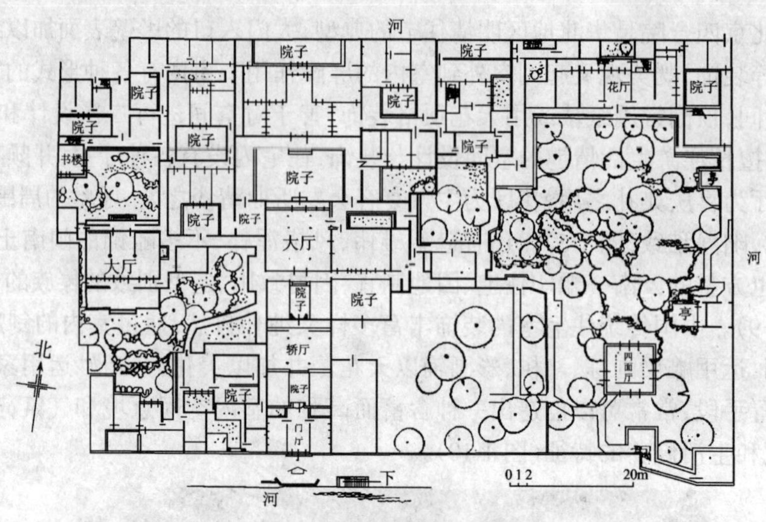


图 1-5　苏州小新桥刘巷平面

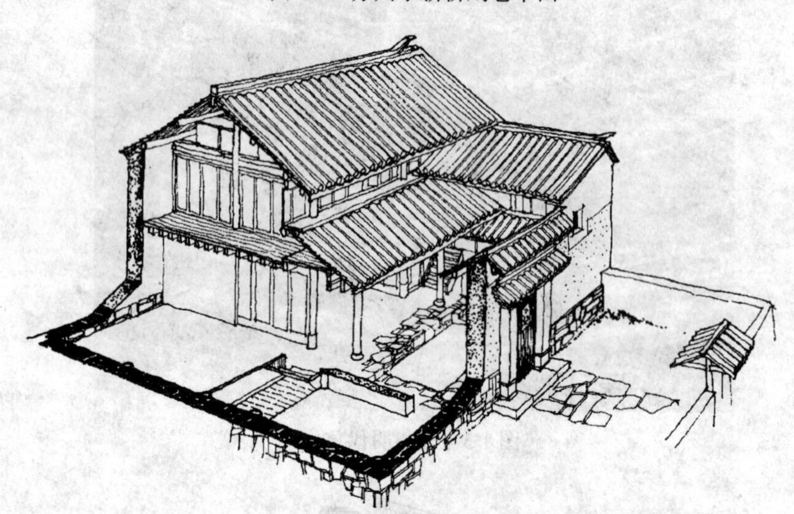

图 1-6　云南一颗印住宅

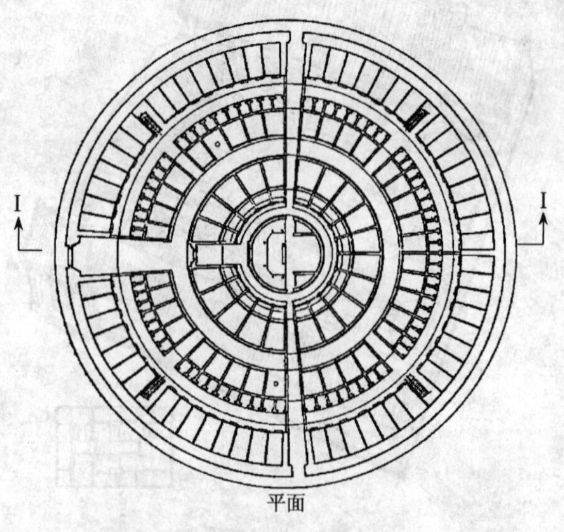


图 1-7　福建永定客家住宅平面

图 1-8　福建永定客家住宅

图 1-9　傣族的干阑式住宅

图 1-10　清代皇家室内

在欧洲，中世纪和文艺复兴以来，哥特式、古典式、巴洛克和洛可可等风格影响并运用到住宅建筑室内装饰上。1919年在德国创建的包豪斯学派，摒弃因循守旧，主张理性法则，倡导重视实用功能，提倡简洁，不要多余的装饰，推进现代工艺技术和新型材料的运用，掀开了现代主义设计的篇章，住宅室内设计的新理念受到了人们的重视和喜爱。

勒·柯布西耶1925年设计了一座样板式的公寓式建筑(图1-11)，这种大型公寓成为新规划城市的一个元素。该建筑有一个两层高的起居空间，空间上层有一阳台，家具包括简单的批量生产的托内特(Thonet)设计木椅，柯布西耶亲自设计的模式化储藏柜，以及简洁的不知名的无垫椅子。光滑的白色粉墙上悬挂着纯粹主义的绘画作品，当地工艺生产的小地毯铺地，实验室的玻璃瓶用来做花瓶，石头和贝壳是惟一的装饰物。密斯·凡·德·罗设计的吐根哈特住宅的室内装饰设计开创了室内空间无墙体，任意开敞自由设计的设计理念，室内色彩和材料的纹理是惟一的装饰。当时的室内装饰效果清晰地表明了20世纪20年代现代主义的种种设计理念(图1-12)。

图1-11 勒·柯布西耶1925年设计的一座样板式的公寓式住宅

1936年克雷奇兄弟设计的住宅现代厨房，采用连续柜台，其头上的柜子是仿自科学实验室的设计，暗示了易清洗和有效的工作方式，以及洗涤池和操作台的典型流线型设计带来的视觉影响都表明了现代厨房装饰装修概念。厨房中设计白色橱柜，光滑的顶、头顶柜子镶条和彩色地毯地面，成为20世纪30年代住宅中受人喜爱的部分，浴室也符合了现代处理的要求，有了暗管和淋浴，并常有柜状浴缸。将浴室缸视作装饰有趣的地方，而非很小的使用房间的想法，在这一时期得到了发展(图1-13)。

现代主义设计风格过于理性的思想和机械化的刻板，使人们开始怀念过去。20世纪50年代末开始复古思潮，20世纪60年代出现了后现代派装饰浪潮，住宅建筑室内追求昔日的装饰风格，注重细部的雕饰，唤起了人们对历史和文化的回忆。

图 1-12　密斯·凡·德·罗设计的吐根哈特住宅

图 1-13　1936 年克雷奇兄弟设计的住宅现代厨房

住宅室内装饰装修成为一个专业化的活动还只是近年的情况,然而近十多年来,我国现代住宅室内专业化装饰装修有了迅猛的发展。回顾国内家庭装饰装修业十多年的发展历程,大约经历了三个阶段。

第一个阶段,20 世纪 80 年代初,人们居住空间不大,当时有了最初的地面装饰材料,开始流行铺地板革,墙面贴涂塑壁纸、摆放折叠餐桌等家具,装饰较为简单。

第二个阶段,20 世纪 90 年代中期受港台装饰的影响,开始选用木材做墙裙,用抛光通体砖铺地,同时开始注重墙面、顶棚、门窗和门窗套的变化。当时人们还只是停留在表面的装饰上,缺乏设计,容易造成家家装修千篇一律,没有个性特点的现象。

第三个阶段,从1997年开始,家庭装饰装修开始了一次真正的变革。随着新型装饰装修材料的出现,人们环保意识的增强,欧美及港台文化的花样翻新,人们的居住观念发生了质的转变。釉面防滑地砖、复合地板、大理石等材料开始大量在装修中使用,墙面的处理也更趋于简洁化和功能化,出现了简约、自然、怀旧等多种风格,居室装饰装修不再盲目,开始重视居室空间的再创造,利用造型、色彩、照明设计重塑、改观空间形象,追求文化品味,个性特征。居室装饰装修不再是千人一面,相互抄袭,而成为了真正为户主服务的一种创造活动。

### 1.1.3 住宅建筑室内装饰装修的内容、特点及质量要求

(1)住宅建筑室内装饰装修的内容

住宅建筑室内空间相对公共建筑的空间面积是很小的,但其装饰装修内容几乎包括了室内装修的所有项目,主要是装饰居室室内结构与饰面和设计制作固定橱柜,包括室内顶、地、墙面的造型与饰面以及美化配置、灯光配置、家具陈设配置等。从装修项目来看包括:空间结构装修,如门窗、隔墙、室内楼梯等;界面装饰,如顶、地、墙(柱)等;木制品制作,如固定橱柜、陈设柜等;给水排水管道铺设,如厨房、卫浴间上下水管道铺设等;电气安装,如强电、弱电线路铺设,灯具、抽油烟机安装等。

(2)住宅建筑室内装饰装修的基本特点

1)住宅建筑室内装饰装修是在住宅建筑空间内进行的多门类、多工种的综合工艺操作。

2)在很多装饰面的处理上具有较强的技术性和艺术性。

3)住宅装饰材料品种繁杂、规格多样、施工工艺与处理方法各不相同。

4)住宅装修一般工期要求短、工作量琐碎繁杂、难以把工人的工种划分得很细,要求一工多能。

5)施工辅助种类多、性能、特点、用途各异。

6)因工期要求短、工艺要求多,所以在施工中采用的小型机具多。

7)各工种、各工序间关系密切,间隔周期短,要求密切配合。

(3)住宅建筑装饰装修的质量要求

住宅装修从过去的小打小闹到现在已有了上规模的家装公司,经历的时间并不长,但当前的家庭装修市场依然不规范。一方面,户主要花去多年的积蓄来装修自己的生活空间,往往对装修要求较高并且观察细致入微,户主和装修公司常常为装修质量的优劣争执不下。住宅室内装修工程主要是手工操作,在检评标准上,规定有一定的偏差允许范围,重要的是不影响结构安全,不影响使用功能,不影响视觉感受的美观。

1)住宅建筑装饰装修工程技术、质量的一般规定

(*a*)凡承接家庭装饰装修的单位和个人,必须严格执行国家颁布的《建筑装饰装修工程质量验收规范》GB 50210—2001及各省市(自治区)地方政府建设行政主管部门制定的家庭装饰装修工程质量方面的标准和规范。

(*b*)用户在进行家庭装饰装修时,应选择具有建筑装饰施工资质的单位。企业如劳力不足聘用临时劳务人员,应聘用持有技能岗位证书的个体从业者充当施工劳务,以保证工程质量。

(*c*)家庭装饰装修要保证建筑结构的整体安全,不准破坏承重结构,不许任意扩大原有门窗尺寸。

• 建筑物原有烟道、通风道不得随意拆改。

• 楼地面不准随意刨凿，不准切断楼板受力钢筋。

• 厨房、卫生间原有防水层，不得任意拆除破坏。

• 不得不经穿墙管直接埋设电线，明线要符合“规范”、“标准”要求。

• 不得任意拆改水、电、暖、燃气等管道和设施，不得遮盖上述设备表具。

(*d*)家庭装饰装修工程施工一般应遵循先土建(湿作业)，再木作，后涂饰的操作程序；按空间划分应是先上后下，先里后外的原则。

(*e*)家庭装饰装修施工工艺应严格执行国家颁布的《住宅装饰装修工程施工规范》GB 50327—2001 规定的工艺标准。

2)住宅建筑装饰装修的质量可以从以下几个方面进行鉴定。

(*a*)吊顶

• 根据吊顶的设计标高，其水平允许偏差为 5mm。

• 用膨胀螺栓作吊点，吊筋应不小于 8 号镀锌钢丝。

• 木龙骨应采用无开裂、无扭曲的红白松木，主龙骨的规格不小于 50mm × 70mm。

• 卫生间的罩面板宜采用塑料扣板、金属扣板或金属面板，不应采用受潮易变形的石膏板、胶合板等材料。

• 罩面板与龙骨及龙骨架各连接点，必须连接紧密，无松动，安全可靠。罩面板表面应平整，光洁，接缝顺直，宽窄均匀。罩面板不得有缺棱掉角、开裂的缺陷。

• 所有的木龙骨必须刷防火涂料，直接接触墙面或卫生间吊顶用的龙骨还应涂刷防腐剂。

(*b*)裱糊和瓷砖墙面

• 裱糊墙面的基层应坚实牢固，平整光滑，干燥，阴阳角顺直方正。

• 壁纸、墙布在阴角处接缝应搭接，阳角处应包角压实，不得有接缝。裱糊好的壁纸、墙布表面不得有气泡、空鼓、裂缝、翘边、皱褶和污斑的现象，应粘贴牢固，色泽一致。

• 壁纸、墙布与挂镜线、门窗套、窗帘盒、踢脚板等处紧接，不得有缝隙。

• 拼缝横平竖直，接缝处花纹、图案吻合不离缝、不搭接，距墙面 1.5m 处正视不显拼缝。

• 非整砖部位安排适当，墙面突出物周围的砖套割尺寸准确，边缘吻合，墙裙上口平直。

• 瓷砖粘贴牢固，无空鼓，无明显色差，不得有歪斜、缺棱掉角和裂缝。

• 表面平整和立面垂直允许偏差 2mm，接缝高低允许偏差 0.5mm。

(*c*)板块地面与木地板

• 常用的板块地面为花岗石、大理石、陶瓷地砖，均采用水泥砂浆铺贴，同一房间粘贴的地面材料的光洁度、纹理、图案、颜色应均匀一致，无明显色差。

• 面层与基层必须粘贴牢固，用小锤轻击检查，其空鼓量不超过总面积的 5%。板块接缝顺直，缝宽基本一致，接缝牢固饱满。

• 木地板基层所选用的木龙骨、毛地板和垫木安装必须牢固、平直，并满涂防腐剂。

• 硬木面层应由中间向四边铺钉，木地板与四周墙面应留 5 ~ 10mm 的膨胀间隙，用踢脚线压住，不得露缝。

• 木地板接缝严密，接头位置错开，脚踩无松动、无声响，粘钉牢固。

• 木地板表面打磨光滑，无刨痕、毛刺现象，木纹清晰，色泽均匀一致。

(*d*)细木制品

在住宅建筑室内装饰装修上，常见到的细木制品，包括护墙板、门窗、门窗套、散热器罩、挂镜线、顶角线、吊柜、壁柜、厨房操作台、装饰隔断、固定家具等，细木制品要体现精工细做。

• 各种线、窗帘盒上下沿，门窗套上框等处两端高低不能大于 2mm，用线坠检查其垂直度，偏差不能大于 2mm。总之，要做到横平竖直。

• 护墙板表面光洁，平整无锤印、无污染，不露钉帽，棱角顺直。

• 门窗套、窗帘盒、挂镜线等接缝紧密，呈 45°角对接，并与墙面紧贴，不留缝隙。

• 散热器罩有暗开启口，盖缝严密、牢固。

• 吊柜、壁柜、装饰隔断、固定家具安装牢固，无松动，不变形，边角整齐，无毛刺及锤印，不露钉帽，柜门开关灵活，无倒翘、反弹。

• 细木制品涂油漆后，应无漏刷、砂粒、刷痕、污斑和流坠等缺陷，做到表面光洁，平整，色泽一致，木纹清晰。

(*e*)给水排水管道、卫生洁具

• 管道的安装必须横平竖直，排水管道畅通，各种阀门位置正确，便于使用、维修与更换。

• 管道安装完毕后，应通水试压，在接头、阀门、管道连接处不得有渗水、漏水现象。

• 浴缸、淋浴房、坐便器、洗脸盆(水槽)、拖布池的安装应在顶棚、墙面完工后进行。卫生洁具、托架的安装宜采用膨胀螺栓固定，不得用木螺钉固定。

• 卫生间的用具(如玻璃镜、毛巾架、浴帘杆、浴缸拉手、口杯架、毛巾架、手纸架等)的安装必须牢固，无松动，位置及高度适宜，镀膜光洁无损伤、无污染，护口遮盖严密，与墙面靠紧无缝隙。

(*f*)电气安装

在住宅建筑室内装饰装修的施工过程中，有些线路是埋在墙内、地下或顶棚内的，应及时进行监督检查。

• 暗线敷设的护套管应用 PVC 阻燃管或金属管，导线接头应设在接线盒内。

• 导线应按用电负荷大小合理选择截面，照明电线、电话线均应采用截面不小于 $2mm^2$ 的绝缘铜线，空调线应采用截面不小于 $2.5mm^2$ 的绝缘铜线，电视射频线应采用 75Ω 同轴电缆线。

• 电源线、电视线、电话线、网线不得混装在同一护套管内。插座应采用安全插座，暗装开关，插座接线盒内的线头应留足 150mm。

• 灯具固定应牢固，吊灯重量大于 3000g 时，应采用预埋吊钩或螺栓固定。软线吊灯重量大于 1000g 时灯线不应受力，应与吊链编结在一起。

• 吊扇距地面高度不得低于 2300mm，吊扇挂钩直径不得小于 8mm，必须安装牢固。

• 排油烟机应用膨胀螺栓固定在墙面上，机体下表面距灶具高度宜为 800mm。

# 实 训 课 题

1. 一室一厅住宅建筑装饰装修综合案例分析(图 1-14 ~ 图 1-16)

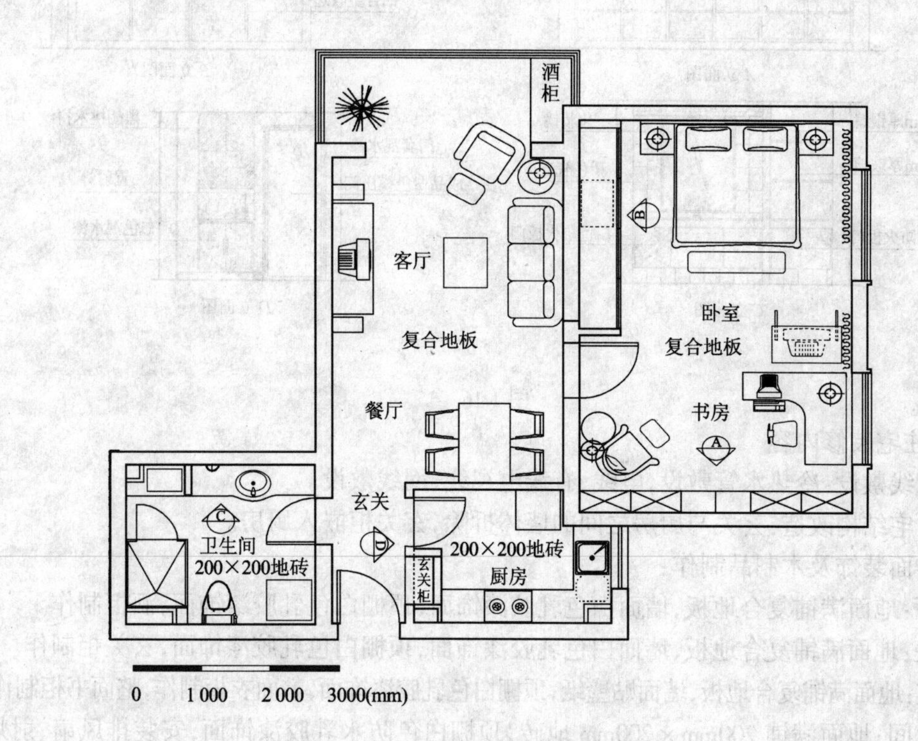


图 1-14 平面布局图

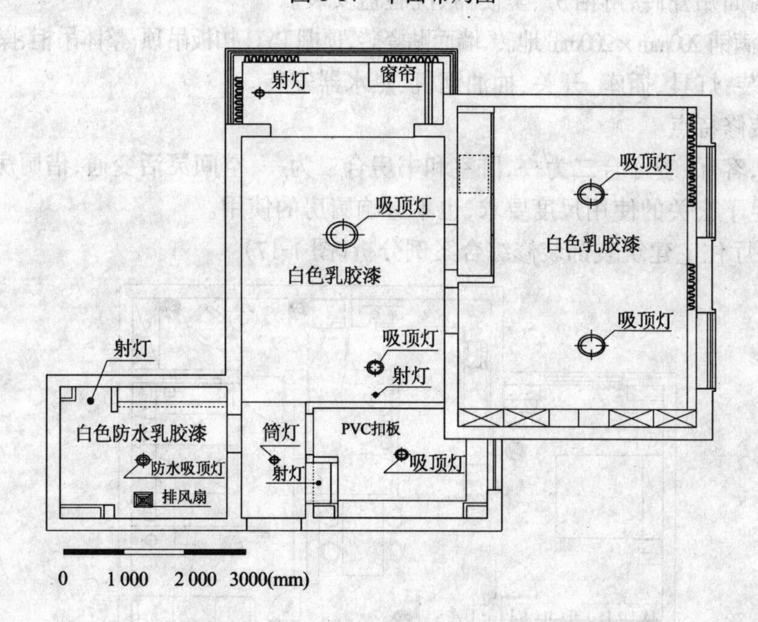


图 1-15 顶棚面图

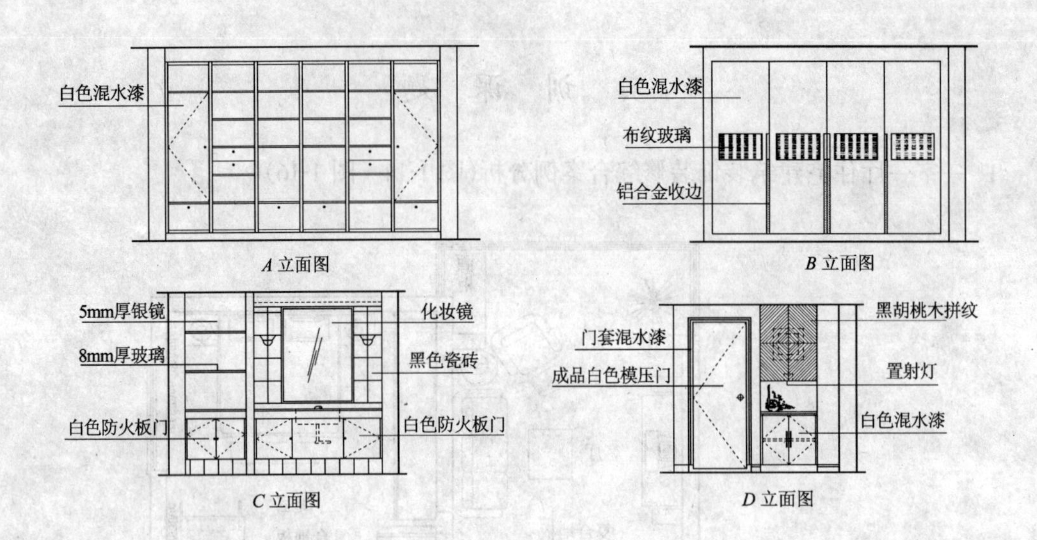


图 1-16

(1)住宅装修内容

1)管线敷设:冷热水管敷设,电线、有线电视线、网线敷设。

2)住宅结构改造:玄关与厨房之间的墙体拆除,玄关柜嵌入厨房。

3)界面装饰及木制品制作:

客厅:地面满铺复合地板,墙面白色乳胶漆饰面,顶棚白色乳胶漆饰面,酒柜制作。

玄关:地面满铺复合地板,墙面白色乳胶漆饰面,顶棚白色乳胶漆饰面,玄关柜制作。

卧室:地面满铺复合地板,墙面贴壁纸,顶棚白色乳胶漆饰面,整面衣柜制作,整面书柜制作。

卫生间:地面满铺 200mm × 200mm 地砖,顶棚白色防水乳胶漆饰面,安装排风扇、射灯、防水吸顶灯,墙面贴瓷砖,淋浴房、坐便器、洗脸盆安装。

厨房:地面满铺 200mm × 200mm 地砖,墙面贴瓷砖,顶棚 PVC 扣板吊顶,整体吊柜、操作台制作。

4)设备安装:灯具、插座、开关、抽油烟机、热水器安装。

(2)装饰装修特点

空间紧凑,客厅、餐厅合二为一,卧室和书房合二为一,空间灵活变通,借厨房空间,扩大玄关空间,满足了玄关的使用尺度要求,也不影响厨房的使用。

2. 两室一厅住宅建筑装饰装修综合案例分析(图 1-17)

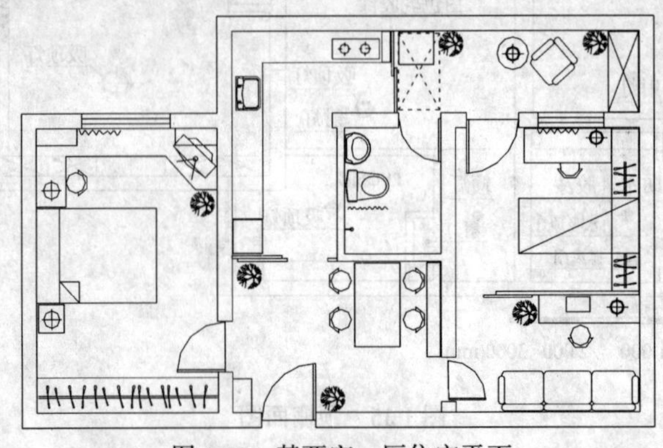

图 1-17　某两室一厅住宅平面

(1)住宅装修内容

1)管线敷设:冷热水管敷设,电线、有线电视线、网线敷设。

2)住宅结构改造:阳台中间原隔墙拆除,移至东 1m 处制作轻质隔墙并开启一扇推拉门;在西面卧室内制作一道轻质隔墙,把原房间一分为二,划分为卧室和书房。

3)界面装饰及木制品制作。

餐厅(含玄关):地面满铺 500mm × 500mm 玻化砖,墙面白色乳胶漆饰面,装饰柜制作,顶棚白色乳胶漆饰面。

卧室(含书房):地面满铺复合地板,墙面贴壁纸,顶棚白色乳胶漆饰面,整面墙衣柜制作,书柜制作。

卫生间:地面满铺 300mm × 300mm 地砖,顶棚银灰色铝扣板吊顶,安装排风扇、射灯、防水吸顶灯,墙面贴瓷砖,安装坐便器、洗脸盆。

厨房:地面满铺 300mm × 300mm 地砖,墙面贴瓷砖,顶棚白色铝扣板吊顶,整体吊柜、操作台制作。

4)设备安装:灯具、插座、开关、抽油烟机、热水器安装。

(2)装饰装修特点

本案空间较小,为尽量满足生活需要,设计考虑空间兼用,如玄关和餐室并不隔开,空间共享减少行走路线,卫生间的通道敞开,既满足客用又与主卧临近,方便主人使用。厨房面向餐厅设推拉门,使厨房和餐厅联系密切,玻璃门的通透特点在视觉上还延伸了餐厅空间。

3. 三室二厅住宅建筑装饰装修综合案例分析(图 1-18 ~ 图 1-24)

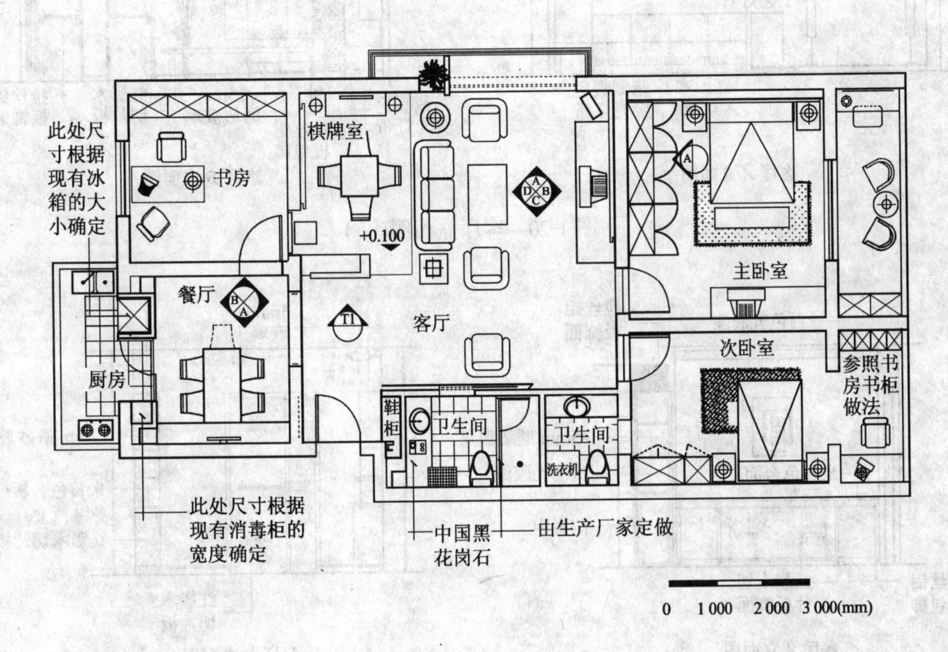


图 1-18 平面布局图

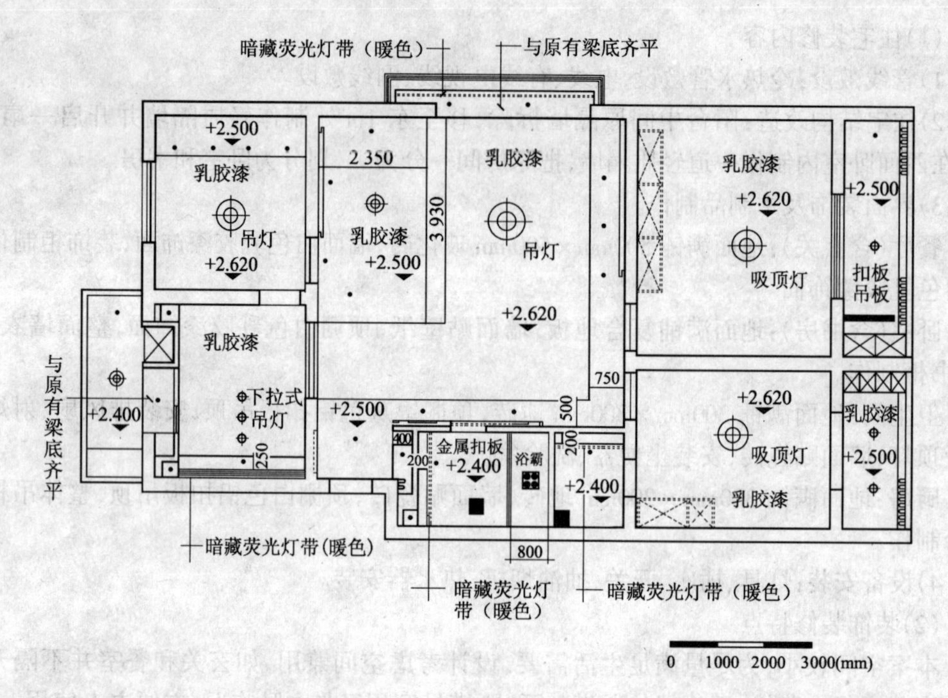


图 1-19 顶棚平面图

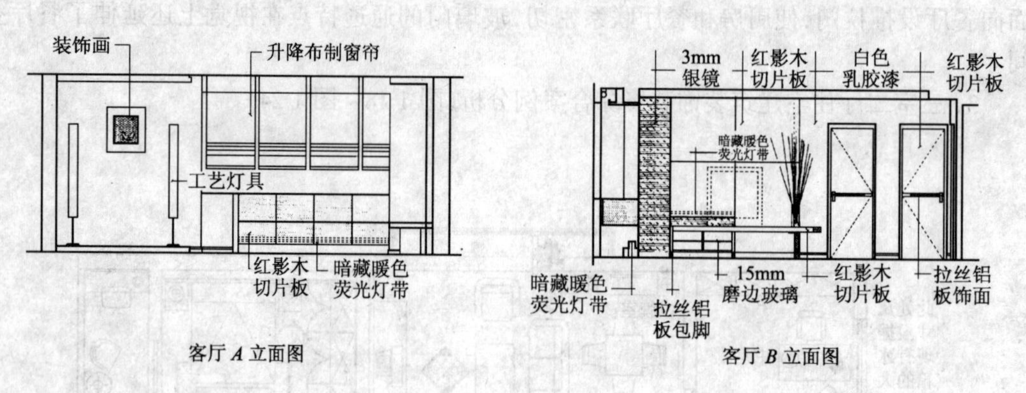


图 1-20 客厅立面图(一)

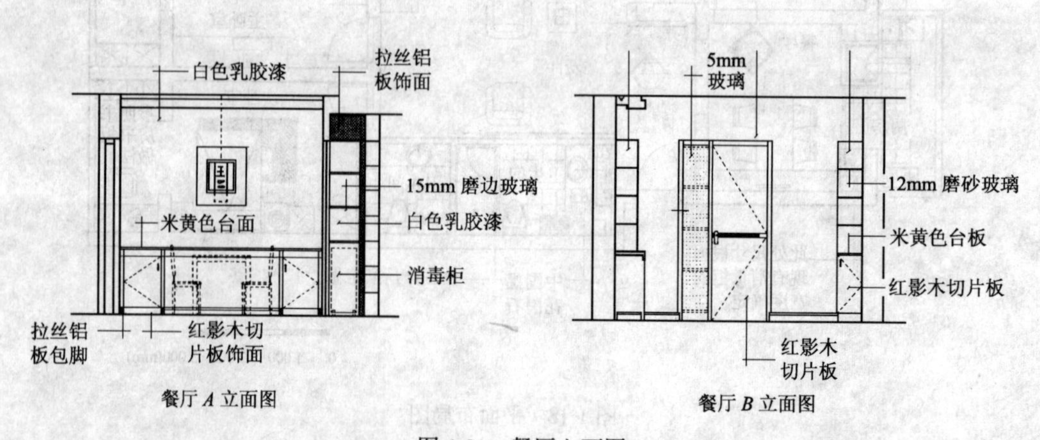


图 1-21 餐厅立面图

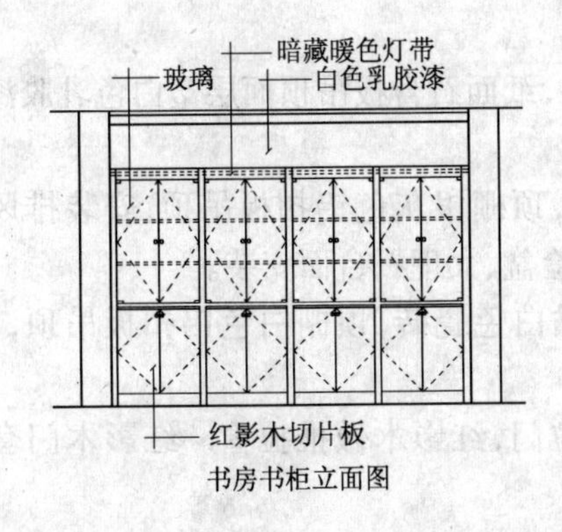

书房书柜立面图

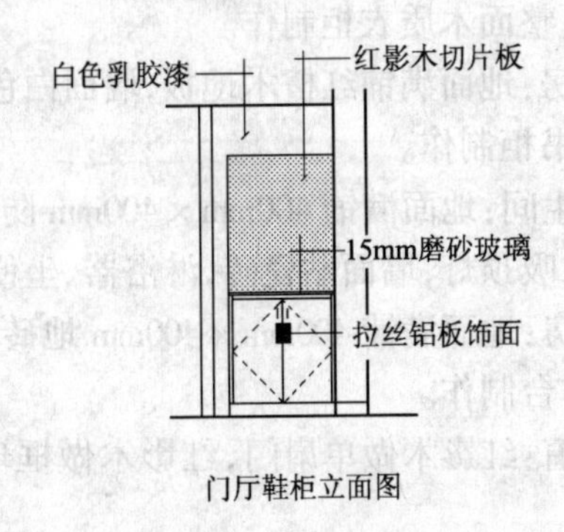

门厅鞋柜立面图

图 1-22 书房、门厅家具立面图

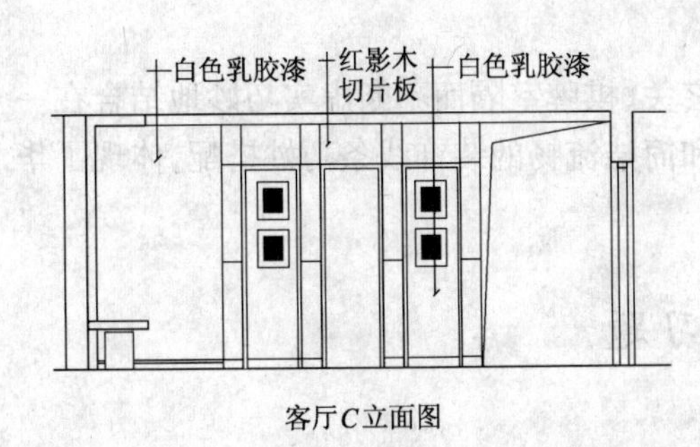

客厅C立面图

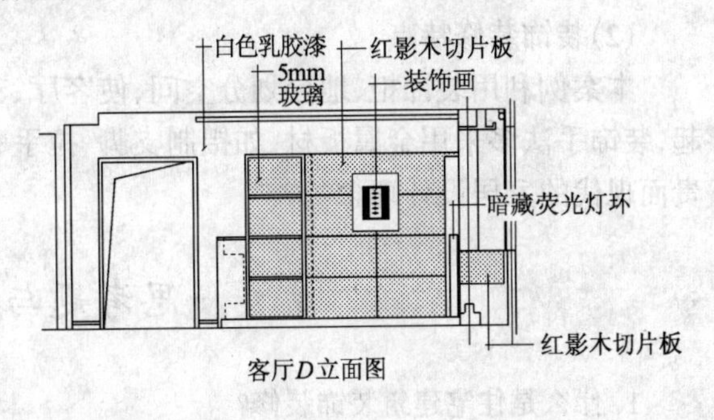

客厅D立面图

图 1-23 客厅立面图(二)

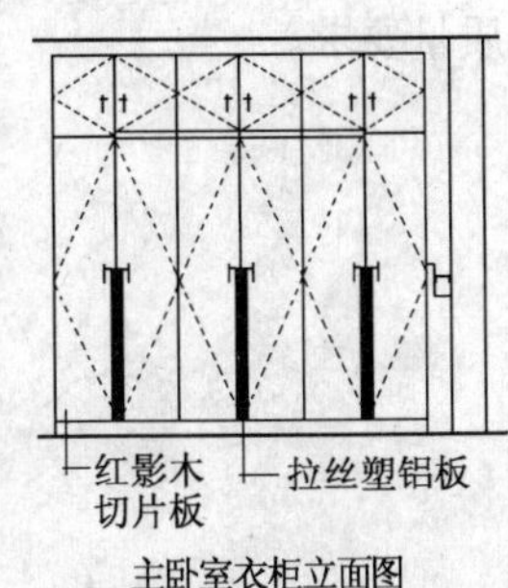

主卧室衣柜立面图

次卧室衣柜立面图

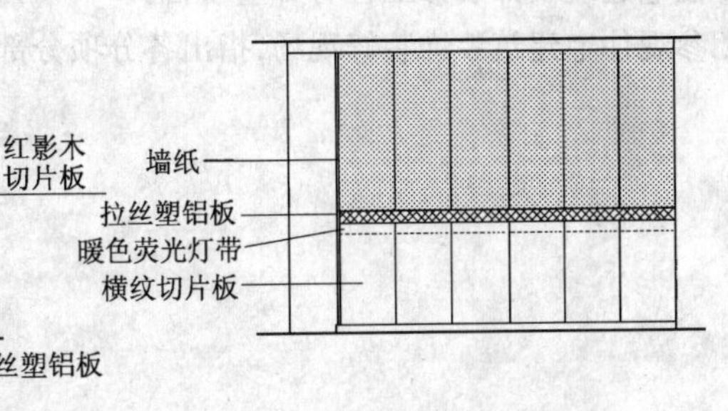

主卧室床屏立面图

图 1-24 主卧室、次卧室家具立面图

(1)住宅装修内容

1)管线敷设:冷热水管敷设,电线、有线电视线、网线敷设。

2)界面装饰及木制品制作。

客厅:地面满铺红檀木地板,棋牌室做架高地台,墙面浅色乳胶漆饰面,红影板装饰墙,装饰柜制作,顶棚纸面石膏板吊顶,白色乳胶漆饰面。

玄关:地面满铺红檀木地板,墙面浅色乳胶漆饰面,顶棚白色乳胶漆饰面,玄关柜制作。

餐厅:地面满铺红檀木地板,墙面浅暖色乳胶漆饰面,密度板制作主景墙表面塑白色亚光漆,挂装饰画,顶棚白色乳胶漆饰面,靠墙橱柜制作。

卧室:地面满铺红檀木地板,墙面浅色乳胶漆饰面,主景墙红影木板制作,顶棚白色乳胶漆饰面平顶,整面木质衣柜制作。

主卧:地面满铺红檀木地板,墙面床屏贴壁纸,斜纹切片红影板贴面,顶棚白色乳胶漆饰面平顶，整面木质衣柜制作。

书房：地面满铺红檀木地板，墙面白色乳胶漆，纸面石膏板吊顶面层塑白色乳胶漆，整墙红影木书柜制作。

卫生间：地面满铺 400mm × 400mm 防滑地砖，顶棚银灰色铝扣板吊顶，安装排风扇、射灯、防水吸顶灯，墙面贴瓷砖，淋浴器、坐便器、洗脸盆、大理石台面安装。

厨房：地面满铺 400mm × 400mm 地砖，墙面贴白色瓷砖，顶棚白色铝扣板吊顶，整体吊柜、操作台制作。

门窗：红影木做单扇门，红影木做框玻璃推拉门，红影木做推拉窗。红影木门套、窗套制作。

3)设备安装：灯具、插座、开关、抽油烟机、热水器、浴霸安装。

(2)装饰装修特点

本案例利用装饰柜、地台划分空间，使客厅、玄关、棋牌室隔而不断虚实巧妙地结合在一起，装饰手法多采用金属板材，如铝制支脚、拉手和简洁流畅的装饰线条巧妙搭配，体现了华贵而现代的家居设计理念。

## 思考题与习题

1. 什么是住宅建筑装饰装修？
2. 住宅建筑装饰装修工程有哪些项目？
3. 参观住宅建筑装饰装修现场，指出各分项分部工程名称及质量要求。

# 单元2 住宅建筑装饰装修的设计原理

**知识点:**本章主要介绍住宅建筑的室内装饰装修的设计原理。利用各种不同的评价方法对住宅建筑装饰装修设计方案进行优劣评价,得出最优方案。

**教学目标:**通过本章的学习,要求学生掌握不同结构、不同房型的住宅建筑的室内装饰装修基本设计原理,并能利用各种不同的评价方法对住宅建筑的室内装饰装修的设计方案进行优劣评价,得出最优方案。

## 课题 住宅建筑装饰装修设计的基本原理

### 2.1 住宅建筑装饰装修设计的基本原理

#### 2.1.1 住宅建筑装饰装修设计概述

随着社会的发展与进步,人们的生活水平逐步提高,同时对生活质量有了更新更高的需求,人们追求能与时代相适应,满足各项生活活动的舒适、自然、宜人的住宅环境。研究和探索如何创造一个人性化、实用化、功能化、风格化的居住空间是设计师们共同的奋斗目标。

(1)住宅建筑室内装饰装修设计的范围和步骤

住宅建筑室内环境创造的内容包括:

1)生活因素的考虑:包括家庭性格(成员、职业、性格、爱好、经济预算等)。

2)人体工程学与室内空间关系的确定,充分了解人体工程学与心理空间、动作空间、生活环境的关系,进行空间的规划与设计工作。

3)室内建材计划:配合工程预算选择适宜的装饰装修材料和纹理与质感组织。

4)照明计划:配置适当的照明设备,设计适当的照明方式和光源,满足功能与形式的需求。

5)室内环境设备与家具造型设计,陈设的布置与设计。

6)室内功能布局和空间组织。

7)室内色彩设计。

8)室内各界面装饰设计。

9)室内绿化环境设计。

室内设计一方面应从人的生理要求和心理要求两方面来考虑,依据人们的生活需求以及活动的方便合理安排住宅功能布局和尺度设计;另一方面依据人在精神上对美的一般性需求和居住者个性的需要来满足人的需要,提高居住环境的居住质量和审美情趣。

(2)住宅建筑室内装饰设计的三个基本因素

1)自然的因素

住宅原建筑空间状况对室内装饰装修有较大的影响,在室内设计时应处理好与建筑空间的关系，与建筑外环境的关系。在不危害建筑安全的原则下，适度地改造空间，改善生活品质。

($a$)考虑室内空间地域、方向、位置、建筑结构的因素，获取充足的阳光，新鲜的空气和宁静的生活氛围等自然生活环境。

($b$)利用视觉的延伸性，室内设计时注意与室外景观的视觉连接，取得借景的效果，获得视野与心灵的开阔。

($c$)选择装饰装修材料应尽量考虑地方性，就地取材，既经济又和自然生态地理特征相符，有亲切宜人的感觉。

2)人口的因素

中国人口增长过快，居住空间人均面积相对较小，不可能尽如人意，所带来的一系列问题涉及社会生活的各个方面。因此，现代住宅室内装饰设计应注意以下方面：

($a$)小空间亦能有大用途。

($b$)研究并发挥空间的最大使用功能。

($c$)以经济效益为原则，节约能源，避免浪费。

($d$)确立正确的价值观念，提高审美情趣。

3)科学技术的因素

随着社会的发展，科技水平不断提高，为室内装饰不断提供新材料、新技术、新工艺。室内设计在追求新科技时，应考虑人在心理、精神上的接受能力，而不是一味地追求时尚。

($a$)运用科学原理及科技成果，树立"以人为本"的设计理念。

($b$)预防环境污染和破坏自然的行为。

($c$)随着时代的进步不断加强室内设计的新概念。

### 2.1.2 不同结构、不同房型的住宅建筑室内装饰装修设计的基本原理

住宅是每个家庭的居住环境，每个家庭又有着不同的个性特征，而使住宅形成了不同的风格，家庭因素是决定住宅室内价值取向的根本条件，设计者在设计时应考虑以下因素：

家庭形态：人数、成员间关系、年龄、性别等。

家庭性格：爱好、职业特点、文化水平、个性特征、生活习惯、地域、民族、宗教信仰等。

家庭经济状况：收入水平、消费分配等。

设计是住宅装饰装修好坏的关键，住宅设计因素是设计的主要依据和基本条件，也是住宅室内环境设计的创意取向和价值定位的首要构成要素。采取合理而协调的设计措施，处理好这些因素之间的关系，创造舒适和谐、有个性的居住空间。

(1)功能布局合理

家庭活动是丰富而复杂的，创造理想的生活环境首先树立以人为本的思想，从环境与人的行为关系的研究入手，全方位地深入了解和分析人的居住和行为需求。住宅的室内环境在建筑设计时已基本划分了功能布局，并初步确定了厨房、卫浴空间和设备管井的位置，但这并不能制约室内空间的整体再创造，追求更深、更广的空间内涵。住宅室内装饰所涉及的功能构想有基本功能和平面布局两方面的内容。

1)基本功能

住宅的基本功能应有睡眠、休息、饮食、盥洗、家庭团聚、会客、视听、娱乐以及学习、工作等。这些功能因素又有静—闹，群体—私密等不同特点的分区(图 2-1)。

群体生活区(闹)

玄关——出入、迎来送往、放包和伞、换鞋

客厅——谈聚、音乐、会客、视听、娱乐

餐厅——用餐、团聚、交流

休闲室——游戏、健身、琴棋、电视

私密生活区(静)

卧室(分主卧、次卧、客卧)——睡眠、盥洗、梳妆、阅读、视听、嗜好等

儿女房——睡眠、书写

书房——阅读、书写、会客

家庭活动区及其功能

厨房——配膳、清洗、存物、烹调等

贮藏室——存物

2)平面布局

其内容包括各功能区域之间的关系,各厅室之间的组合关系,各平面功能所需的家具及设施,交通流线、面积分配,平面与立面(各界面)用材的关系,风格与造型特征的定位,色彩与照明的运用等。

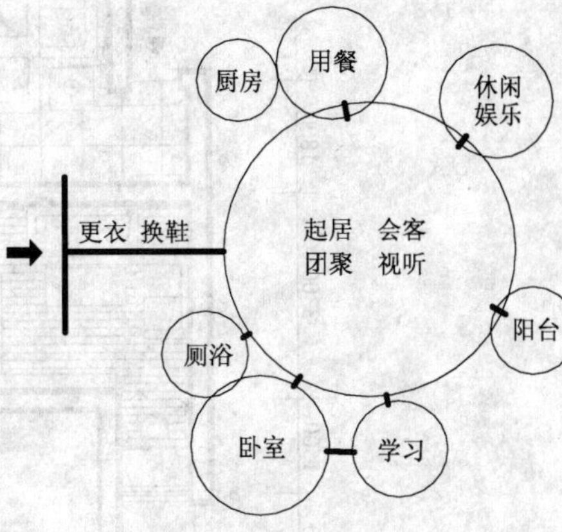

图 2-1　居室功能关系图

住宅室内空间的合理利用,在于充分发挥居室的使用功能。住宅室内空间各厅室有静与闹的区别,不同功能空间应合理分割,同类功能空间可以相对集中,使动静分区明确,空间与空间之间亲疏关系不同,如何能巧妙布局,疏密有致,至关重要。本着便于人使用的原则,设计应以满足使用功能为先。如卧室、书房等需要安静,可设置在住宅的尽端,避免安排通向其他空间的通道,以免被其他室内活动干扰;客厅是对外接待、交流的场所,一般设在入口处;动、静区域之间可以设置一过渡空间或共享空间,起到间隔调节的作用。此外,餐厅应紧靠厨房,便于进出;卧室应与浴厕间临近,便于盥洗等(图 2-2)。

(2)空间组织和谐顺畅

住宅室内设计是根据不同的功能要求,采用众多的手法进行空间的再创造,使居室内部环境更具科学性、实用性、审美性,在视觉效果、比例尺度、层次美感、虚实关系、个性特征等方面达到完美的结合,体现出“家”的主题,让居住者深深地感受到家的温馨,获得舒朗、愉悦的生理和心理感觉。

空间组织设计主要包括区域划分和交通流线两个内容。区域划分是指室内空间的组成,以家庭活动需要为划分依据,住宅室内可划分为群体生活区、私密生活区和家务活动区。群体生活区应易于与户外连接,具有开敞、动态、可伸展的特征;私密生活区域具有宁静、安全、内敛、稳定的特征,应远离闹区和交通路线。区域划分是将家庭生活需要与功能使用特征有机的结合,使空间划分明确,空间组织合理。居室交通流线的设计应以使家庭活动自由顺畅为原则,交通流线包括有形和无形两种,有形的是指门厅、走廊、楼梯等,无形的是指其他可供交通联系的空间。设计时应尽量减少有形的交通区域,增加无形的交通区域,以达到充分利用空间且自由、灵活,缩短交通距离的效果。区域划分与交通流线是居室空间组织的

要素，两者只有相互协调作用，才能取得理想的设计效果，如图 2-3 ~ 图 2-6 所示。

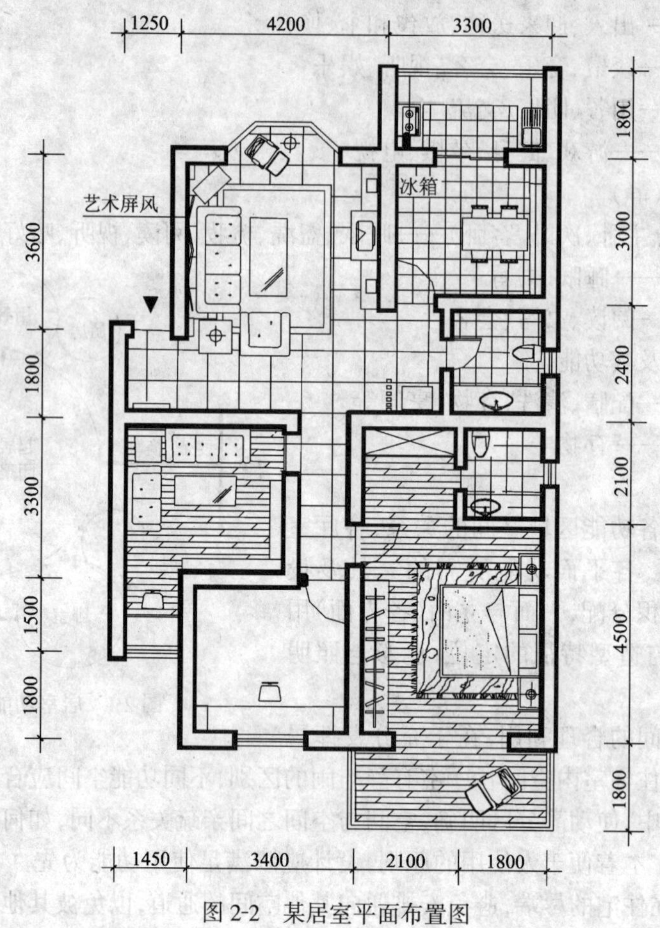


图 2-2　某居室平面布置图

图 2-3　某住宅平面图

图 2-4　某居室客厅

图 2-5　某居室

(3)色彩、照明、材质协调设计

住宅室内空间中的色彩、光、材质是相互依托的,他们是空间利用和设计不可忽略的重要组成要素。色彩是人们在居室中最敏感的视觉感受,影响着人的精神和心理。根据住宅的主题立意,确定室内环境的主色调,例如选择暖色调还是冷色调,选择对比色调、调和色调还是无彩色调等。

住宅设计各界面以及家具、陈设等材质的选用,应考虑人们近距离长时间的视觉感受,甚至可以接触等特点。所选材料不应有夹角或过分粗糙,也不应采用有毒或释放有害气体的材料。从人们的亲切自然的要求考虑,居室内宜选用木材、棉、麻、藤、竹天然材料,再适当配置绿化植物,容易形成亲切自然的室内环境气氛。现代居室设计为追求时尚,也可适当选用玻璃、金属等材料,以简洁、明快的色彩、造型出现,散发出时尚、现代的气息。

色彩和材质、光照是密不可分的。例如,不同树种的木制品,都各自具有相应的色相、明暗和特有纹理的视觉感受,它们之间很难分离开;玻璃给人明净的感觉;金属的光泽给人以光洁、现代、流畅的感觉。材料特有的色彩、光泽和纹理,即为该材料的属性。色彩和光照同样具有相应的联系。例如,在低色温、暖光色的光源照射下(如为2800K的白炽灯),被照物体均被一层浅浅的暖色黄光所覆盖。相反,在高色温、冷光色的光源照射下(如为6500K的荧光灯),则被照物体犹如被一层青白色的冷光所覆盖,这些因素在设计与选用色彩、材质时均应细致考虑。

图2-6　某居室入口

住宅室内设计中,家具的选择常起到举足轻重的作用。家具的造型款式、家具的材质和色彩都影响了居室的总体风格,如中式家具常常出现在中国传统风格的居室中;清水木纹、棉麻织物、软垫的沙发纯朴自然,宜塑造具有自然风格的住宅室内环境,如图2-7~2-10所示。

图2-7　某居室餐厅

图 2-8　某居室(一)

图 2-9　某居室(二)

图 2-10　某居室(三)

(4)风格构思整体统一

构思、立意是室内设计的灵魂,住宅空间虽小,但空间功能繁多复杂,设计时如果不能统一色调,统一风格样式,则住宅室内空间肯定是杂乱无章的,这样的住宅就难以达到舒适、美观了。

住宅室内设计的整体统一是将同一空间的许多细节,以一个共同的有机因素统一起来,使它变成一个完整而和谐的视觉系统,如把同一个装饰符号用在门上、窗上、装饰框架上,容易形成统一的视觉感受。根据户主的个性特点、爱好追求、经济条件等内容做综合的设计定位,形成造型的明晰条理、色彩的统一调子、光照的韵律层次、材质的和谐组织、空间的虚实比例以及家具的风格式样统一。以下是一套居室的图片(图 2-11 ~ 图 2-13)。

### 2.1.3　住宅建筑室内各部分环境设计

现代住宅内部功能已发展到包含了人的全部生活场所,其功能空间的组成因条件和家庭追求而各具特点,但组成基本包括:玄关(门厅)、客厅(起居室)、餐厅、厨房(可兼用早餐)、卧室(夫妻、老人、子女、客用)、卫生间(双卫、三卫、四卫)、书房(工作间)、贮藏室、工人房、洗衣房、阳台(平台)、车库、设备间等。

从发展现状看,住宅建筑空间组织越来越灵活自由,建筑一般提供的空间构架除厨房、卫浴间外,其他多为大开间构架式的布局,为不同的住户和设计师提供了根据家庭所需及设计追求自行分隔、多样组织、个性展现的空间条件。

(1)玄关

玄关原指佛教的入道之门,后被引用到居室入口处的区域,是住宅主入口直接通向室内的过渡性空间，它的主要功能是家人进出和迎送宾客。住宅是具有私密性的“领地”，玄关就是外界与室内之间的一道屏障，玄关常常与客厅相连，由于功能不同，可以利用吊顶、墙面、地面的形状、色彩、材质的不同，或用门套、挂罩、隔断、屏风、橱柜等方式加以分割。玄关与厅应当连而不直达、隔而不断，在客人到来之际，使主客双方在心理上都有一个准备，而不至于感到突然。玄关面积在 2 ~ 4m$^2$，它的面积虽小，却关系到家庭生活的舒适度、品味和使用效率。这一空间通常设置鞋柜、挂衣架或衣橱、储物柜等，也可装点些花卉、植物，在形式处理上，宜采用间接、生动与住宅整体风格相协调的风格，如果精巧地处理好细节，常常能起到画龙点睛的作用，如图 2-14 ~ 图 2-17 所示。

图 2-11 某居室客厅

(2)客厅

客厅有时也称起居室。客厅是家庭群体生活的主要活动场所，是家人视听、团聚、会客、娱乐、休闲的中心。在家庭装修中，客厅的设计和布置是居室中不可置疑的重点，客厅的设计对整个居室设计定位起主导作用，其他空间应与之相协调。客厅是居室环境使用活动最集中，使用频率最高的核心空间，也是家庭主人身份、修养、实力的象征。所以在布局设计上宜考虑设置在住宅的中央或相对独立的开放区域，常与玄关、入口相连，便于会客、团聚。客厅有暗厅和明厅之分，如可能尽量选择日照充足，能联系户外花园的空间位置，以营造伸展开敞的环境氛围。

图 2-12　某居室休息厅

图 2-13　某居室卧室

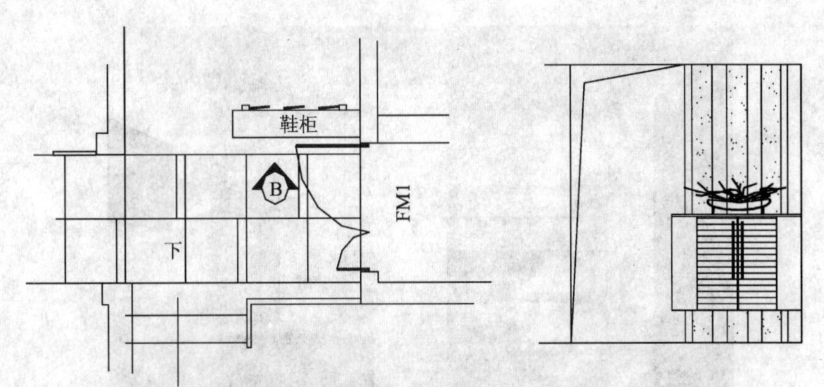

图 2-14　某居室玄关(一)

图 2-15　某居室玄关(二)

图 2-16　某居室玄关(三)

图 2-17　某居室玄关(四)

客厅平面的功能布局主要是视听团聚的座位区和通往各房间的交通线路。应尽可能使客厅、休闲活动区不被交通路线穿过,减少其他活动对此的干扰(图 2-18 ~图 2-24)。客厅的视觉形式必须充分考虑家庭性格和目标追求,以选用相适应的风格和表现方式。客厅的装饰要素包括家具、地面、顶棚、墙面、灯饰、门窗、隔断、陈设品、植物等,设计风格需要与总体构思一致,在界面造型、线脚处理、用材、用色等方面都需要与整体设想相符,追求舒适便利,优雅悦目,个性突出的客厅环境。

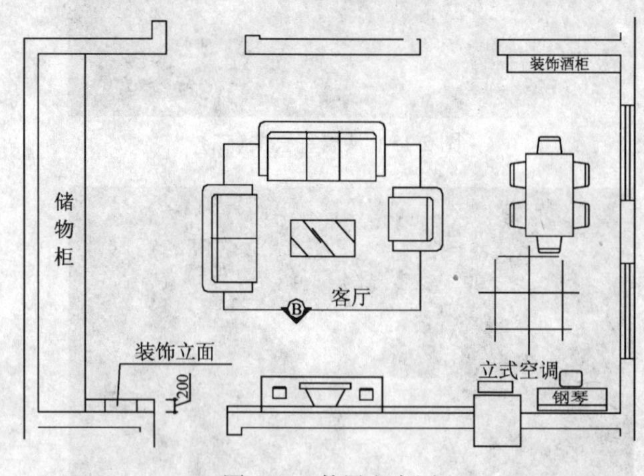


图 2-18　某居室客厅

(3)餐厅

餐厅是家庭日常进餐和宴请宾客的重要活动空间。餐厅形式常有这样几种:独立餐厅、与客厅相连的餐厅、厨房兼餐厅。在住宅整体风格的前提下,家庭用餐空间宜营造亲切、淡雅、温馨的环境氛围。设计时可以采用暖色调、明度较高的色彩,具有空间区域限定效果的灯光,柔和自然的材质,烘托起餐厅的特性。餐厅平面布局主要是就餐区和交通面积,除了必备的餐桌椅外,还可以设置酒柜、餐具柜、橱柜等。墙面布置一些别致的挂饰,以调节用餐氛围,如图 2-25、图 2-26 所示。

图 2-19　某居室客厅(一)

图 2-20　某居室客厅(二)

图 2-21　某居室客厅(三)

图 2-22　某居室客厅(四)

图 2-23　某居室客厅(五)

图 2-24　某居室客厅(六)

图 2-25 某居室餐厅(一)

图 2-26 某居室餐厅(二)

(4)卧室

卧室是住宅中最具私密性和安静性的空间,应安排在住宅平面布局的尽端,以不被穿通。其基本功能包括睡眠、休闲、梳妆、盥洗、贮藏和视听等。其基本设施配备有双人床、床头柜、衣橱或专用贮藏间(更衣室)、盥洗间、休息椅、电视柜、梳妆台等家具。卧室的功能布局可划分为睡眠区、休闲区,各区域之间并不截然分开,以充分利用空间。一般来说,卧室的色彩处理应淡雅,色彩的明度略低于客厅,灯光配置应考虑整体照明(顶灯)和局部照明(床头灯、夜灯),光源倾向于柔和的间接形式,各界面的材质和造型应自然、亲切、简洁,同时卧室的软装饰品(如窗帘、床罩、靠垫、工艺地毯等)的色、材、质、形应统一协调,它们对卧室氛围的营造起到很大的作用,如图 2-27 ~ 图 2-33 所示。

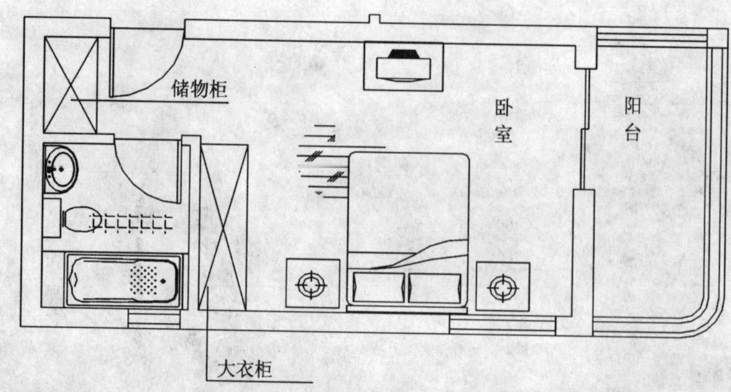


图 2-27　某居室卧室(一)

图 2-28　某居室卧室(二)

图 2-29　某居室卧室(三)

图 2-30　某居室卧室(四)

图 2-31　某居室卧室(五)

图 2-32　某居室卧室(六)

图 2-33　某居室卧室(七)

(5)书房

住宅中的书房是一个学习与工作的环境,可以单独设置,如没有足够的房间,可以设在卧室的一角。书房的家具有书桌、书橱、电脑桌、座椅等。书房有时又是工作间,根据主人职业的不同可以设置绘图台和画架等。书房空间环境的营造宜体现文化氛围,并注意安静的需要,在形式表现上讲究简洁质朴、自然和谐的风格,如图 2-34 所示。

图 2-34　某居室书房

(6)厨房

厨房是专门处理家务膳食的工作场所,在家庭生活中占据重要的地位,其基本功能有储物、洗切、烹饪、备餐以及用餐后的洗涤整理等。厨房的功能布局可分为:储藏区、清洗区、配膳区和烹调区四部分,厨房内操作的基本顺序为洗涤→配制→烹饪→备餐,各环节之间按顺序排列,相互之间的距离宜在 450~600mm,以方便操作。厨房的基本设施有:洗涤盆、操作平台、灶具、排油烟机、微波炉、电冰箱、消毒柜、储物柜、热水器等。有些厨房还设方便餐桌。根据厨房空间大小和结构，有U形、L形、F形和岛式的布置形式。厨房设计上应首先符合人体工程学的要求，突出空间的洁净明亮、使用方便、通风良好、光照充足，在视觉上给人以简洁明快、整齐有序的现代厨房空间感受，如图2-35、图2-36所示。

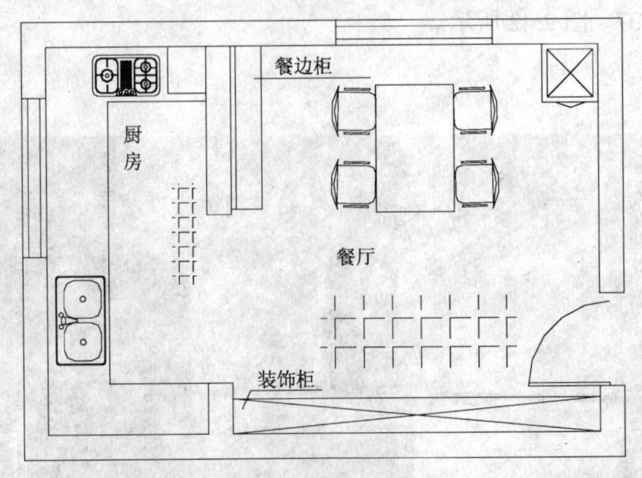


图2-35　某居室厨房(一)

图2-36　某居室厨房(二)

(7)卫浴间

原则上，卫生间应为卧室的一个配套空间，理想的住宅应为每一卧室配一卫生间。实际上，目前多数住宅远远达不到这个要求，在住宅中如有两个卫生间，应将其中一个供主人卧室专用，另外一个供公共使用。卫生间的基本设备有洗脸盆、浴缸、淋浴房、坐便器等。其设备配置与安装应以空间尺度和条件及人体活动尺度为依据。其所有设备皆与水有关，给水和排水系统(尤其是坐便器的污水管道)必须符合国家质检标准。地面排水坡度与干湿区的划分应妥善处理。卫浴间各界面材料应具有较好的防水性能，易于清洁，同时也应注意表面形式的美观。地面需考虑防滑,常采用陶瓷类同质防滑地砖;吊顶常采用铝制或塑料扣板,为便于管道维修,应考虑设置检修口。卫浴间应有通风采光、取暖设施,通风可采用窗户自然通风,或安装抽风机,浴霸既可以洗浴时取暖又兼有抽风机的功能。采光设计上应设置整体照明和局部重点照明形式,洗脸与梳妆区宜采用散光灯箱,或发光平顶以取得无影的局部照明效果,如图 2-37 ~ 图 2-42 所示。

图 2-37　某居室卫生间(一)

图 2-38　某居室卫生间(二)

图 2-39　某居室卫生间(三)

图 2-40　某居室卫生间(四)

图 2-41　某居室卫生间(五)

图 2-42　某居室卫生间(六)

### 2.1.4　住宅建筑装饰装修设计方案的评价

通过本章的学习能够系统地把握住宅建筑装饰装修设计评价的标准，懂得衡量一个设计，好在哪里，差在哪里的理论依据，进而去学会如何寻求和把握一个好的创意、好的设计和好的设计品质的途径。

根据现代住宅建筑室内设计的特征和设计的实际价值，可以从以下几方面进行评价与衡量。

(1)住宅建筑室内设计方案的评价指标

1)设计作品的功能性

住宅室内环境功能,也称住宅室内空间的实用性,主要指符合住宅空间使用效能方面的指标,如尺度指标、物理指标、功率指标。住宅室内环境设计以人和家庭活动为设计核心,以安全——卫生——效率——舒适这一以人为本的理念为基本设计原则,体现在充分满足人的生理、心理、视觉等需求上。设计展开时应细致入微,设身处地地为户主着想,深入到生活的每个细节,充分考虑到人体工程学、环境心理学、审美心理学等方面的要求。住宅室内环境设计的功能绝不是单一的,也不是任意组合的,而是由合乎科学和非常周密的系统构成的,设计师应追求功能的系统性与完整性,以及拟定人与环境相协调的系统功能评价目标。

2)设计作品的业主意愿

住宅建筑室内装饰装修的业主通常是户主,户主是住宅的使用者,他的意愿和要求是设计的主要依据,不同的户主因个性、职业、爱好、经济状况的不同,对住宅的要求也各不相同,或强调实用功能性,或强调艺术性和个性品位。设计师设计时应把自己视为户主要求当然的解释者,并按照对"要求"的理解巧妙、深入地展开创作,以充分体现户主的意图。

3)设计作品的科学性

现代住宅室内设计是以科学为重要支柱的设计活动,现代科学技术成果不断应用于住宅建筑室内装饰装修设计,包括新型材料,先进的结构构成,施工工艺以及为创造良好的声、光、热环境的设施设备,设计就应该适应这一时代和科学技术发展的步伐,体现出人们对现代生活环境的新需求。

4)设计的经济性

确定成本与价值观,指实现设计所需的费用投入是否为户主所接受,这项指标的评价是极其重要的,因为只有当为实现某项设计而付出的代价小于能从该项设计中获得的利益时,才算是有价值的设计。住宅室内装饰装修所需的经费有高有低,差别极大,装修完成的结果也是不同的,只有那些充分把握住可以实现居住的舒适度和实用便利,并能满足精神愉悦和经济条件并让业主可以承受的设计,才是好的设计。

5)设计作品的艺术性

指设计师运用设计美学原理,创造具有很强表现力和感染力的住宅室内空间和形象,创造具有视觉愉悦和文化内涵的居住环境。具体包括空间环境的风格取向、形态塑造、色彩处理、材质设置、地域文脉、时代精神等,是否符合设计主题和户主意愿的定位。

(2)住宅建筑室内设计方案的评价

为使设计评价一目了然,可对上述评价项目的结果,分别用图表反映。根据项目具体特点、规模及需求制作总表与各分项评价表进行评估,以供设计决策或作为设计师自我衡量与检验的标准。

**设计的功能性评价表** **表 2-1**

| 等级 / 项目 | A | B | C |
|---|---|---|---|
| | 优 良 差 | 优 良 差 | 优 良 差 |
| 实用<br>舒适<br>效率<br>卫生 | | | |

续表

| 项目 \ 等级 | A | B | C |
|---|---|---|---|
| | 优 良 差 | 优 良 差 | 优 良 差 |
| 持续性 | | | |
| 温度、湿度 | | | |
| 安全、环保 | | | |
| …… | | | |

**设计的业主意愿评价表** 表 2-2

| 项目 \ 等级 | A | B | C |
|---|---|---|---|
| | 优 良 差 | 优 良 差 | 优 良 差 |
| 实用要求 | | | |
| 艺术要求 | | | |
| 空间计划 | | | |
| 技术要求 | | | |
| 资金控制 | | | |
| 装饰风格 | | | |
| 装修档次 | | | |
| …… | | | |

**设计的科学性评价表** 表 2-3

| 项目 \ 等级 | A | B | C |
|---|---|---|---|
| | 优 良 差 | 优 良 差 | 优 良 差 |
| 人体工程学原理 | | | |
| 新型材料 | | | |
| 结构造型 | | | |
| 工艺流程 | | | |
| 设施设备 | | | |
| 声 | | | |
| 光 | | | |
| 水、电 | | | |
| 热、气流 | | | |
| 储藏 | | | |
| 消防 | | | |
| …… | | | |

**设计的经济性评价表** 表 2-4

| 项目 \ 等级 | A | B | C |
|---|---|---|---|
| | 优 良 差 | 优 良 差 | 优 良 差 |
| 预算分配 | | | |
| 节约、合理 | | | |
| 耐用性 | | | |
| 易保养 | | | |
| 材料适宜 | | | |
| 再生性 | | | |
| 将来性 | | | |
| …… | | | |

**设计的艺术性评价表**　　　　表 2-5

| 项目 \ 等级 | A | | | B | | | C | | |
|---|---|---|---|---|---|---|---|---|---|
| | 优 | 良 | 差 | 优 | 良 | 差 | 优 | 良 | 差 |
| 风格、个性特征 | | | | | | | | | |
| 视觉心理 | | | | | | | | | |
| 时、地条件 | | | | | | | | | |
| 节奏与韵律 | | | | | | | | | |
| 重点与中心 | | | | | | | | | |
| 比例与尺度 | | | | | | | | | |
| 空间意境 | | | | | | | | | |
| 和谐与对比 | | | | | | | | | |
| 材质、肌理 | | | | | | | | | |
| 环境与色彩 | | | | | | | | | |
| 照明设计 | | | | | | | | | |
| …… | | | | | | | | | |

**设计评价稽核总表**　　　　表 2-6

| 项目 \ 等级 | A | | | B | | | C | | |
|---|---|---|---|---|---|---|---|---|---|
| | 优 | 良 | 差 | 优 | 良 | 差 | 优 | 良 | 差 |
| 功能性 | | | | | | | | | |
| 业主意愿 | | | | | | | | | |
| 科学性 | | | | | | | | | |
| 经济性 | | | | | | | | | |
| 艺术性 | | | | | | | | | |
| 合理性 | | | | | | | | | |
| 独创性 | | | | | | | | | |
| 将来性 | | | | | | | | | |
| 安全性 | | | | | | | | | |
| …… | | | | | | | | | |

每项评估表又可细分相关的评估内容，经逐项分析、判断、评估后，可以在一定程度上反映出设计的综合品质和设计创意的取向，也可选择其中几项做个别评估。分项评估表是总表评估的基础，如果从各分项目来检查，都有不错的表现，说明总评质量优良。如果在各分项目中，只有几个表现较好，其他表现平平，则反映出设计师设计的取向不足，便于设计方略的调整与完善。

## 实 训 课 题

1. 某四室二厅住宅装饰设计方案分析（图 2-43 ~ 图 2-47）。

本案使用面积约 135m²，作品中运用了中国传统建筑中"重复"、"层次"、"对比"、"虚实"等表现手法。入口处圆形通空的重复使用，引自中国屏风的特性，引入了光线，红白色彩相间，形成虚实和对比。客厅以黑白色为主调，亚光白色镂空屏风、光面黑色墙身，在实体上划分多重空间层次，活跃了空间。中式家具中单椅、枣红色沙发，体现了简洁的风格，是现代的设计手法。餐厅使用红白色对比，大型的挂镜与厨房的门相呼应，既可以在视觉上延伸原来较狭窄的空间，又形成了空间的互动交错，并把红色引入厨房各个空间。厨房以红黑对比，卧室红色与白色重复使用，儿童房运用了传统中式的红色床台概念，并以现代手法融入增强空间层次，并隐藏原衣柜。书房则黑白对比，半透空的黑白结构屏风与客厅的屏风同出一脉，使空间互动微妙，丰富了层次变化，增加了神秘与深度感。

图 2-43 客厅

图 2-44 餐厅

图 2-45 书房(一)

图 2-46　书房(二)

图 2-47　儿童房

2. 某别墅住宅装饰设计方案分析(图 2-48 ~ 图 2-54)。

本案建筑面积 310m$^2$,住宅的设计语言非常简单,以纯白色和深木色对比,形成简约的设计风格,提供了整体、简练的背景。家具和装饰陈设的形式与色彩丰富了空间,客厅充满青春和活力的红色沙发给人视觉冲击,与黑色的背景、白色的环境形成强烈的对比,月光洒入室内,与各种光照交相辉映。本案擅用色彩和装饰纹样,卧室纯白的界面和纯白的家具、床褥,配以紫色的纱质窗帘,褐黄色的小块长毛地毯,形成黄与紫的色彩对比和材质的对比,温馨、时尚而新潮。三层深色楼梯更突出了白色,开放式的厨房以白色为主要基调,配以白色的不锈钢台和饭厅的白色桌椅,卫生间白色的地面、墙面与白色的洁具和不锈钢的灯饰营造出纯净、舒服的品位空间。

图 2-48　客厅

图 2-49　二层平面图

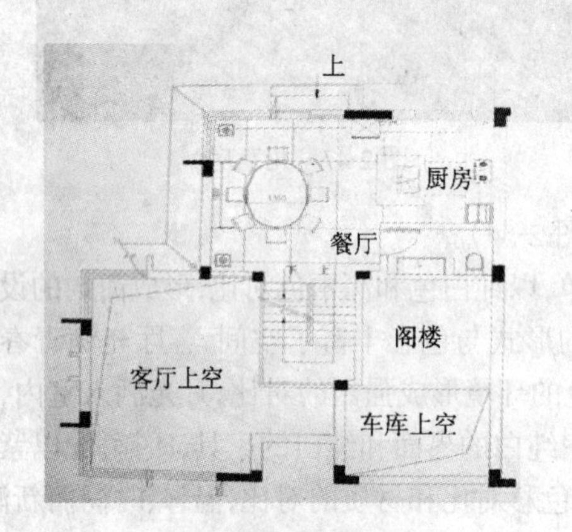


图 2-50　一层平面图

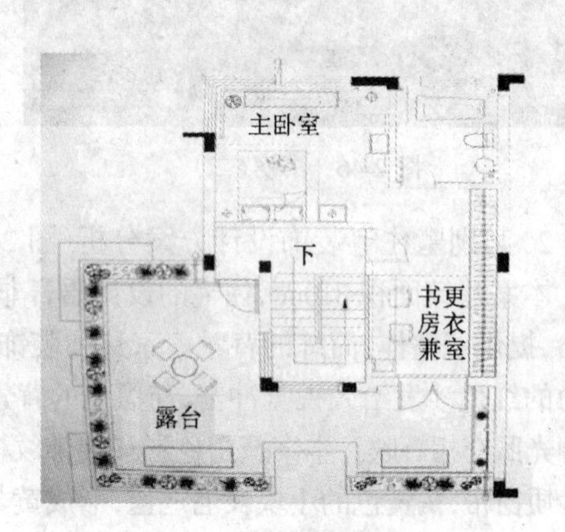


图 2-51　三层平面图

图 2-52　楼梯

图 2-53　厨房

图 2-54　餐厅

3. 某别墅住宅装饰设计方案分析(图 2-55 ~ 图 2-64)。

图 2-55　客厅(一)

图 2-56　客厅(二)

图 2-57　客厅(三)

图 2-58　餐厅(一)

图 2-59　餐厅(二)

图 2-60　餐厅(三)

图 2-61　过厅

图 2-62　书房

图 2-63　卧室(一)

图 2-64　卧室(二)

本案户主属高知阶层，注重生活素质，崇尚现代科技，追求时尚。设计师在整体设计上秉承了现代建筑室内空间“流动”的设计原则，空间和空间的分隔使用透明的玻璃材质，多处设置了玻璃移门，增加了空间的流动，使空间与空间气脉相通。为了扩大视域，书房与客厅之间用茶色的玻璃隔开，使其在视觉上紧密相连，扩展空间，在功能上又相对独立，而装饰性的金属珠帘更创造了若隐若现的迷离的视觉效果。设计师擅长于利用茶镜相对弱的反射特性，来虚化界面，让空间虚实相生，客厅中原有两个结构柱，为了消弱柱子的突兀感，用茶镜进行装饰，与空间环境相协调，使柱子幻化在柔和的咖啡色调中；在两层的餐厅空间里，设计师用茶镜将整幅墙面贴满，消弥了白墙的沉闷，同时利用某镜反射的特性将对面的墙面凹凸感映入，以简单手法创造出丰富的效果；主卧室背景墙依然满贴茶色玻璃，没有多余的框线，将室外的景象尽数收纳，氛围醇厚有韵味。家具的造型线条简练，色彩协调，饰品上则注重冷暖的搭配与空间统一色调。

居室的整体氛围庄重、高雅，具有厚重的人文气息，色彩搭配统一而和谐，设计师注重了竖向空间的联系，精心设计了一部悬臂式踏板楼梯，有明晰的结构感，配合不锈钢栏杆，与整体简约的风格一脉相承。

## 思考题与习题

1. 简述住宅建筑装饰装修的基本因素。
2. 简述住宅建筑装饰装修设计的范围。
3. 简述住宅建筑装饰流行风格对户主的影响。
4. 简述住宅内不同空间的设计要求与设计原则。
5. 简述对分析案例中三套住宅设计方案进行评价。

# 单元3　住宅建筑装饰装修材料

**知 识 点：**住宅建筑装饰装修的目的是为人们创造理想的室内生活环境。环境展现的重点在于住宅建筑室内各空间的造型与空间序列的组织，而空间的感受落实在界面上就是界面装饰装修材料的表达。

**教学目标：**现代住宅建筑室内装饰装修材料，不仅能改善室内的艺术环境，使人们得到美的享受，同时还兼有绝热、防潮、防火、吸声、隔声等多种功能，起着保护住宅建筑物的主体结构，延长其使用寿命以及满足某些特殊要求的作用，是现代住宅建筑装饰不可缺少的元素。

## 课题　住宅建筑装饰装修材料

建筑装饰装修材料是集材料、工艺、造型设计、美学于一体的建筑材料。建筑装饰性的体现，很大程度上受到建筑装饰装修材料的制约，尤其受到材料的色彩、光泽、质地、纹理、质感、图案等装饰特性的影响。住宅建筑装饰装修材料在住宅建筑装饰工程造价中约占1/3以上，有时可达2/3。因此，在考虑住宅装饰艺术性的同时，必须同时考虑其材料的性价比。

### 3.1　住宅建筑装饰装修材料的基本概念及各种材料的分类

住宅是大量性建筑的一种类型，与人们的生活密切相关，随着人类的产生及其发展而不断进步。人们对美的认同与追求直接来源于对其居所的装饰与美化，而且从未间断过。现代建筑的装饰装修材料起源于住宅，住宅建筑的装饰材料从属于建筑装饰装修材料。

#### 3.1.1　住宅建筑装饰装修材料的基本概念

住宅建筑装饰装修材料是指用于人类生活场所的装饰装修材料，表现为以居家单元为单位，以家庭结构为社会生活背景的装饰装修材料。

建筑装饰装修材料种类繁多，按材质分类有塑料、金属、陶瓷、玻璃、木材、无机矿物、涂料、纺织品、石材等种类，按功能分类有吸声、隔热、防水、防潮、防火、防霉、耐酸碱、耐污染等种类。按装饰部位分类则有墙面装饰材料、顶棚装饰材料、地面装饰材料。

#### 3.1.2　常用住宅建筑装饰装修材料

住宅是人们居住的地方，带有明显的居家特征。这样的描述使我们能从众多的装饰材料中选择出住宅装饰材料所具有的共同品质：良好的亲和力、人格魅力的自我表现、贴近自然、享受生活。

良好的亲和力：家庭是社会组织的细胞，家庭成员间的亲密必然导致居家材料的可亲密性。要求住宅装饰材料对人体无害及其他毒副作用，使人们可以触摸、愿意接近，可以感受且感觉良好。

人格魅力的自我表现：居住建筑的装修很大程度上取决于居住者对自我价值的社会认

同度的表现，因而居住建筑装饰装修材料一方面是为了表达自我，另一方面是为了展示自我。

贴近自然：人是自然界的精灵，人在自然中成长和发展。落日余辉，朝霞美景，清新的风，变化的云，给了人们太多美丽的记忆。亲近自然是人们心中原始的萌动。

享受生活：生活是创造的，也是享受的，淡淡的恬静易于人们入睡和醒来，睁开眼又是一个明亮的清晨。

按照以上原则我们不难发现常用住宅建筑装饰装修材料有天然竹木及其制品、天然石材、装饰玻璃、油漆及涂料、天然纤维制品、陶瓷以及天然矿物制品、金属等。科技的进步总是在不断发展变化的，在装修中我们也把新材料用于其中，比如某些塑料及复合板材。

住宅建筑装饰装修材料包含于建筑装饰装修材料中，其分类与建筑装饰装修材料的分类相同，我们可以直接参考和借鉴。

### 3.1.3 常用住宅建筑装饰装修材料及其装饰性能

材料的装饰性是由其表观感觉决定的。要正确的使用装饰材料，我们必须正确地了解装饰装修材料的基本特征。装饰装修材料的基本特征有：

1)颜色

材料的颜色决定于三个方面：

材料的光谱反射。

观看时照射于材料上的光线的光谱组成。

观看者眼睛的光谱敏感性。

以上三个方面涉及到物理学、生理学和心理学等多方面。但以上三方面中，光线尤为重要，因为在没有光线的地方就看不出什么颜色。人的眼睛对颜色的辨认，由于某些生理上的原因，不可能两个人对同一种颜色感受到完全相同的印象。因此，要科学地测定颜色，应依靠物理方法，在各种分光光度计上进行。

2)光泽

光泽是材料表面的一种特性，在评定材料的外观时，其重要性仅次于颜色。光线射到物体上，一部分被反射，一部分被吸收，如果物体是透明的，则一部分被物体透射。被反射的光线可集中在与光线的入射角相对称的角度中，这种反射称为镜面反射。被反射的光线也可分散在所有的方向中，称为漫反射。漫反射与上面讲过的颜色以及亮度有关，而镜面反射则是产生光泽的主要因素。光泽是有方向性的光线反射性质，它对形成于表面上的物体形象的清晰程度，亦即反射光线的强弱，起着决定性的作用。材料表面的光泽可用光电光泽计来测定。

3)透明性

材料的透明性也是与光线有关的一种性质。既能透光又能透视的物体称为透明体。例如，普通玻璃大多是透明的，而磨砂玻璃和压花玻璃等则为中透明的。

4)表面组织特征——材料纹理

由于材料所有的原料、组成、配合比、生产工艺及加工方法的不同，使表面组织具有多种多样的特征：有细致的或粗糙的，有平整或凹凸的，也有坚硬或疏松的等等。我们常要求装饰材料具有特定的表面组织，包含平面花饰和立体造型，以达到一定的装饰效果。

5)形状和尺寸

对于砖块、板材和卷材等装饰装修材料的形状和尺寸都有特定的要求和规格。除卷材的尺寸和形状可在使用时按需要剪裁和切割外,大多数装饰装修板材和砖块都有一定的形状和规格,如长方形、正方形、多角形等几何形状,以便拼装成各种图案和花纹。

6)基本使用性

装饰装修材料还应具有一些基本性质,如一定强度、耐水性、抗火性、耐侵蚀性等,以保证材料在一定条件下和一定时期内使用而不损坏。

住宅建筑装饰装修材料按其使用部位的不同,可分为顶棚(也称天花)装修材料、墙面装饰装修材料和地面装饰装修材料。

吊顶的装修材料以吊顶的骨架(龙骨)及饰面材料来区分。龙骨有轻钢龙骨、铝合金龙骨、木龙骨等;饰面材料有石膏板、金属板、矿棉板、塑料板、玻璃板或格栅等。

墙体的装饰装修材料主要有:乳胶漆、喷漆、墙纸(布)、瓷砖、木板饰面、石头漆、玻璃、石膏模板。墙体装饰装修材料,在工序上有前有后,以做法为决定因素。但可以肯定,瓷砖饰面必定在吊顶之后做,而乳胶漆等易粘污的做法,则通常把工序放在后面。

家居地面装饰装修的材料主要有:瓷砖、木地板、复合地板和石材(大理石及花岗石)、地毯等。

居住建筑装饰装修材料是比较宽广的,具体理解和掌握最好按材料质地进行分述:

(1)木质室内装饰装修材料

木质室内装饰装修材料是指包括木、竹材以及以木、竹材为主要原料加工而成的一类适合于家具和室内装饰装修的材料。木材和竹材是人类最早应用于住宅建筑装饰装修的材料之一。

木、竹材是天然的,有独特的质地与构造,其纹理、年轮和色泽等能够给人们一种回归自然、返朴归真的感觉。木、竹材本身不存在污染源,其散发的清香和纯真的视觉感受有益于人们的身体健康。木、竹材可以方便地进行锯、刨、铣、钉、剪等机械加工和贴、粘、涂、画、烙、雕等装饰加工。

木质装饰装修材料按其结构与功能不同可分为竹木地板,装饰薄木,人造板,装饰人造板,装饰型材五大类。其中,以装饰人造板和地板的品种及花色最多,在居住建筑装饰装修中应用也最广泛。

1)竹木地板概述

(*a*)竹木地板的种类

竹木地板有多种分类方法,主要有以下几种:

①按质地分:有竹质地板、木质地板、竹木复合地板、人造板地板、软木地板。

②按地板的接口形式分:有平口式地板、沟槽式地板、榫槽式地板、燕尾榫式地板、斜边式地板、插销式地板。

③按层数分:有单层地板、双层地板、多层地板。

(*b*)竹木地板的应用特点

竹木地板有着独特的装饰效果,但也有着一定的缺点,在使用中应当注意。

①质感特别。作为地面材料,坚实而富于弹性,冬暖而夏凉,自然而高雅,舒适而安全。

②装饰性好。色泽丰富,纹理美观,装饰形式多样。

③物理性能好。有一定硬度但又具一定弹性,绝热绝缘,隔声防潮,不易老化。

④使用中有一定的局限。本身不耐水、火,需进行一定的处理后才有此能力。干缩湿涨性强,处理与应用不当时易产生开裂变形,保护和维护要求较高。

(*c*)竹木地板的质量鉴别

竹木地板的质量鉴别一般应从以下几个方面进行考虑。

①地板的用材

地板的用材是鉴别地板档次和价格的最重要的方面,应考虑的有以下一些因素:

木材的树种、来源和产地:名贵树种和普通树种当然不在同一档次和价格。即使是同一树种,由于产地不同,质地也有相当大的差别,价格自然也有高低之分。

色泽:地板的色泽十分讲究。天然材料的色调差别很大,如不顾色差,装饰后的地面显得杂乱无章,十分刺眼,装饰效果差。自然界色差不大的木材并不多见,即使同一棵树,心材到边材往往也存在较大色差。竹地板受到许多人的垂青,其较为一致的淡黄色泽是原因之一。高档地板的色泽一般都较为一致。

花纹:地板的花纹同样十分讲究。由于地面的特殊视觉效应,地板的花纹宜小不宜大,宜浅不宜深,宜直不宜曲,宜规则不宜乱。因此,从大部分人的喜爱角度看,径向条纹优于山水纹,点状花纹优于大片花纹。

质地:地板的脚感、软硬、弹性、粗细、光洁等构造上的性质也代表着质量的高低。细腻而光洁的地板一般材质较好。

材料的处理方式:经过水热处理或其他方式处理以保持尺寸稳定的地板质量较高。同时,地板的干燥方式和含水率更是非常重要的质量鉴别因素。

复合地板的基材:一般来说,胶合板基材优于中密度纤维板,后者又优于刨花板。

②地板的外观缺陷

地板的外观缺陷比较易于鉴别,一般有以下一些:

节疤:节疤有死节、活节,死节强度极小,色泽已发黑,是不允许的。活节有时并不影响外观,所以要看节的多少和节的大小。

腐朽

裂纹:有透裂、丝裂、内裂、外裂等。实木地板、人造板地板、复合地板都可能出现这样的缺陷,大的裂纹一般都是不允许的。

虫孔:虫孔直径大或分布多而面积大,自然会影响外观,但直径小而分布均匀,则有一种天然的特殊装饰效果。

色变:陈放、处理和加工的不同会引起地板基材或地板产品的色变。如果色变的色别和色差是一致的,则对地板是一种装饰,可以起到美化外观的作用。

(*d*)主要物理力学性能

地板的物理力学性能直接影响到地板的使用效果和使用寿命,有以下一些性能或指标可以用来鉴别或限定其质量:

①含水率。木材有较大的干缩湿涨性,因此含水率成为地板最重要的质量指标之一。

②干缩湿涨。干缩湿涨是木材的天生本性,作为地板材料,这种性质是其弱点之一。

③表面耐磨性。表面耐磨性可用表面耐磨仪检测,以耐磨转数为参数鉴别。

④表面耐冲击性。

⑤胶合强度和剥离强度。

⑥甲醛释放量。

(*e*)地板的加工精度

地板的加工精度直接影响到安装与使用。应考虑以下几个方面:

①机械加工中的长度、宽度和厚度公差。

②表面不平度。加工质量高的地板表面平整光滑,具有一定的光洁度。

③榫槽公差。选择时也可在购买现场实地铺设数块进行检验。

④拼合公差。

2)实木地板

实木地板是用天然木材经锯解、干燥后直接加工成不同几何单元的地板,其特点是断面结构为单层,充分保留了木材的天然性质。实木地板由于未经结构重组和与其他材料复合加工,对树种的要求相对较高,档次也由树种拉开。一般来说,地板用材以阔叶材为多。

按市场销售的实木地板形式,有三大类品种:实木地板条、拼花地板块和立木地板。

(*a*)实木地板条

这是应用最广泛的实木地板品种,均为长方形,有平口和企口之分。平口地板侧边为平面,企口地板侧边为不同形式的连接面,如榫槽式、键榫式、燕尾榫式、斜口式等。地板条的长度变化很大,短的仅200mm,长的可达4000mm以上。一般500mm以下的短地板条采用不同的拼花形式进行安装。500mm以上的中、长地板条基本按花墙型形式安装。

(*b*)拼花地板块

拼花地板块是将实木加工成不同的几何单元,在工厂中拼接成不同图案的地板块,顾客购买后再用于施工。

(*c*)立木地板

这是一类结构比较特殊的地板,又称木质锦砖。它利用木材的横截面作装饰面。

3)多层复合地板

多层复合地板实际上是利用珍贵木材或木材中的优质部分以及其他装饰性强的材料作表层,材质较差或质地较差部分的竹木材料作中层或底层,经高温高压制成的多层结构的地板。

多层复合地板的结构:多层复合地板一般有二、三、五层和多层结构。最常见的为三层复合地板,分为表板、芯层、底层。表板采用珍贵树种制成2~4mm厚的薄板,剔除缺陷后加工成四面光洁的规格薄板条,再拼接成大幅面的表板。芯层采用普通木材或边角料制成长度不等的规则小木条,再拼成大张芯板。底层采用普通木材旋切而成的单板。上述三种材料涂胶组坯后热压成大幅面三层结构的板材,然后锯切、铣榫成为规格的地板。这种地板的厚度一般为15.4mm,幅面尺寸为2200mm×184mm。

4)复合强化木地板

复合强化木地板在市场上的名称很多,按国家标准,它的正式学名应当是浸渍纸饰面层压木质地板。复合强化木地板的特点:

(*a*)优良的物理力学性能

复合强化木地板首先具有很高的耐磨性,表面耐磨耗为普通油漆木地板的10~30倍。其次是产品的内结合强度、表面胶合强度和冲击韧性等力学性能都较好。根据检测,复合强化木地板的表面电阻小于1011Ω,有好的抗静电性能,可用作机房地板。此外,复合强化木地板有良好的耐污染腐蚀、抗紫外线光、耐香烟灼烧等性能。

(*b*)有较大的规格尺寸且尺寸稳定性好

地板的流行趋势为大规格尺寸,而实木地板随规格尺寸的加大,其变形的可能性也加大。

(*c*)铺装简便,维护保养简单

地板采用泡沫隔离缓冲层悬浮铺设方法,施工简单,效率高。平时可用清扫、拖抹、辊吸等方法维护保养,十分方便。

(*d*)复合强化木地板的缺点

复合强化木地板也有一些不足之处应当引起注意。首先,是地板的脚感或质感不如实木地板,其次是在基材和各层间的胶合不良时,使用中会脱胶分层而无法修复。此外,地板中所含胶粘剂较多,游离甲醛释放污染室内环境也要引起高度重视。

复合强化木地板是多层结构地板。从上到下依次为:

①表面耐磨层

②装饰层

③缓冲层

④人造板基材

⑤平衡层

5)竹地板

竹地板是一种高档的地面装饰材料,十几年前已流行于欧美、东南亚和中东地区。我国是竹地板的主要生产国,产品销往世界各地。

6)木质人造板

木质人造板是利用木材及其他植物原料,用机械方法将其分解成不同单元,经干燥、施胶、铺装、预压、热压、锯边、砂光等一系列工序加工而成的板材。迄今为止,木质人造板仍然是家具和室内装饰装修中使用最多的材料之一。

(*a*)夹板

夹板,也称胶合板,行内俗称细芯板。由三层或多层 1mm 厚的单板或薄板胶贴热压制而成。是目前手工制作家具最为常用的材料。夹板一般分为 3、5、9、12、15、18 厘板六种规格(1 厘即为 1mm)。

(*b*)装饰面板

装饰面板,俗称面板。是将实木板精密刨切成厚度为 0.2mm 左右的微薄木皮,以夹板为基材,经过胶粘工艺制做而成的具有单面装饰作用的装饰板材。它是夹板存在的特殊方式,厚度为 3mm。装饰面板是目前有别于混油做法的一种高级装饰装修材料。

(*c*)细木工板

细木工板,行内俗称大芯板。大芯板是由两片单板中间粘压拼接木板而成。大芯板的价格比细芯板要便宜,其竖向(以芯材走向区分)抗弯压强度差,但横向抗弯压强度较高。

(*d*)刨花板

刨花板是用木材碎料为主要原料,再渗加胶水、外加剂经压制而成的薄型板材。按压制方法可分为挤压刨花板、平压刨花板两类。此类板材主要优点是价格极其便宜。其缺点也很明显:强度极差。一般不适宜制作较大型或者有力学要求的家具。

(*e*)密度板

密度板,也称纤维板。是以木质纤维或其他植物纤维为原料,施加脲醛树脂或其他适用的胶粘剂制成的人造板材,按其密度的不同,分为高密度板、中密度板、低密度板。密度板质软耐冲击,也容易再加工。在国外,密度板是制作家具的一种良好材料,但密度板的国际标准比我国的标准高数倍,所以,密度板在我国的使用质量还有待提高。

(*f*)防火板

防火板是采用硅质材料或钙质材料为主要原料,与一定比例的纤维材料、轻质骨料、胶粘剂和化学外加剂混合,经蒸压技术制成的装饰板材。是目前使用越来越多的一种新型材料。防火板的施工对于粘贴胶水的要求比较高,质量较好的防火板价格比装饰面板要贵些。防火板的厚度一般为0.8、1、1.2mm。

(2)装饰石材

天然石具有浑实厚重,压强高,耐久,耐磨,纹理特色极为美观,品种特色鲜明等特点。石材的表面可以根据需要加工成各种效果,其表面效果有凿毛、烧毛、亚光、磨光镜面等。

石材可单向、双向弯曲,装饰时注意色差、尽可能减少湿作业。在居住建筑日常使用中主要分为两种:大理石和花岗石。一般来说,凡是有纹理的,称为大理石;以点斑为主的称为花岗石。

1)大理石

天然装饰石材中应用最多的是大理石,它因云南大理盛产而得名。大理石是由石灰岩和白云岩在高温、高压下矿物重新结晶变质而成。它的结晶主要由方解石或白云石组成,具有致密的隐晶结构。纯大理石为白色,称汉白玉,如在变质过程中混进其他杂质,就会出现不同的颜色与花纹、斑点。如含碳呈黑色;含氧化铁呈玫瑰色、桔红色;含氧化亚铁、铜、镍呈绿色;含锰呈紫色等。

天然大理石石质细腻、光泽柔润、有很高的装饰性。目前,应用较多的有以下品种:

(*a*)单色大理石:是高级住宅公用重点部位墙面装饰和浮雕装饰的重要材料,也用作各种台面,如纯白的汉白玉、雪花白、纯黑的墨玉、中国黑等。

(*b*)云灰大理石:云灰大理石底色为灰色,灰色底面上常有天然云彩状纹理,带有水波纹的称做水花石。云灰大理石纹理美观大方、加工性能好,是饰面板材中使用最多的品种。

(*c*)彩花大理石:彩花大理石是薄层状结构,经过抛光后,呈现出各种色彩斑斓的天然图案。经过精心挑选和研磨,可以制成由天然纹理构成的山水、花木、禽兽虫鱼等大理石画屏,是大理石中的极品。

常见的大理石品种见表3-1。

**常用大理石品种** 表3-1

| 色彩 | 名称举例 |
| --- | --- |
| 黑色 | 黑白根、墨玉、芝麻黑、残雪 |
| 白色 | 汉白玉、雪花白、大花白 |
| 麻黄色 | 米黄、西米黄、金花米黄、金线米黄 |
| 绿色 | 丹东绿、莱阳绿、大花绿、孔雀绿 |
| 红色 | 挪威红、东北红 |
| 其他色彩 | 宜兴咖啡、奶油色、紫地满天星、青玉石 |

2)花岗石

花岗石以石英、长石和云母为主要成分,石材表面经过精磨和抛光加工,表面平整光亮,花岗石晶体结构纹理清晰,颜色绚丽多彩,用于需要高光泽平滑表面效果的墙面、地面和柱面。花岗岩结构致密,抗压强度高,吸水率低,表面硬度大,化学稳定性好,耐久性强,但耐火性差。

常见的花岗石品种见表 3-2。

**常用花岗石品种** 表 3-2

| 色彩 | 名称举例 |
| --- | --- |
| 黑色 | 济南青、蒙古黑、黑金砂 |
| 白色 | 珍珠白、银花白、大花白、桑巴白 |
| 麻黄色 | 麻石、金麻石、菊花石 |
| 蓝色 | 蓝珍珠、蓝点啡麻、紫罗兰 |
| 绿色 | 宝兴绿、印度绿、幻彩绿 |
| 橘红色 | 虎皮红、蒙地卡罗 |
| 红色 | 中国红、印度红、南非红 |

3)人造石材

人造石材一般指人造大理石和人造花岗石,以人造大理石的应用较为广泛。人造石材具有重量轻、强度高、装饰性强、耐腐蚀、耐污染、生产工艺简单以及施工方便等优点,因而得到了广泛应用。人造大理石在国外已有 40 多年历史,我国 20 世纪 70 年代末期才开始由国外引进人造大理石技术与设备,但发展极其迅速,质量、产量与花色品种上升很快。

人造石材按照使用的原材料分为四类:水泥型人造石材、树脂型人造石材、复合型人造石材及烧结型人造石材。

4)文化石

什么是"文化石"呢? 简单一句话:文化石就是用于室内外的、规格尺寸小于 400mm × 400mm、表面粗糙的天然或人造石材。其中"规格尺寸小于 400mm × 400mm、表面粗糙"是其最主要的两项特征。文化石本身并不具有特定的文化内涵。但是文化石具有粗糙的质感、自然的形态。可以说,文化石是人们回归自然、返朴归真的心态在室内装饰中的一种体现。这种心态,我们也可以理解为是一种生活文化。文化石在家居里面的使用概念源自国外。

(*a*)天然文化石

天然文化石是开采于自然界的石材矿床,其中的板岩、砂岩、石英石,经过加工,成为一种装饰装修建材。天然文化石材质坚硬,色泽鲜明,纹理丰富、风格各异。具有抗压、耐磨、耐火、耐寒、耐腐蚀、吸水率低等优点。

(*b*)人造文化石

人造文化石是采用硅钙、石膏等材料精制而成。它摹仿天然石材的外形纹理,具有质地轻、色彩丰富、不霉、不燃、便于安装等特点。

(*c*)文化石在住宅建筑装饰中的一些注意事项

①文化石在室内不适宜大面积使用。一般来说,其墙面使用面积不宜超过其所在空间墙面的 1/3,且居室中不宜多次出现文化石墙面。

②文化石安装在室外,尽量不要选用砂岩类的石质,因为此类石材容易渗水,即使表面做了防水处理,也容易受日晒雨淋致防水层老化。

③室内安装文化石可选用类似色或者互补色,但不宜使用冷暖对比强烈的色泽。

5)天然石子

天然石子是指天然中形成的粒径小于 5cm 的自然石材。因其色彩、质地偶然,施工可粘、可随意堆砌,装饰质朴、自然,广泛用于家装。如南京的雨花石等。

(3)装饰纤维织品

住宅建筑室内装饰纤维织品主要包括地毯、墙布、窗帘、台布、沙发及靠垫等。这类纺织品的色彩、质地、柔软性及弹性等均会对室内的质感、色彩及整体装饰效果产生直接影响。合理选用装饰用织物,既能使室内呈现豪华气氛,又给人以柔软舒适的感觉。此外,还具有保温、隔声、防潮、防蛀、易清洗和可熨烫等特点。纤维装饰织品的应用历史悠久,如地毯的使用已有数个世纪。

1)装饰纤维织品

装饰纤维织品是依其使用环境与用途的不同进行分类的。一般分为地面装饰、墙面贴饰、挂帷遮饰、家具覆饰、床上用品、盥洗用品、餐厨用品与纤维工艺美术品八大类。

(*a*)地面装饰类纺织品

地面装饰类纺织品为软质铺地材料——地毯。地毯具有吸声、保温、行走舒适和装饰作用。地毯种类很多,目前使用较广泛的有手织地毯、机织地毯、簇绒地毯、针刺地毯、编结地毯等。

(*b*)墙面贴饰类纺织品

墙面贴饰类纺织品泛指墙布织物。墙布具有吸声、隔热、调节室内湿度与改善环境的作用。墙布较常见的有黄麻墙布、印花墙布、无纺墙布、植物纺织墙布。此外,还有较高档次的丝绸墙布、静电植绒墙布、仿麂皮绒墙布等。

(*c*)挂帷遮饰类纺织品

挂帷装饰类纺织品是挂置于门、窗、墙面等部位的织物,也可用作分割室内空间的屏障,具有隔声、遮蔽、美化环境等作用。主要形式有悬挂式、百叶式两种。常用的织物有薄型窗纱,中厚型窗帘,垂直帘,横帘,卷帘,帷幔等。

(*d*)家具覆饰类纺织品

家具覆饰类纺织品是覆盖于家具之上的织物,具有保护和装饰的双重作用。主要有沙发布、沙发套、椅垫、椅套、台布、台毯等。此外,还有用于公共运输工具如汽车、火车、飞机上的椅套与座垫织物。

(*e*)床上用品类纺织品

床上用品类纺织品是家用装饰织物最主要的类别,具有舒适、保暖、协调并美化室内环境的作用。床上用品包括床垫套、床单、床罩、被子、被套、枕套、毛毯等织物。

(*f*)盥洗用品类纺织品

盥洗用品类纺织品以巾类织物为主,具有柔软、舒适、吸湿、保暖的性能。这类织物主要有毛巾、浴巾、浴衣、浴帘、簇绒地巾等。

(*g*)餐厨用品类纺织品

餐厨用品类纺织品在家用纺织装饰品中所占比重较小,较注重实用性能与卫生性能。

一般包括餐巾、方巾、围裙、防烫手套、保温罩、餐具存放袋及购物的包袋等物。

(*h*)纤维工艺美术品

纤维工艺美术品是以各式纤维为原料编结、制织的艺术品,主要用于装饰墙面,为纯欣赏性的织物。这类织物有平面挂毯、立体型现代艺术壁挂等。

2)地毯

地毯是一种高级地面装饰品,有悠久的历史,也是一种世界通用的装饰材料之一。它不仅具有隔热、保温、吸声、挡风及弹性好等特点,而且铺设后可以使室内具有高贵、华丽、悦目的氛围。所以,它是自古至今经久不衰的装饰材料,广泛应用于现代住宅建筑。

地毯按材质分为纯毛地毯、混纺地毯、化纤地毯和塑料地毯。按编织方法可分为手工织地毯、机织地毯、刺绣地毯及无纺地毯等。手工羊毛地毯按装饰花纹图案可分为北京式地毯、美术式地毯、彩花式地毯、素凸地毯等。"京"、"美"、"彩"、"素"四大类图案是我国高级羊毛地毯的主流和中坚,是中华民族文化的结晶,是我国劳动人民高超技艺的真实写照。

(*a*)地毯的等级

根据地毯的内在质量、使用性能和适用场所将地毯分为6个等级。

①轻度家用级:适用于不常使用的房间。

②中度家用或轻度专业使用级:可用于主卧室和餐室等。

③一般家用或中度专业使用级:用于起居室、交通频繁部位的楼梯、走廊等。

④重度家用或一般专业使用级:用于家中重度磨损的场所。

⑤重度专业使用级:家庭一般不用,用于客流量较大的公用场合。

⑥豪华级:通常其品质至少相当于3级以上,毛纤维加长,有一种豪华气派。

地毯作为室内陈设不仅具有实用价值,还具有美化环境的功能。地毯防潮、保暖、吸声与柔软舒适的特性,能给室内环境带来安适、温馨的气氛。随着社会物质、文化水平的提高,地毯以其实用性与装饰性的和谐统一已步入一般家庭的居室之中。

(*b*)地毯的图案与色彩

①北京式地毯

北京式地毯具有浓郁的中国传统艺术特色,多选我国古典图案为素材,如龙、凤、福、寿、宝相花、回纹、博古等,并吸收织棉、刺绣、建筑、漆器等姐妹艺术的特点,构成寓意吉祥美好,富有情趣的画面。北京式地毯的构图为规矩对称的格律式,结构严谨,一般具有奎龙、枝花、角云、大边、小边、外边的常规程式。地毯中心为一圆形图案,称为"奎龙",周围点缀折枝花草,四角有角花,并围以数道宽窄相间的花边,形成主次有序的多层次布局。

北京式地毯的色彩古朴浑厚,常用绿、暗绿、绛红、驼色、月白等色。在整体色彩配置上,有正配(深地浅边)、反配(浅地深边)、素配(同类色相配)和彩配(不同色相的色彩系列相配)之分。由于图案与色彩的独特风貌,北京式地毯具有鲜明的民族特色和雍容华贵的装饰美感。

②美术式地毯

美术式地毯以写实与变化花草(如月季、玫瑰、卷草、螺旋纹等)为素材,构图也是对称平稳的格律式,但比北京式地毯的风格自由飘逸。地毯中心常由一簇花卉构成椭圆形的图案,四周安排数层花环,外围毯边为两道或三道边锦纹样。美术式地毯颇具特色的是各式卷草纹样,这些流畅潇洒的卷草结合其他装饰图案构成基本格局的骨架,使毯面形成几个主要的装饰部位——中心花、环花与边花，在这些部分安排主体花草。地毯的边饰也不像北京式地毯那样具有单一的直线形，而是采用较为灵活自由的形式，以花草与变化图案相互穿插。因此，美术式地毯具有格局富于变化、花团锦簇、形态优雅的特点。带有较多中西结合的现代装饰趣味。美术式地毯以类似水粉画的块面分色方法来表现花叶的色彩明暗层次，有较强的立体感和真实感。常以沉稳含蓄的驼色、墨绿、灰蓝、灰绿、深色为地色。花卉用色明艳，叶子与卷草则多采用暗绿、棕黄色调，总体色彩协调雅致，艳而不俗。地毯织成后，小花作一般的片剪，大花加凸处理，花纹层次丰富，主次分明。

③彩花式地毯

彩花式地毯以自然写实的花枝、花簇(如牡丹、菊花、月季、松、竹、梅等)为素材，运用国画的折枝手法做散点处理，自由均衡布局，没有外围边花。在地毯幅面内安排一两枝或三四枝折枝花，多以对角的形式相互呼应，毯面构图空灵疏朗，花清地明，具有中国画舒展恬静的风采。彩花式地毯构图灵活，富于变化，有时花繁叶茂，有时仅以零星小花点缀画面，有时也可添加一些变化图案如回纹、云纹等作为折枝花的陪衬，增加画面的层次与意趣。彩花式地毯图案色彩自然柔和，明丽清新，花卉多采用色彩渐次变化的晕染技法处理，溶合了写实风格的情趣和装饰风格的美感。地毯织成经片剪后更显得细腻传神，栩栩如生。

④素凸式地毯

素凸式地毯是一种花纹凸出的素色地毯，花纹与毯面同色，经过片剪后，花朵如同浮雕一般凸起。在构图形式上，与彩花式地毯相仿，也是以折枝花或变形花草为素材，采用自由灵活的均衡格局，多呈对角放置，互为呼应。由于花地一色，为使花纹明朗醒目，因此图案风格简练朴实。素凸式地毯常用的色彩是玫红、深红、墨绿、驼色、蓝色等。地毯花形立体层次感强，素雅大方，适宜多种环境铺设，是目前我国使用较广泛的一种地毯。

⑤东方式地毯

东方式地毯的图案题材、风格和格局与前面四种地毯有明显的区别。纹样多取材波斯图案，各种树、叶、花、藤、鸟、动物经变化加工，并结合几何形资料组成装饰感很强的花纹，具有十分浓郁的东方情调。东方式地毯通常以中心纹样与宽窄不同的边饰纹样相配，中心纹样可采用中心花加四个角花的适合纹样，也可采用缠枝花草自由连缀或重复排列。布局严谨工整，花纹布满毯面。东方式地毯色彩浑厚深沉，多为棕红、黄褐、灰绿色调。常以变化丰富的小花、枝叶构成一组组花纹，并以单线包边来表现图案的形态与结构，因此东方式地毯图案显得精巧细致。

⑥机织、簇绒地毯图案与色彩

机织、簇绒地毯与传统纺织地毯相比，图案风格显得简练粗犷，多为四方连续格局，可任意裁剪、拼接。这类地毯的图案选用以具有现代装饰意趣的几何图形、抽象图案、变化图案为素材。在构图形式上运用较多的为几何形交错结构和陶瓷锦砖镶嵌结构，以简单的方格形、菱形、六角形、万字形、回纹形等交错组合，形成平稳匀称的网状结构，图形整齐而有变化，产生富有规律的节奏感。

一些毯面较小的机织地毯、钩针栽绒地毯的图案也常采用合适的纹样格局。这类地毯常被放置于室内某个部位，如客厅中央或沙发周围，具有轻松明快的特色。它的纹样不像传统地毯图案那么精细复杂，大多是几何形纹样组合，图案概括简练，豪放自由，并带有较多抽象意味，与现代室内装饰风格十分协调。

机织地毯的色彩简单明净，常采用3～5色，以少胜多，追求稳重、宁静的装饰感。所用色彩较丰富，红色、草莓色、蓝色、灰色、绿色、深棕、棕黄、驼色都是常见的颜色。近年来，随着现代装饰的影响，传统的暗色调地毯有被明色调地毯取代的趋势。

3)装饰墙布

(*a*)棉纺墙布

棉纺墙布是装饰墙布之一。它是将纯棉平布经过前处理、印花、涂层制作而成。这种墙布强度大，静电小，蠕变小，无味，无毒，吸声，花型繁多，色泽美观大方。用于较高级的民用住宅的装修。可在砂浆、混凝土、石膏板、胶合板、纤维板及石棉水泥板等多种基层上使用。

(*b*)无纺贴墙布

无纺贴墙布是采用棉、麻等天然纤维或涤纶、腈纶等合成纤维，经过无纺成型、上树脂、印花而成的一种新型贴墙材料。这种贴墙布的特点是挺括、有弹性、不易折断、耐老化、对皮肤无刺激作用等，而且色彩鲜艳，粘贴方便，具有一定的透气性和防潮性，能擦洗而不褪色。无纺贴墙布适用于各种建筑物的内墙装饰。其中，涤纶棉无纺贴墙布还具有质地细洁、光滑等特点，尤其适用于住宅装修。

(*c*)化纤墙布

化纤墙布是以涤纶、腈纶、丙纶等化纤布为基材，经处理后印花而成。这种墙布具有无毒、无味、透气、防潮、耐磨、无分层等特点。适用于各类建筑的室内装修。花色品种繁多，主要规格为宽820～840mm，厚0.15～0.18mm，每卷长50m。

(*d*)纺织纤维壁纸

由棉、毛、麻、丝等天然纤维及化学纤维制成各种色泽、花式的粗细纱或织物，再与木浆基纸贴合制成。用扁草、竹、丝或麻皮条等经漂白或染色再与棉线交织后同基纸贴合制成的植物纤维壁纸也与此类似。贴合胶粘剂可选用PVA或丙烯酸系胶粘剂。纺织纤维壁纸无毒、吸声、透气，有一定的调湿和防止墙面结露长霉的功效。它的视觉效果好，特别是天然纤维以它丰富的质感具有十分诱人的装饰效果。它顺应现代社会"崇尚自然"的心理潮流，作为一种高级装饰材料已得到广泛应用。

纺织纤维壁纸的规格、尺寸及施工工艺与一般壁纸相同。裱糊时先在壁纸背面用湿布稍揩一下再张贴，不用提前用水浸泡壁纸，接缝对花也比较简便。目前，纺织纤维壁纸防污及可洗性尚差，应进一步改进。

(*e*)平绒织物

平绒织物是一种毛织物，属于棉织物中较高档的产品。这种织物的表面被耸立的绒毛所覆盖，绒毛高度一般为1.2mm左右，形成平整的绒面，所以称为平绒。

平绒织物用于居住建筑室内装饰主要是外包墙面或柱面及家具的坐垫等部位。为了增加平绒织物的弹性及手感效果，绒布背后常衬以泡沫塑料，其目的是使绒布墙面更加丰满。在构造上，绒布墙面一般由三部分组成：基层固定3mm左右厚的夹板，在夹板上固定1cm厚的泡沫塑料，然后再将绒布用压条固定。为了增加墙面的装饰效果，常用铜压条或不锈钢压条，每隔1～2mm作竖向分割。基层的墙面要干燥，如果背面是潮气较大的房间，在夹板背面还应做防潮处理。在绒布与地面交接部位，多用木踢脚板过渡，用木踢脚板封边。

(4)装饰陶瓷

在建筑装饰装修工程中，陶瓷是最古老的装饰装修材料之一。陶瓷也称烧土制品。是指以黏土为主要原料，经成型、焙烧而成的材料。陶瓷强度高、耐火、耐久、耐酸碱腐蚀、耐水、耐磨、易于清洗，加之生产简单，故而用途极为广泛，几乎应用于从家庭到航天的各个领域。

我国的陶瓷生产有着悠久的历史和光辉的成就。尤其瓷器，是我国的伟大发明之一。唐代的赵窖青瓷和邢窑白瓷、唐三彩；宋代的高温色釉、铁系花釉，如兔毫、油滴玳瑁斑等；明清时期的青花、粉彩、祭红、郎窑红等产品都是我国陶瓷史上光彩夺目的明珠。我国的陶瓷制品无论在材质、造型或装饰方面都有很高的工艺和艺术造诣。

建筑装饰陶瓷是用于建筑物墙面、地面及卫生设备的陶瓷材料。主要产品分为陶瓷面砖、卫生陶瓷、大型陶瓷饰面板、装饰琉璃制品等。其中，陶瓷面砖又包括外墙面砖、内墙面砖(釉面砖)和地砖。

釉面砖又称内墙面砖，是用于内墙装饰的薄片精陶建筑制品。它不能用于室外，否则经日晒、雨淋、风吹、冰冻，将导致破裂损坏。釉面砖不仅品种多，而且有白色、彩色、图案、无光等多种色彩并可拼接成各种图案、字画，装饰性较强，多用于厨房、卫生间、浴室、内墙裙等处的墙面装饰装修。

墙地砖是陶瓷锦砖、地砖、墙面砖的总称，它们强度高，耐磨性、耐腐蚀性、耐火性、耐水性均好，又容易清洗，不褪色，因此广泛用于墙面与地面的装饰。

玻化砖是一种强化的抛光砖，它采用高温烧制而成。质地比抛光砖更硬、更耐磨。玻化砖主要是地面砖，常用规格为：400mm × 400mm、500mm × 500mm、600mm × 600mm、800mm × 800mm、900mm × 900mm、1000mm × 1000mm。

陶瓷锦砖又名马赛克(Mosaic)是一种特殊的砖，它一般由数十块小体块的砖组成一个相对的大砖。它以小巧玲珑、色彩斑斓被广泛使用于室内小面积地、墙面。现代陶瓷锦砖以玻璃和金属为主，质感更为犀利，生机重现。

大型陶瓷饰面板是一种大面积的装饰陶瓷制品，它克服了釉面砖及墙地砖面积小，施工中拼接麻烦的缺点，装饰更逼真，施工效率更高，是一种有发展前途的新型装饰陶瓷。

建筑琉璃制品是一种低温彩釉建筑陶瓷制品，既可用于屋面、屋檐和墙面装饰，又可作为建筑构件使用。主要包括琉璃瓦(板瓦、筒瓦、沟头瓦等)、琉璃砖(用于照壁、牌楼、古塔等贴面装饰)、建筑琉璃构件等。具有浓厚的民族艺术特色，融装饰与结构于一体，集釉质美、釉色美和造型美于一身。主要用于休闲厅、景观阳台等部位。

(5)装饰玻璃

玻璃是以石英砂、纯碱、石灰石等无机氧化物为主要原料，与某些辅助性原料经高温熔融，成型后经过冷却而成的固体。玻璃是现代居住建筑室内装饰的主要材料之一。下面按居住建筑装饰装修中常见的品种一一说明：

1)平板浮法玻璃

平板浮法玻璃按厚度分为3、4、5、6、8、10、12mm七类。

3~4厘玻璃，在日常中也称为厘。这种规格的玻璃主要用于画框表面。

5~6厘玻璃，主要用于外墙窗户、门扇等小面积透光造型等。

7~9厘玻璃，主要用于室内屏风等较大面积但又有框架保护的造型之中。

9~10厘玻璃，可用于室内大面积隔断、栏杆等装修项目。

11~12厘玻璃，可用于地弹簧玻璃门和一些活动人流较大的隔断之中。

2)钢化玻璃

钢化玻璃是将玻璃加热到接近玻璃软化点的温度(600~650℃)以迅速冷却或用化学方法钢化处理所得的玻璃深加工制品。它具有良好的机械性能和耐热冲击性能,又称为强化玻璃。

3)夹层玻璃

夹层玻璃系两片或多片平板玻璃之间嵌夹透明塑料薄片,经加热、加压,粘合而成的平面或弯曲的复合玻璃制品。夹层玻璃的抗冲击性比普通平板玻璃高出几倍。

4)中空玻璃

中空玻璃是由两层或两层以上的平板玻璃原片构成,四周用高强度气密性复合胶粘剂将玻璃及铝合金框和橡皮条、玻璃条粘结、密封,中间充入干燥气体,还可以涂上各种颜色或不同性能的薄膜,框内充以干燥剂,以保证玻璃原片间空气的干燥度。中空玻璃的主要功能是隔热隔声,所以,又称为绝缘玻璃。

5)磨砂玻璃

磨砂玻璃又称为毛玻璃,它是将平板玻璃的表面经机械喷砂、手工研磨或用氢氟酸溶蚀等方法处理成均匀毛面而成。由于表面粗糙,只能透光而不能透视,多用于需要隐秘或不受干扰的房间,如浴室、卫生间。

6)镭射玻璃

镭射玻璃的特点在于,当它处于任何光源照射下时,都将因衍射作用而产生色彩的变化;而且,对于同一受光点或受光面而言,随着入射光角度及人的视角的不同,所产生的光的色彩及图案也将不同。五光十色的变幻给人以神奇、华贵和迷人的感受。其装饰效果是其他材料无法比拟的。

7)玻璃砖

玻璃砖又称特厚玻璃,分为实心砖和空心砖两种。玻璃空心砖有115、145、240、300mm等规格。用于建造透光隔墙、淋浴隔断、楼梯间、门厅、通道等和需要控制透光、眩光和阳光直射的场合。

8)热弯玻璃

由平板玻璃加热软化在模具中成型,再经退火制成的曲面玻璃。在高级居住建筑装饰装修中出现的频率越来越高,需要预定,没有现货。

(6)装饰油漆与涂料

涂料,习惯上我们也称之为油漆。涂料是指涂敷于物体表面,与基体材料很好地粘结并形成完整而坚韧保护膜的物质。用于建筑物的装饰和保护的涂料称为建筑涂料。建筑涂料与其他饰面材料相比具有重量轻、色彩鲜明、附着力强、施工简便、省工省料、维修方便、质感丰富、价廉质好以及耐水、耐污染、耐老化等特点。

居住建筑装饰装修中常用油漆介绍如下:

1)木器漆

($a$)硝基清漆

硝基清漆是一种由硝化棉、醇酸树脂、增塑剂及有机溶剂调制而成的透明漆,属挥发性油漆,具有干燥快、光泽柔和等特点。硝基清漆分为亮光、半亚光和亚光三种,可根据需要选用。硝基漆也有其缺点:高湿天气易泛白、丰满度低、硬度低。

(*b*)手扫漆

属于硝基清漆的一种，是由硝化棉、各种合成树脂、颜料及有机溶剂调制而成的一种非透明漆。此漆专为人工施工而配制，更具有快干特征。

(*c*)聚酯漆

它是用聚酯树脂为主要成膜物制成的一种厚质漆。聚酯漆的漆膜丰满，层厚面硬。聚酯漆同样拥有清漆品种，称为聚酯清漆。

2)内墙漆

内墙漆主要分为水溶性漆和乳胶漆。一般装修采用的是乳胶漆。乳胶漆即是乳液性涂料，按照基材的不同，分为聚醋酸乙烯乳液和丙烯酸乳液两大类。乳胶漆以水为稀释剂，是一种施工方便、安全、耐水洗、透气性好的漆种，它可根据不同的配色方案调配出不同的色泽。

3)防火漆

防火漆是由成膜剂、阻燃剂、发泡剂等多种材料制造而成的一种阻燃涂料。由于目前家居中大量使用木材、布料等易燃材料，所以，防火已经是一个值得提起的议题了。

4)发光涂料

发光涂料是指在夜间能指示标志的一类涂料。在家装中主要用于客厅等需要发出各种色彩和明亮反光的场合。

(7)其他装饰材料

1)无机矿物制品

无机矿物制品是指用水泥、石灰、石膏、菱苦土、珍珠岩、矿棉、岩棉、石棉及其他矿物材料为主要原料制成的产品。利用无机矿物原料生产的室内装饰制品主要为各种形式的板材，如石膏装饰板、矿棉装饰吸声板、珍珠岩装饰吸声板等。

2)塑料装饰板

塑料装饰板是以树脂材料为基材或为浸渍材料，经一定工艺制成的具有装饰功能的板材。家装常用类型有塑料贴面装饰板、覆塑装饰板、有机玻璃板材、PVC 塑料装饰板、PVC 透明塑料板。

3)铝塑板

复合铝板(又称铝塑板)作为一种新型装饰材料，仅仅数年间，便以其经济性、可选色彩的多样性、便捷的施工方法、优良的加工性能、绝佳的防火性及高贵的品质，迅速受到人们的青睐。

铝塑复合板是由多层材料复合而成，上下层为高纯度铝合金板，中间为无毒低密度聚乙烯(PE)芯板，其正面还粘贴一层保护膜。对于室外，铝塑复合板正面涂覆氟碳树脂(PVDF)涂层，对于室内，其正面可采用非氟碳树脂涂层。

### 3.1.4 住宅建筑装饰装修材料的选用

住宅建筑装饰装修材料的种类很多，而对于每一个家庭来说，居住建筑的装修不仅是家庭个性的体现，同时也是家庭投资的一个重大决策。随着时代的发展，将使装饰装修材料不断更新，家装的次数也必然增加。但对于普通百姓来说，已装好的住宅很难再装一次。住宅的装修面积是有限的，材料的使用也是有限的。那么，我们在居住建筑装饰装修选材中有哪些原则可以遵循，选材会受到哪些因素的制约，我们应该遵循怎样的程序进行呢？

(1)住宅建筑装饰装修材料的选用原则

室内装饰的目的就是造就一个自然、和谐、舒适而整洁的环境,各种装饰材料的色彩、质感、触感、光泽等的正确选用,将极大地影响到室内环境。装饰材料的选用可遵循以下原则。

1)整体均衡、可持续发展原则

家装是一个整体,一套家装一般遵循一种风格,所以选材必须统筹安排:从地面到墙面、从客厅到餐厅、从色彩到质地都应相互协调,服从于整个空间的效果表达。人在家庭中生活的时间长,家装材料必须环保,有益于人体健康。以人为本,意境水到渠成。

2)适应室内使用空间的功能性质

对于不同功能的居住空间,需要由相应类别的界面装饰装修材料来烘托室内的环境氛围。如入口景观玄观,要求简短会客、观景,材料宜质朴、自然。卧室是睡眠休息的地方,需要温馨舒适,其界面材料宜淡雅明亮,应避免强烈反光。

3)适合建筑装饰的相应部位

不同的房间、不同的部位,相应的对装饰装修材料的物理、化学性能,观感要求也各有不同。比如,房间的踢脚部位,由于需要考虑地面清洁工具、家具、器物底脚碰撞时的牢固和易于清洁等方面,因此通常需要选用具有一定强度、硬度、易于清洁的装饰装修材料,常用的乳胶漆、墙布或织物软包等墙面装饰材料,都不能直接落地。顶棚要求具有轻快感,所以石材质感的材料用于顶棚就很难令人接受。

4)符合更新、时尚的发展需求

由于现代装饰具有动态发展的特点,一定时间后,住宅的界面应有一定的可替代性。

5)精心设计、巧于用材、优材精用、朴材新用

标准有高低,经济有宽窄。住宅建筑装饰具有个案性,要善于用材。比如,设计一卫生间墙面装饰,做法如下:为了防水和清洁把深蓝黑色瓷砖墙面做到2000mm高处,吊顶高在2400mm,设计者在2000~2200mm处采用这种做法,在胶泥中嵌入碎瓷片,并拼成各种花纹和图案。在2200~2400mm仍采用了深蓝黑色瓷砖。

(2)住宅建筑装饰装修材料的选用制约因素

居住建筑室内装饰装修材料的选用,直接影响到家装的整体实用性、经济性、环境气氛和美观。住宅建筑装饰装修材料的选择受到的主要制约因素有:

1)户主的偏好

居住建筑装饰,不管是别墅也好,公寓也好。总之,它是以家庭为结构的一个群体组织的集体意识的反映,主要是家庭结构中夫妇的共同意志反映。由于不同的家庭,组合过程不同、生活习惯不同、成长环境不同、职业特征不同等多种因素,导致了他们对理想居家环境的认同不同,从而会导致对某种装饰装修材料或材料特征有特殊的偏好。

2)户主的客观经济条件

一般来讲新材料比旧材料贵,尺度大的板材较小尺度的价格高。在现代以信息为主的社会里,装饰被广告包围,在以赢利为目的经济秩序中,装饰被太多理念所冲击。建议以自己的投资重点选择装修材料。

3)地域与人文

装饰装修的材料必须与当地的气候相适应。一定的地域孕育了一定的文化,包括习俗与传统。住家是一定区域文化的载体,因而必然受到地域与文化的制约。我国南、北方装饰

装修选材的差异性就是明显的体现。

4)场地与空间

居住建筑装饰的最终效果,是由场地的空间属性决定的。场所即精神。室内宽敞的客厅,可采用深色调和较大的图案,这样不使人有空旷感。对于较小的房间如卧室,其装饰要选择质感细腻、线型较细和有扩空效应颜色的材料。对于书房宜柔和、自然,如木地板。对于厨房、卫生间,宜防水、防滑、易清洁,可选用防滑地砖或青石板等材料。

(3)选用住宅建筑装饰装修材料的程序

住宅建筑装饰装修材料的选用遵循先主材后辅材、先精材后朴材的程序进行,具体如下:

1)确定并审核住宅建筑装饰总体设计风格是否协调。

2)按房间和部位列出用材表。

3)利用效果图模拟预配,尽可能接近真实。

4)确定材料样板及尺度。

5)价格复核。

6)品种及档次微调。

7)业主签字认可:包含材料属性、报价、规格。

## 案　例　分　析

住宅建筑装饰装修材料的选用是根据住宅的自身特点、住宅区域特征、户主的爱好与阅历而共同决定的。本节我们已示例的方式谈谈家装选材案例,以供大家参考。

1. 住宅建筑装饰装修材料使用的综合案例分析

住宅建筑装饰装修的选材是很让人高兴的问题,高兴的同时必然带有一种茫然与惆怅。为什么?面对市场,什么是时尚?面对户主,哪一种才是他们真正表现的?注意,表现不是需要,需要代表的是一种范围,而表现是一种展示心中设想的结果。面对工人,他们会怎么加工?在选材的时候我们必须认真分析,尤其是住宅自身特性的分析。

(1)住宅自身特性分析

什么是住宅的自身特性?简单的讲,就是一套住宅自身所固有的,是其他住宅无法取代的内在品质。但是,住宅的楼宇与位置不是单独存在的,同一单元的住宅,往往具有相同的区位、相同的气候、相同的朝向、相同的面积、相同的户型、相同的结构形式,从这个意义来讲,住宅的一些特性是建筑赋予的。住宅最大的特性首先是住宅的房主,其次是住宅的建筑要素。

(2)住宅的房主分析

我国当前家居设计普遍存在一种现象:装饰设计与选材似乎与房主人无关,某种被强调出的风格是属于设计师的,设计师没有细致地去了解房主人的个性,没有完全从他们的需要出发。在强调以人为本的今天,不尊重业主,设计风格不服从业主的个性和需要都是不合适的。

我们知道,每个人由于民族、地域、文化背景、生活阅历、职业习惯等因素的不同,他们的审美观也有很大的不同,犹如人的梳妆打扮一般,有热衷追逐时尚的,有偏爱庄重典雅的,有喜欢浓妆艳抹的,也有钟情于素面朝天的。正因为如此个性的差异,从而使我们的艺术风格形成多姿多彩,设计流派林林总总的现象。当然对“家”概念的理解以及“家”该是怎样一种形象也因其独特价值观与审美观的不同而不同,因此我们设计师应该悉心去倾听业主在功能上的需要和审美上的需求,使设计为人创造一种家庭构架,使人在其间尽可能是按照自己的意愿去生活,从而在精神上也找到一种归属感。“先知其人,后设其屋”,充分了解业主的职业、爱好、个性,既要与业主一起回顾过去,又要了解业主的生活梦想,同时在交流中把设计理念和文化意识传达给对方,最终用设计师的语言把业主带有个性化的思考、审美和喜好物化成有形可视的空间形象。家是属于自己的房屋,家不仅是生活起居之处,也是人们生命的文化形态和存在方式,尤其对个人而言,家是盛载爱情与亲情的容器,是最能凝系人类情感的无比温暖的归巢。

(3)住宅的建筑要素分析

住宅的建筑要素是指住宅的自身实体要素,不以人的意志为转移的客观实在。住宅包含以下一些内容:

住宅的场所:场所即精神。住宅的场所是指住宅所处的城市、小区或小区中具体的楼栋及位置。它决定和展现住宅的朝向、气候、人文、景观等多种要素。这些要素决定装修与环境的关系。比如,底层的住宅色彩明度可以高一些,高层的住宅色彩明度可以低一些,这是因为住宅的楼层越高,光照越强。

住宅的建构状况:住宅的建构状况是指住宅的结构类型、住宅的围护界面的具体构造做法、电线管道的接口等。住宅的建构状况影响我们对表面介质的最终取舍。

2. 住宅建筑装饰装修材料使用的举例

下面以两个实例来说明材料的工程选用。

住宅建筑装饰装修材料使用的实例一

图 3-1 是一张住宅建筑装修中的客厅的效果图(装于 2002 年)。现在对它的选材进行举例。

图 3-1 某住宅客厅效果图(一)

(1)建筑特征分析

1)业主分析:该住宅为四川某高校教师住宅,位于某中等城市临河小区。一家三口,户口年纪四十左右,有一小孩,正上初中。由于业主买房时采用一次性付款,装修时经济相对拮据。装修风格要求简约,地面拟采用强化木地面,顶棚和墙面为局部乳胶漆,喜欢黑白搭配。

2)住宅的建筑要素分析:该套住宅为砖混结构,南北朝向,客厅、主卧、书房位于南部,局部错层。该楼宇共六层,本套居室位于3层,整体采光好,临河有80m宽的河滨景观,卫生间、厨房墙地面及洁具已经安装到位。

(2)装修选材说明

1)确定家装的整体风格——简约。

2)确定家装的主体色调——黑、白、黄。

3)家装的材料定位——木地板、乳胶漆、石膏板等。

4)具体的用材如下

地面:圣象浮雕锁扣红柚木;墙面乳胶漆选用华润雪白;顶棚选用木龙骨(防火处理)华拉利纸面石膏板,面饰乳胶漆选用华润雪白。隔断与装饰木作选用黑胡桃木面板清漆,玻璃用装饰5厘蚀花玻璃。

(3)效果后评价

装修好后,业主满意。

住宅建筑装饰装修材料使用的实例二

图3-2是一张住宅建筑装修中的客厅效果图(装于2004年)。现在对它的选材进行举例。

图3-2 某住宅客厅效果图(二)

(4)建筑特征分析

1)业主分析:该住宅为四川某幼儿园教师住宅,位于某中等城市小区。住宅装好后准备结婚,男业主机电工程师,女业主幼儿园音乐教师。由于业主双方刚参加工作没多长时间,装修时经济相对拮据。装修风格要求简朴而具有一定个性，地面拟采用强化木地面，顶棚和墙面为局部乳胶漆，喜欢彩色搭配。

2）住宅的建筑要素分析：该套住宅为砖混结构，南北朝向，客厅、主卧、书房位于南部，局部错层。该楼宇共六层，本套居室位于第5层，整体采光好，卫生间、厨房墙地面及洁具已经安装到位。

(5)装修选材说明

1）确定家装的整体风格——简朴、粗放。

2）确定家装的主体色调——蓝、绿、黄。

3）家装的材料定位——木地板、乳胶漆、石膏板等。

4）具体的用材如下：

地面圣象浮雕锁扣双拼橡木；墙面乳胶漆选用华润大麦彩；顶棚选用木龙骨（防火处理）华拉利纸面石膏板，面饰乳胶漆选用华润大麦彩。隔断与装饰木作选用红胡桃木面板清漆，玻璃用装饰5厘蚀花绿玻璃。电视背景墙为浅兰色拉毛肌理纹。

(6)效果后评价

装修脱离2004年的主流，在都市中有些另类。正是这些使我们想起过去曾经追逐的快乐，想留些什么？感慨什么？要离开父母了，面对新家，想多些梦寐的幸福。业主感觉相当满意，并时常推荐给朋友。

## 实　训　课　题

1. 实训目的

掌握各种材料的性能和特性，各种常用材料的规格，学会检验各种材料质量的优劣。

2. 实训条件

(1)教师给定某住宅室内的装饰效果立面图。根据此装饰效果立面图来确定各种材料的规格及用法。

(2)根据此装饰效果立面图来确定各种材料的规格及用法。

3. 实训内容及深度

(1)材料选择的分析说明。

(2)写出各种材料的性能、规格、用法、产地等。

## 思考题与习题

1. 材料的装饰属性有哪些？

2. 家装的常用材料有哪些？

3. 家装选材应遵循哪些原则？

4. 家装选材的制约因素有哪些？

5. 上述两个实例，假如是自己的房子该怎么选材？

6. 结合本教材附图的装饰施工图进行选材分析。

# 单元4　施工技术与施工组织设计

**知　识　点**：施工技术、施工组织设计的基本概念；各种施工技术、方法在住宅建筑装饰装修中的应用。住宅建筑装饰装修各分部分项工程的施工工艺流程。施工组织设计的内容、作用、任务和分类。

**教学目标**：要求同学掌握施工技术、施工组织设计的基本概念；掌握各种施工技术、方法在住宅建筑装饰装修中的应用。弄懂室内装饰装修各分部分项工程的施工工艺流程；掌握施工组织设计编制的内容、作用、任务和分类。

## 课题1　住宅建筑装饰装修中顶棚的施工技术

住宅建筑的装饰装修工程中，顶棚所处的部位及其做法多种多样。有起居室吊顶、卧室吊顶、厨房吊顶、卫生间吊顶等。其做法有异形吊顶、吊平顶、拱形吊顶、圆形吊顶等。所用的材料也多种多样。这里主要介绍常用类型。

### 4.1　顶　棚　工　程

在住宅建筑装饰装修中，客厅、卫生间、走廊等顶面，为了满足美观及使用上的要求，达到预想的装修效果，往往采用不同的材料、工艺和形式进行局部或全部的吊顶。

4.1.1　吊顶的类型

(1)吊顶的结构形式分平面顶棚、多面顶棚、圆形顶棚、拱形顶棚等，如图4-1～图4-5所示。

图4-1　拱形吊顶

图4-2　圆形吊顶

(2)按吊顶采用的龙骨材料可分为轻钢龙骨吊顶、铝合金龙骨吊顶、木龙骨吊顶、各种金属吊顶等。

(3)吊顶板面材料通常采用各种纸面石膏板、饰面木夹板、金属板、PVC板、装饰石膏板。

(4)吊顶的饰面多采用油漆、涂料、裱糊壁纸及织物，彩色玻璃等。

图 4-3 吊平顶

图 4-4 饰面板吊顶

### 4.1.2 吊顶工程施工的基本要求

准备工作

1)材料准备

按施工设计图纸计算所需材料的种类、规格和数量,留有的余量一般在 5%～8%。特别是在计算时要首先确定主龙骨的走向,一旦施工中改变主龙骨的走向,则其他配套材料均受影响。材料要分类堆放,架空后离地面 10cm 以上,以便防潮。

2)工具准备

根据吊顶安装工程的类别,准备所需的机具和施工工具。常用的工具有:冲击钻(或射钉枪)、下料机(金属下料机和木下料机)、电焊机、马凳或活动脚手架、手锤、钳子、卷尺(3～5m)、找水平用的透明塑料细管 10m 左右(直径 10mm)、水平尺、线坠和墨线盒等。

图 4-5 异形吊顶

3)技术准备

审查图纸,制定施工方案;绘制主龙骨走向及分格图,制定空调排风孔、检查孔、照明(灯箱、灯槽)孔安装方案;制定施工顺序及节点样图,进行技术交底。

4)基层处理

吊顶基层必须有足够的强度。清除顶棚及周围的障碍物,对灯饰等承重物固定支点,应按设计要求施工。检查已安装好的电器线路及设备管道,并检查是否做完打压试验或外层保温、防腐等工作。这些工作完成后,方可进行吊顶安装工作。

5)划线

吊顶安装前应做好放线工作,即找好规矩、顶棚四角归方,并且不能出现大小头现象。如发现有较大偏差,要采取相应补救措施。

按设计标高找出顶棚面水平基准线,并采用充有颜色水的塑料细管,根据水平面确定墙壁四周其他若干个顶棚基准面标高线,用墨线打出顶棚与墙壁相交的封闭线在顶上弹出高低变化的位置线,弹出主龙骨位置线和吊点位置。

### 4.1.3 轻钢龙骨纸面石膏板吊顶

如图 4-1～图 4-5 为轻钢龙骨纸面石膏板面刷乳胶漆吊顶的工程照片。

轻钢龙骨纸面石膏板吊顶由吊筋、龙骨、面板三部分组成。

(1)吊点与吊杆(或吊筋)

吊杆是主要用于连接龙骨与楼板(或屋面板)的承重结构，所用形式与楼板的结构、龙骨的规格、材料及吊顶质量有关，如图 4-6 所示。对于承重较重的，可用膨胀螺栓固定。

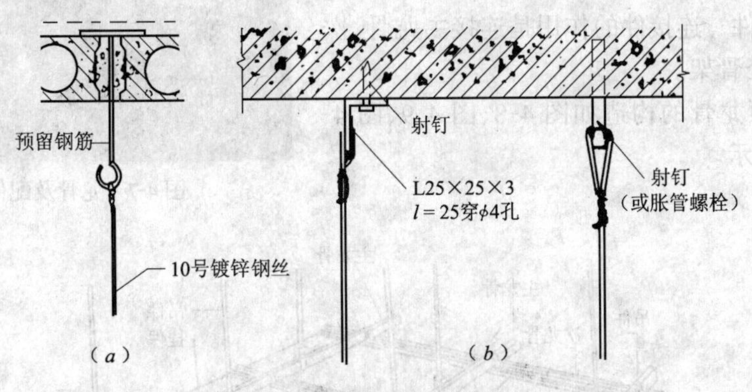


图 4-6　吊筋与楼板连接图

(a)预制楼板；(b)现浇楼板

(2)龙骨构造

龙骨主要材料及规格及附件见表 4-1。实物如图 4-7 所示。

龙骨主要材料和规格　　表 4-1

| 龙骨/mm | 轻型 | 中型 | 重型 |
| --- | --- | --- | --- |
| 大龙骨 | 6 6 0.63 27 60<br>0.61kg/m | 15 50 1.5<br>0.92kg/m | 27 6 60 1.5 6<br>1.37kg/m |
| 中龙骨 | 6 6 27 0.63 60<br>0.61kg/m | | |

| 名称 | 垂直吊挂件/mm 轻型 | 中型 | 重型 |
| --- | --- | --- | --- |
| | 20 85 25 58<br>厚1.2mm | 22 120 75 22<br>厚2mm | 34 130 85 35<br>厚3mm |
| | 轻型 | 中型 | 重型 |
| | 20 22 53 58<br>厚0.8mm | 20 36 78 25 58<br>厚1mm | 20 48 88 25 58<br>厚1mm |

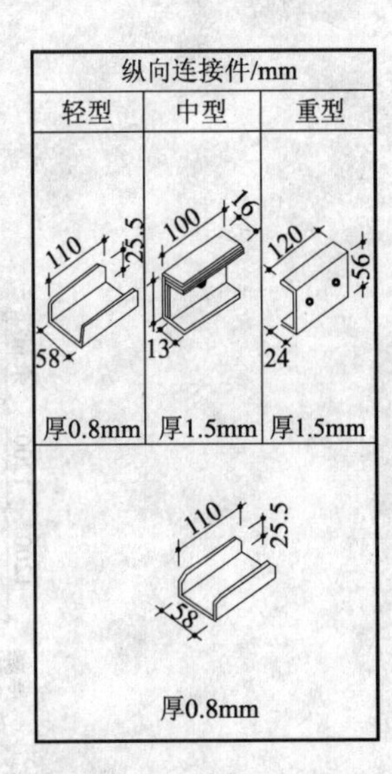

| 纵向连接件/mm 轻型 | 中型 | 重型 |
| --- | --- | --- |
| 110 25.5 58<br>厚0.8mm | 100 16 13<br>厚1.5mm | 120 56 24<br>厚1.5mm |
| 110 25.5 58<br>厚0.8mm | | |

主龙骨(大龙骨)。主龙骨是起主干作用的龙骨，是承受均布荷载和集中荷载的连续梁，是轻钢吊顶龙骨体系中的主要受力构件，整个吊顶的荷载通过主龙骨传给吊杆，龙骨要满足强度和刚度的要求。主龙骨的间距是影响吊顶刚度的重要因素，而不同的龙骨断面及吊点间距，将影响主龙骨之间的距离。在隐蔽式装配吊顶中没有其他特殊的荷载，只考虑自身质

量及上人检修。主龙骨间距控制在 1m 左右，吊杆的间距不得大于 1.2m，次龙骨（中、小龙骨）的中、小龙骨的主要作用是固定饰面板，因此，中、小龙骨多数是构造龙骨，其间距是由饰面板的规格所决定的。通常间距有 600mm × 600mm、400mm × 400mm、600mm × 400mm、1000mm × 300mm 等，以便能将板的四周都固定在龙骨上。

(3)连接件　连接件的作用是连接主龙骨、次龙骨组成一个骨架。

U 形吊顶龙骨的构造如图 4-8、图 4-9、图 4-10、图 4-11 所示。

图 4-7　龙骨及配件图

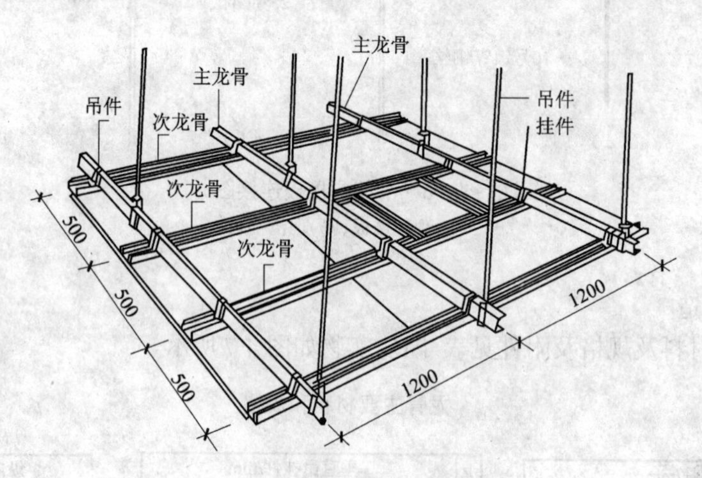

图 4-8　U 形龙骨吊顶连接示意

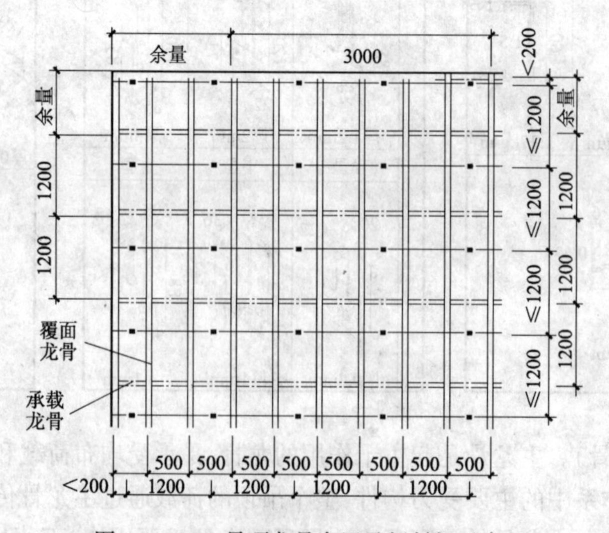

图 4-9　CS60 吊顶龙骨布置及板封钉示意

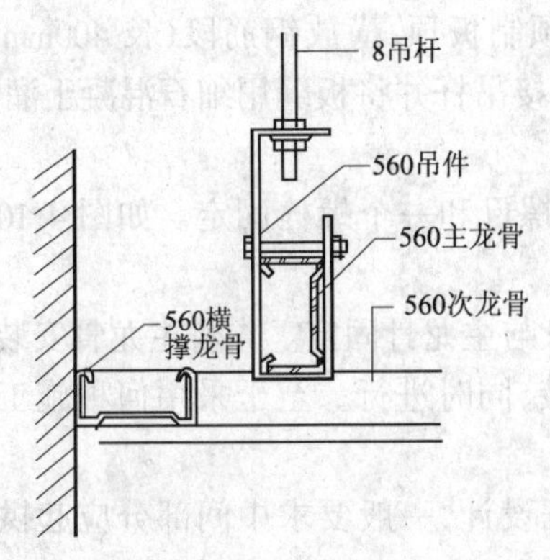

图 4-10　U 形龙骨构造节点 1

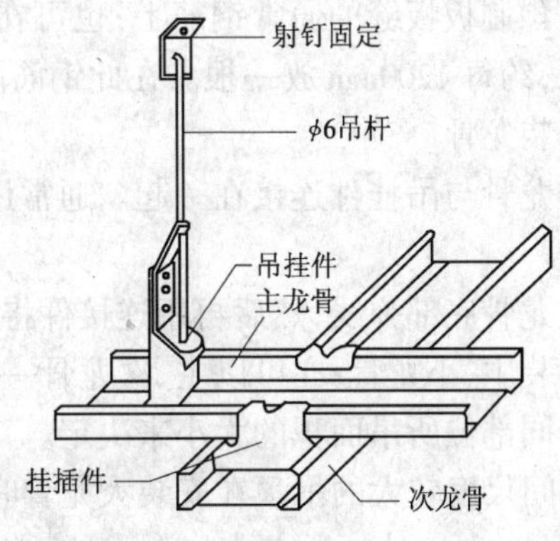

图 4-11　U 形龙骨构造节点 2

(4)轻钢龙骨吊顶纸面石膏板施工技术

1)轻钢龙骨纸面石膏板吊顶的工艺流程

在墙上弹出标高线、放线→在预留结构上固定吊杆→在吊杆上安装大龙骨→按标高线调整大龙骨→大龙骨底边弹线→固定中、小龙骨→固定异形龙骨→安装横撑龙骨→安装面板。

2)施工前准备

($a$)吊顶施工前,应认真检查结构尺寸、校核空间结构尺寸,以及需要处理的质量问题。

($b$)检查设备安装情况,要详细检查管道设备安装的质量,特别要注意上下水、暖通管道有无渗漏。

3)施工要点

($a$)放线

标高控制线:放线主要是按设计弹好吊顶标高线、龙骨布置线和吊杆悬挂点,有造型在楼板底面弹出造型界线作为施工基准。吊顶标高线一般是弹到墙面或柱面上,龙骨布置线必须弹到楼板的底面上。吊顶高低变化、造型分界线弹在楼板底面上。

吊杆定位线:吊杆的间距应根据龙骨的断面及使用的荷载综合确定。如果龙骨断面大,强度符合设计要求,吊杆的间距可相应大一些。如果在实际工程中使用非标准龙骨配件,那么龙骨的断面及吊杆均应经过详细的受力计算后才能确定。

($b$)固定吊杆

固定方法如图 4-12 所示。

不上人的吊顶:用射钉枪固定射钉,若用尾部带孔的射钉,将吊杆穿过尾部的孔即可。若用不带孔的射钉,可先在楼板上固定一个小的角钢,角钢的另一个边上钻孔,将吊杆穿过角钢的孔或焊接固定。

上人的吊顶:在吊点位置,用电锤打孔,固定膨胀螺栓,膨胀螺栓和吊杆焊接在一起;也可用膨胀螺栓先固定一个角钢,吊杆和角钢焊接;可选用全套丝镀锌圆钢和组装式膨胀螺栓。

图 4-12　某工程吊顶 U 形龙骨安装图

预制空心板上设吊筋:在预制板缝,吊杆可焊接或挂钩在预制板板缝的通常钢筋上；也可在两个预制板顶，横放钢筋段（长 400mm$\Phi$12），按吊筋间距，约每 1200mm 放一根。在此钢筋段上连接吊杆并将板缝用细石混凝土灌实。

4）安装龙骨

将主龙骨与吊挂件连接在一起。通常用两个螺母和一个螺栓固定。如图 4-10、图 4-11 所示。

在主龙骨底部弹线，然后再用连接件将次龙骨与主龙骨固定。先将主龙骨安装完毕，然后依次安装中、小龙骨；亦可以主、次龙骨一齐安装，同时进行。至于采用何种施工程序，主要依据不同部位所吊面积的大小来决定。

对空间尺度较大的吊顶在安装大龙骨时，根据设计，一般要求中间部分应起拱，为短跨的 1/200。

主、次龙骨（大、中、小龙骨）长度方向可用接插连接，接头处注意错开。

龙骨的安装，应按照预先弹好的位置，从一端依次进行到另一端。如果有高低跨，通常做法是先安装高跨部分，然后再安装低跨部分。对于检修孔、上人孔、通风篦子等部位，在安装龙骨的同时，须将尺寸及位置留出，将封边的横撑龙骨安装完毕。

需吊顶下部悬挂大型灯饰时，灯具独立悬挂在板底或梁上，龙骨与吊顶板应留出位置，悬挂应和龙骨断开，对断开后的龙骨应当加固。若是一般灯具（比较轻），对于隐蔽式装配吊顶来说，则可以将灯具直接在龙骨上固定。

龙骨调平：在安装龙骨前，因为已经拉好标高控制线，根据标高控制线，使龙骨就位，因此龙骨的调平与安装同时完成。调平的关键是调整主龙骨，只要主龙骨平整标高正确，次龙骨一般不会有倾斜、高低不平等问题。

5）纸面石膏板安装

纸面石膏板安装前应进一步检查前期的施工作业是否完成。顶棚内的各种管线安装是否完成，达到验收标准。纸面石膏板的安装应从顶棚的一端开始，安装时先考虑安装面积大的部分。

纸面石膏板安装采用错缝排列，两块板之间的接缝和墙体之间的留缝宽度在 3～6mm 之间。要注意石膏板的边缘不能出现残缺、破损的现象，以避免在安装自攻螺钉时使石膏板出现豁口现象，影响吊装的牢固程度。

安装时应由操作人员先用电钻钻孔，钻孔时扶持电钻的力度要适中。钻孔后，即可用螺钉旋具将自攻螺钉拧入相应的安装孔内固定。在安装过程中，钻孔与安装自攻螺钉时应从板件的一端向另一端按顺序开始固定，或者从板件的中心向四周开始固定。而在安装过程中，尽量不要从两边或四周同时向中心安装固定，否则会在板面安装的最后部分出现板面“翘鼓”现象，影响棚面安装的质量。

安装时自攻螺钉距石膏板边的距离一般以 10～15mm 较好，但是纸面石膏板的板边被切割时应保留稍宽一些较好，一般以 15～20mm 为宜，自攻螺钉的安装间距最好控制在 150～200mm 之间，相邻的石膏板边在固定时，板块之间的钉位应交错安装，以免降低安装龙骨的结构强度。从上述要求来看，安装纸面石膏板时，副龙骨的截面宽度至少应在 50mm 以上才能保证棚面结构的安装要求。

纸面石膏板安装完成后自攻螺钉表面点防锈漆，对纸面石膏板之间的预留缝要用嵌缝石膏填平，接缝处随后贴上一层纱布带，以防止嵌缝石膏与板边出现裂缝。至此，轻钢龙骨纸面石膏板顶棚的施工全部完成。

4.1.4 木龙骨饰面板吊顶

(1)木龙骨饰面板吊顶的组成、材料及构造

如图 4-4 所示为木龙骨饰面板吊顶。

构造

这种吊顶的构造主要由吊筋、龙骨和面层三部分组成,如图 4-13 所示。

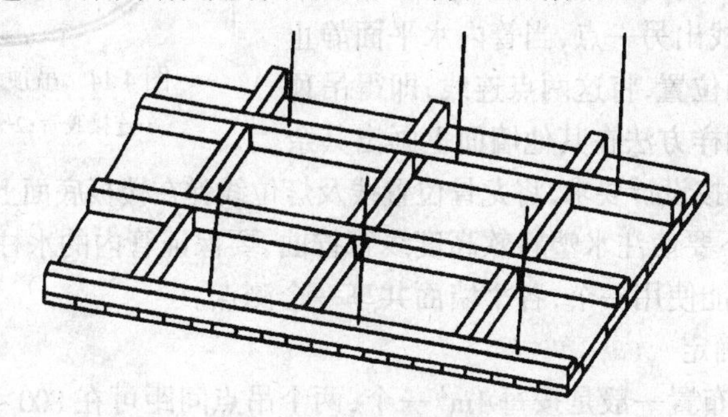

图 4-13 木龙骨吊顶构造示意

木龙骨饰面板吊顶材料

主、次龙骨的材料:必须是烘干、无翘曲的红、白松木,其含水率≤18%。

罩面材料:饰面板有胶合板、饰面三夹、纤维板、金属板等,各种板材要能满足施工规范和使用上的要求。

其他材料:8mm 吊筋螺杆、射钉、膨胀螺栓、胶粘剂、木材防腐剂。木线条则应选择色泽一致,厚薄均匀的木线条。

按设计规格或常用规格加工好主龙骨、次龙骨、吊筋,其尺寸分别为:

主龙骨　　50mm × 70mm 或 50mm × 100mm

次龙骨　　50mm × 50mm 或 40mm × 60mm

吊　筋　　50mm × 50mm 或 40mm × 40mm

圆弧形吊顶木龙骨用多层板,应按设计图放大样进行加工。

按设计图规格、尺寸下罩面板材料。

(2)木龙骨吊顶的施工技术

1)木龙骨吊顶的施工工艺流程

安装木质吊顶的工艺流程如下:弹线找平→安装主龙骨→安装搁栅→安装管线及设备、防腐(防火)处理→安装罩面板→安装压条(装饰木线)。

2)施工前准备

吊顶施工前,应认真检查结构尺寸、校核空间结构尺寸,以及需要处理的质量问题。检查设备安装情况,要详细检查管道设备安装的质量,特别要注意上下水、暖通管道有无渗漏。

3)施工要点

(*a*)弹线找平

根据室内墙上 + 50cm 水平基准线,用尺量至顶棚的设计标高,沿墙四周弹出水平线,并在水平线上划出主龙骨分档位置线,其间距为 1.0 ~ 1.5m。在顶上弹出造型、高低变化交界线。

弹线定位方法是吊顶标高线要首先定出地面的水平基准线,室内地面无饰面要求,基准线为室内原来的地坪线。如原来的地面需饰石材、瓷砖、地板等饰面,需根据地面层所需的厚度

来确定水平基准线，即在原地面再加上饰面厚度，确定出地面水平基准线并画在墙面上。接着从地面水平基准线向上量出吊顶底端的高度线，在该点画出水平线即为吊顶的标高线。画线的方法采用水柱测量法，用一条透明塑料软管灌满水后，将软管的一端水平面对准墙面上的高度线位置，再将软管的另一端水平面在同侧墙找出另一点，当管内水平面静止时，画下该点的水平面位置，将这两点连线，即得吊顶高度水平线，接着用同样方法在其他墙面上画出其余吊顶高度水平线，随后按设计要求，将龙骨位置线及灯位线弹在楼板底面上，如图 4-14 所示。

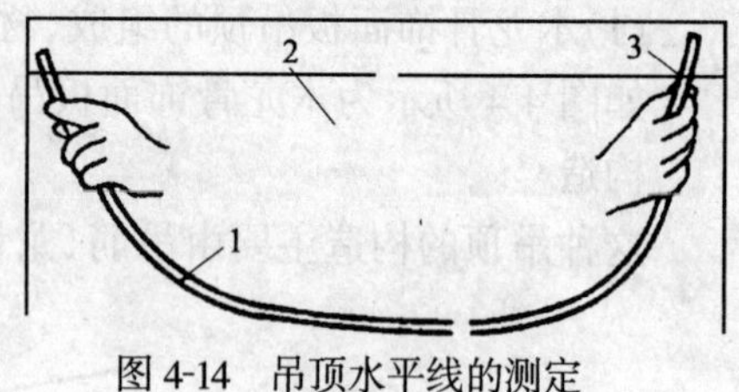

图 4-14　吊顶水平线的测定

1-连接胶管；2-水平线；3-液面

操作时应注意，不要使注水塑料软高度线管拧曲，要保证管内的水柱活动自如。一个房间内的高度基准点只能使用一个，各个墙面共享一个测点。

(*b*)吊点位置的确定

平面吊顶的吊点布置一般是按每 1m² 一个，两个吊点间距可在 800～1200mm，要求吊点均匀布置。较大的灯具及吊扇等也要安排吊点来吊挂，并考虑吊杆与龙骨的连接。

(*c*)吊件加工与固定

家庭室内木吊顶多属于不上人吊顶，其吊件可采用木枋、钢筋或镀锌钢丝等。

安装吊点紧固体可采用预埋件或即时安装紧固件两种方法。

一是采用预埋件同轻钢龙骨纸面石膏板吊顶。

二是即时安装紧固件　用冲击钻在楼板上钻孔，孔内安装膨胀螺栓或用射钉等紧固件，膨胀螺栓可将木枋或钢件固定在吊点上，射钉则可固定各种钢件，如图 4-15 所示。

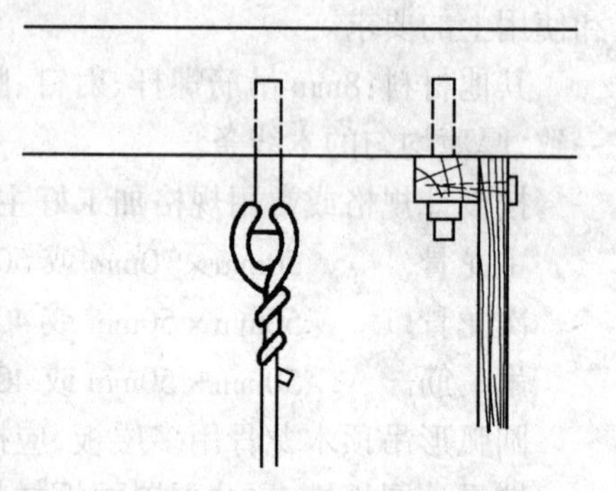
图 4-15　带孔射钉吊顶紧固图

(*d*)木龙骨处理与拼装为保证吊顶的质量，对所采用木龙骨要进行筛选，将其有腐朽、开裂、虫蛀等部分去掉。吊顶用龙骨必须经防火处理，一般是刷或喷涂防火涂料。

平面木吊顶由纵横布置的木龙骨构成格栅网架，格栅间距根据面板规格和荷载确定。格栅网架可在吊顶上拼装，也可在地面上进行分片拼装后吊装，这样更便于施工。根据吊顶的结构情况确定分片位置和尺寸，尺寸不宜过大，否则不便吊装，一般尺寸不大于 500mm。分片的原则是既便于安装施工又能保证吊顶安装质量，如图 4-16、图 4-17 所示。

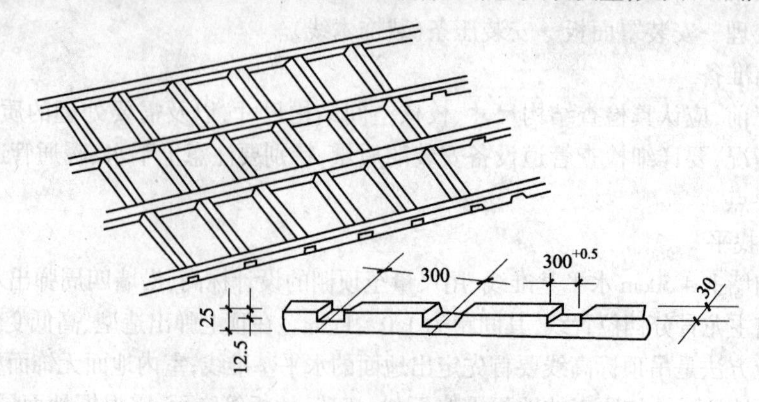

图 4-16　木骨架网格

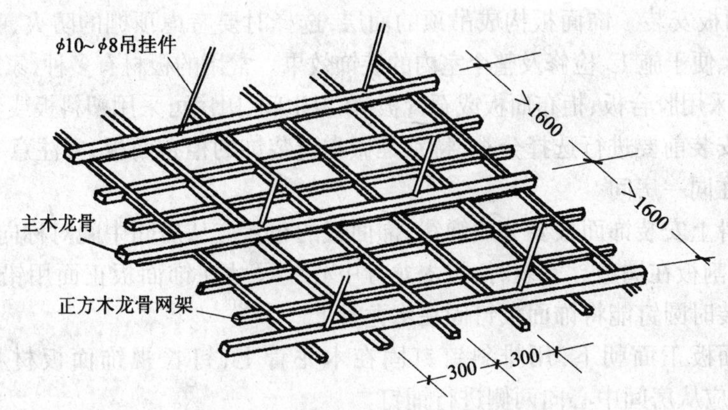


图 4-17　木龙骨吊顶安装示意图

($e$)固定沿墙龙骨　一般可在墙面上的吊顶标高线以上 10mm 处钻孔，孔径 12mm，孔距 500～800mm，在孔内塞入木楔。将沿墙木龙骨用铁钉钉固于木楔上，并使木龙骨底边与吊顶标高线一致。

($f$)木龙骨吊装将拼装好的成片木龙骨架托至吊顶标高位置，然后把木龙骨架做临时固定，临时固定时可用钢丝暂时与吊点连接。吊顶高度较低的，也可从下面用支杆支撑做临时固定。根据吊顶水平标高线拉出一条调平基准线，待整片木龙骨架根据调平基准线调平后，将木龙骨架靠墙部分钉固在沿墙龙骨上，然后将木龙骨架与吊杆逐个连接。连接的方法根据吊杆材料而定，木吊杆可与木龙骨钉接；钢筋吊杆可与木龙骨绑扎；小型角铁或扁钢吊杆可在端部钻孔，然后用木螺钉与木龙骨连接。

木龙骨架各片接合处，要使其对接的木枋端头对正，在接缝处的两侧或顶面用短木枋夹钉牢固，使各片龙骨架下表面呈同一平面。木龙骨吊装如图 4-18 所示。

图 4-18　木龙骨吊装

($g$)调平　龙骨架全部连接完成后，可将临时固定装置撤掉，以一个房间为单位，在吊顶下面根据吊顶标高水平线重新拉出十字交叉两条水平线，用以检查吊顶平面的平整度，调平要仔细，吊顶应适当起拱，一般为 3/1000。

(*h*)饰面板安装　饰面板构成吊顶的面层，选择时要考虑顶棚的防火、吸声、保温隔热、重量轻、牢固、便于施工、检修及整个室内的装饰效果。常用的板材有多种，家庭室内吊顶在居室、客厅等多采用胶合板、柜布面板或石膏板，在卫生间、厨房可采用塑料板或金属板等。

饰面板安装前要进行选择分类，特别是做本色装饰的柜布面板，要注意其色泽、纹理，树种一致的用在同一房间。

在木龙骨上安装饰面板要分块弹线，饰面板的布置应从房间中间对称向两边排列，整块板在中间，分割板在周边。安装时，按木龙骨中心线尺寸在饰面板正面用铅笔画定位线，保证饰面板安装时圆钉能将饰面板钉固在木龙骨上。

将木饰面板正面朝下，用排斜钉钉固在木龙骨上，钉长视饰面板材料而定，钉距在100mm左右，应从房间中心向两侧进行铺钉。

木龙骨吊顶的木饰面板还可以采用粘结的方式与木龙骨连接，根据饰面板材料选择适当的胶合剂进行粘铺。

纸面石膏板安装同前。

吊顶表面常常要做饰面处理，主要有涂饰涂料、贴墙纸等。

4)棚面木吊顶的局部处理

一般平面木吊顶与墙面结合处形成阴角，饰面板与墙面处的缝隙不会很均匀，交界线也不很通直，一般都要用装饰性线条遮盖。常用线条有木质线条或塑料线条及石膏线条、木线条等，顶压角木线处理如图4-19所示。

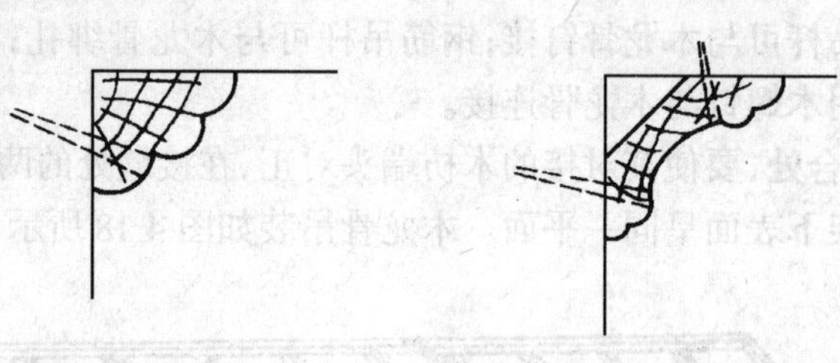

图4-19　顶压角木线处理

在室内吊顶时，往往做成异形吊顶，如圆形、拱形曲面等，在构造中往往用木夹板做造型，如图4-20、图4-21、图4-22所示。

图4-20　圆形吊顶

图 4-21　拱形吊顶

图 4-22　球形吊顶

4.1.5　木龙骨 PVC 塑料板材吊顶

(1)构造

这种吊顶的构造主要由吊筋、龙骨和面层三部分组成。

吊筋、木龙骨做法同木龙骨饰面板吊顶。

面层:PVC 塑材　PVC 塑料板材具有质量轻、耐潮湿、隔热、不易燃、不吸尘、不破裂、易安装、价格低廉等优点,是一种很好的室内饰面材料,常用在厨房或卫生间等环境中。常用的 PVC 塑料饰面板有方形板和条形板,方形板为 500mm × 500mm × (0.4 ~ 0.5)mm,表面带浮雕图案;条形板为长 3000mm、宽 200 ~ 240mm、厚 6 ~ 8mm,板的两侧分别有凸边或凹槽。安装时,侧边可互相插接,并压盖住接缝底部。这种板材由于中空带条筋,刚度好,应用较多。木龙骨 PVC 塑材吊顶构造如图 4-23 所示。

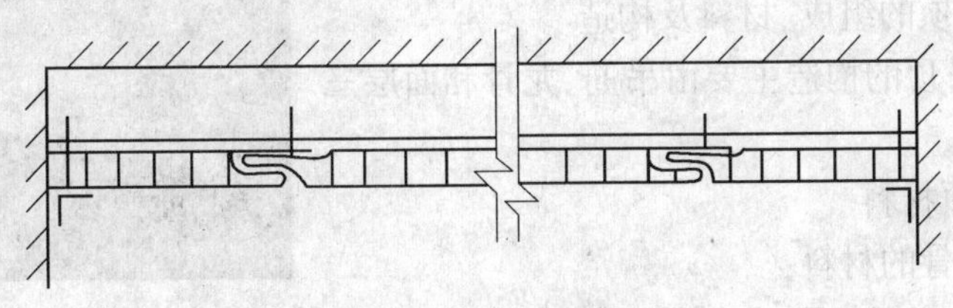

图 4-23　PVC 塑材吊顶构造

这种吊顶的基本构造与其他木龙骨吊顶一样，但由于这种塑料板材不能弯曲，所以只适用于平面或平面的阶层式吊顶。

(2)吊顶的施工技术

PVC 塑料板材吊顶的工艺流程如下：

弹线找平→安装主龙骨→安装搁栅→安装管线及设备→防腐(防火)处理→安装 PVC 罩面板→安装压条。

(3)施工前准备

吊顶施工前，应认真检查结构尺寸、校核空间结构尺寸，以及需要处理的质量问题。检查设备安装情况，要详细检查管道设备安装的质量，特别要注意上下水、暖通管道有无渗漏。

(4)施工要点

弹线找平、吊点固定、龙骨安装同木龙骨饰面板吊顶。

面板安装：塑料饰面板与木龙骨之间可采用钉接或胶接，方形板在板材接缝处用木压条钉固在木龙骨上，形成 500mm 的正方形格子，也可用塑料压条或铝压条盖缝。条形板由于侧向可以互相插接，只需将侧向凹边用钉固定在木龙骨上即可。在转角处用阳角、阴角塑料压线条封闭，平缝线条只用在横向接头处。

安装饰面板在木龙骨上确定出板材分格线，方形板正方形分格线从木龙骨中心位置线开始划分，条形板分格线与木龙骨垂直，可每隔 3 条板距划一根，做板材铺钉控制线。将方形板在木龙骨架上固定时，周边钉距 100 ~ 120mm，非整块板可布置在室内周边和一侧。条形板根据房间尺寸和装饰要求，要合理计算确定板条铺钉方向，使室内棚面最好不产生板材接头。铺钉第一块条形板时，板材正面朝下，带凹槽口侧朝外，将靠墙一侧的凸边钉在木龙骨上，再在带凹槽口一侧的小边上用钉子固定在木龙骨上，接着第二块板凸榫边插入第一块板凹槽中，把第一块板的钉头盖住并被凹槽卡住，随后将第二块板凹槽口侧边钉固，依此类推。最后一块板根据实际尺寸裁割，在其侧边钉固。

(5)局部处理

方形板接缝处用木条压盖，也可贴塑料压条或铝压条，墙角处用三角形木条，压条格子要方正均匀。条形板铺钉时，要控制好板缝宽度，使其均匀顺直。墙面与棚面交界处用塑料阴角线封盖，线条在墙角转角处用对应的塑料压角线封盖，接头部位做 45°斜接。

### 4.1.6 金属板吊顶

金属板吊顶是近年来民用建筑和家庭住宅中比较常用的一种装饰形式，在家庭的装饰与装修中，主要用于厨房、浴室、阳台和卫生间等需要防潮功能的装饰吊顶，所使用的金属材料主要是铝合金型材和板材。图 4-24所示为金属条板吊顶。

图 4-24 金属条板吊顶示意图

(1)金属板吊顶的组成、材料及构造

构造：这种吊顶的构造主要由吊筋、龙骨和面层三部分组成。

1)金属板吊顶材料

主龙骨、次龙骨的材料：

主龙骨选用 38 轻钢龙骨，次龙骨往往和板的形状配套如图4-24、图4-25所示。图4-24为金属条板吊顶示意图。图4-25为铝合金金属板吊顶安装示意图。

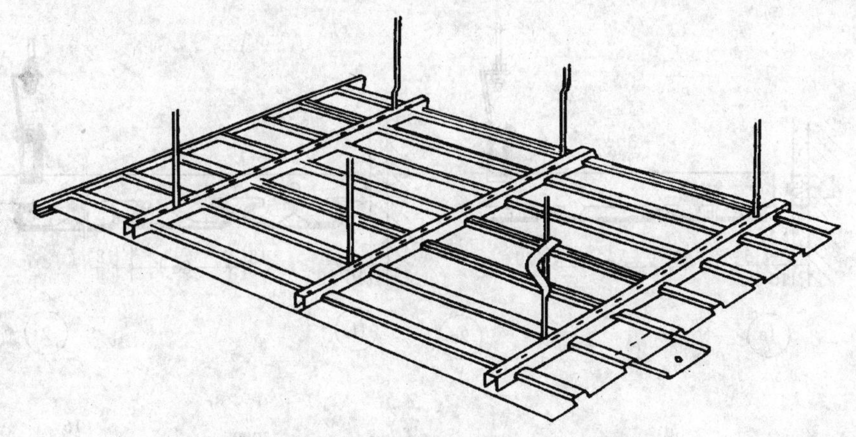

图4-25　铝合金金属板吊顶安装示意图

面板：

各种铝合金方板、铝合金条板、铝合金压型板等，如图4-26所示。

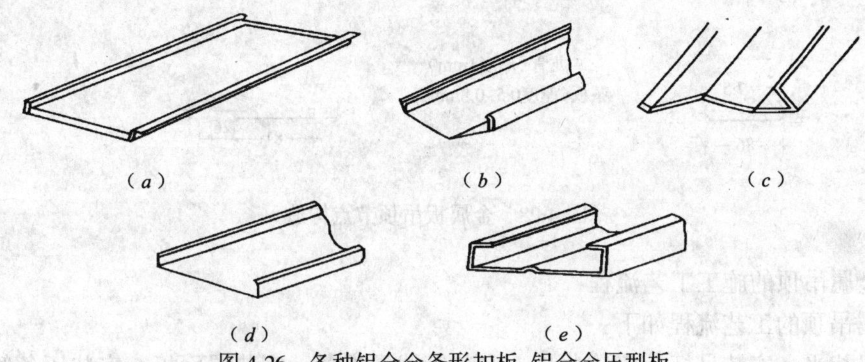

图4-26　各种铝合金条形扣板、铝合金压型板

(a)F系列面板；(b)V系列面板；(c)E系列面板；(d)M系列面板；(e)面板连接板

2)金属板吊顶构造

金属板吊顶构造如图4-27、图4-28所示。

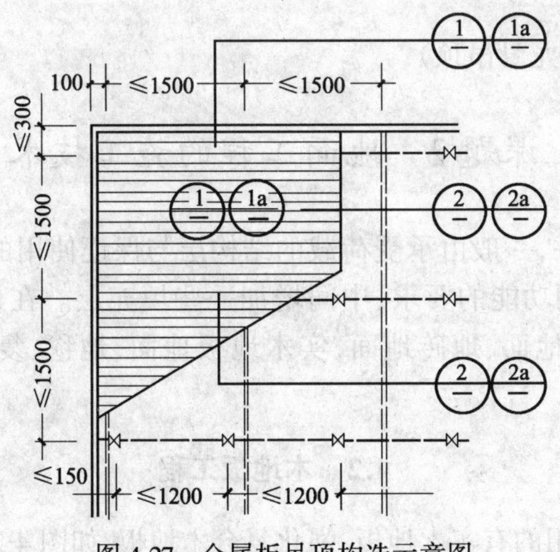


图4-27　金属板吊顶构造示意图

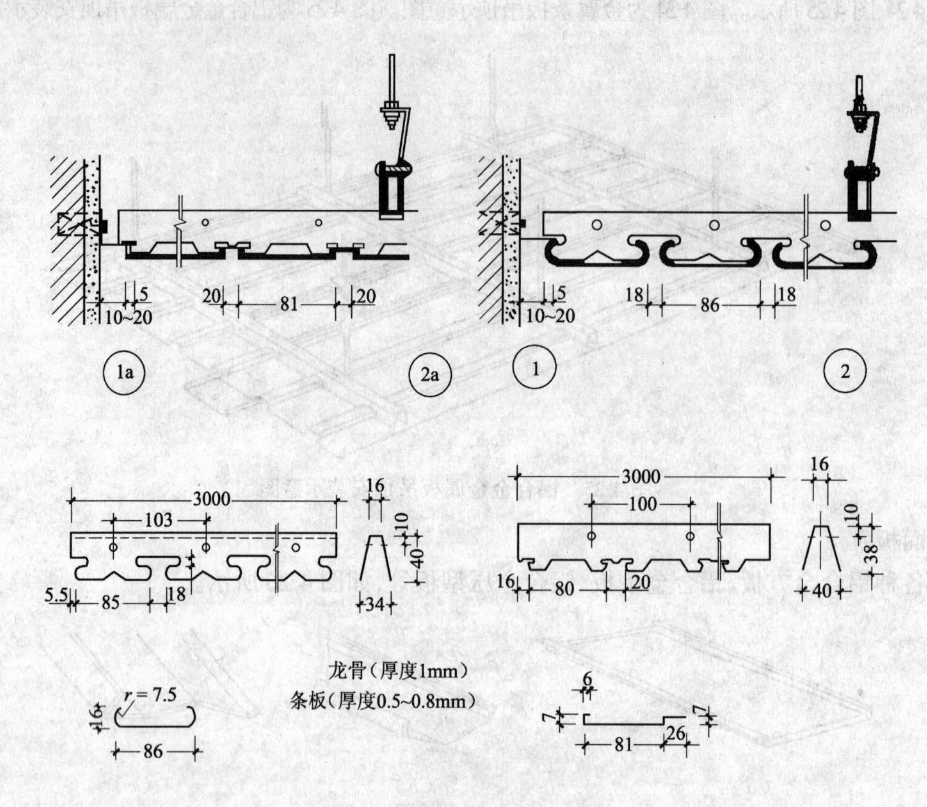


图 4-28 金属板吊顶节点构造

3)金属吊顶的施工工艺流程

金属吊顶的工艺流程如下：

弹线找平→安装吊杆→安装龙骨→安装管线及设备→安装罩面板→安装压条等。

4)施工前准备

吊顶施工前，应认真检查结构尺寸、校核空间结构尺寸以及需要处理的质量问题。检查设备安装情况，要详细检查管道设备安装的质量，特别要注意上下水、暖通管道有无渗漏的情况。

5)施工要点(同轻钢龙骨吊顶)

## 课题 2 地面工程的施工技术

建筑物的楼板、地坪，一般由承受荷载的结构层与保证使用的饰面层两个主要部分构成，有时候为了满足使用功能的要求，中间增加一些填充层。在住宅装饰装修中，常用的楼地面饰面层有花岗石地面、地砖地面、实木地板地面、地毯、复合木地板、PVC 卷材、板材等。

### 4.2 木地板工程

木地板在住宅中常用的有实木地板、强化复合木地板，如图 4-29 所示。

图 4-29　实木地板工程实例

4.2.1　实木地板

实木地板的铺贴分为实铺式木地板、实贴式木地板、架空式木地板。由于住宅建筑受到层高的限制，架空式木地板用的较少。主要介绍实铺式木地板和实贴式木地板。

(1)实铺式木地板

1)实铺式木地板主要材料

垫木、木格栅、毛地板、面板 、钢钉、胶等。木材一般选用松木、杉木。要求长条木地板含水率不超过 12%，同一批材料的树种、花色、规格尺寸要一致。木龙骨、撑木、垫木可用红、白松或杉木，规格按设计要求，要经干燥和防腐处理，含水率不超过 20%。毛地板材质应符合设计要求，含水率不超过 15%。木踢脚线含水率不超过 12%，背面满涂防腐剂，纹理颜色应与面板一致，还要准备隔声材料和防潮防水材料等。

2)实铺式木地板的构造

实铺式木地板构造如图 4-30 ~ 图 4-31 所示。

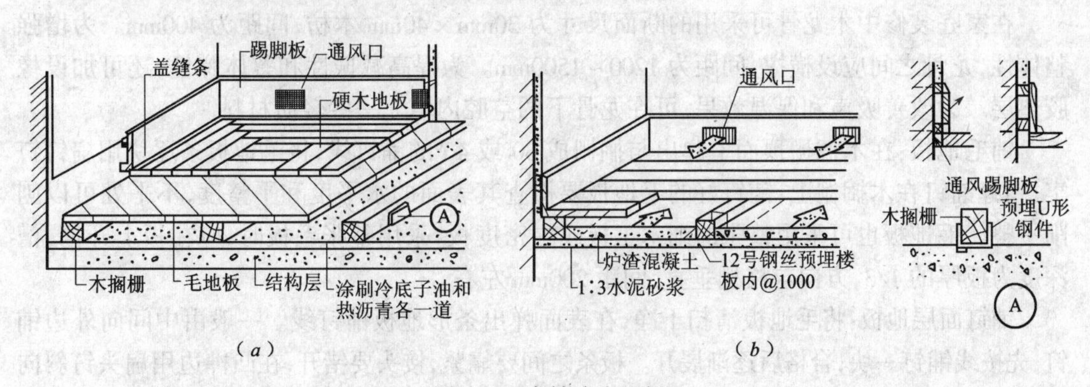


图 4-30　实铺式木地板

(a)双层木地板；(b)单层木地板

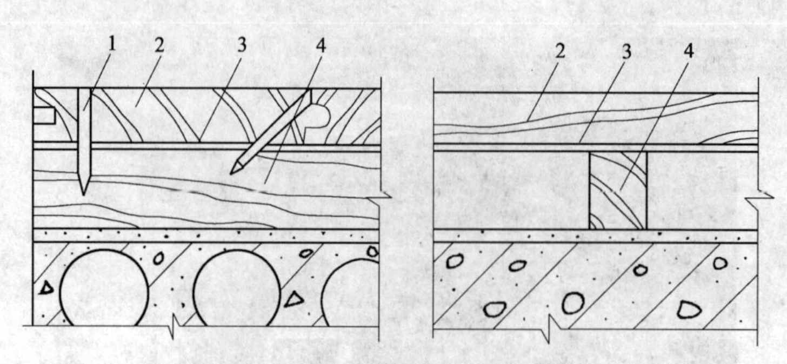


图 4-31　实铺式木地板的构造

1-钢钉;2-条形地板;3-泡沫垫层;4-木龙骨

实铺式木地板有单层和双层之分,单层结构就是直接在木龙骨上铺钉面层地板,双层结构还要加铺毛地板,在毛地板上铺钉面层地板。

3)实铺式木地板施工技术

施工工艺流程:

非免漆免刨地板:清理基层→弹线→安装木龙骨→铺毛地板→铺地板面层→打磨、安装踢脚板→油漆→打蜡。

免漆免刨地板:清理基层→弹线→安装木龙骨→铺毛地板→铺地板面层→安装踢脚板→打蜡。

(*a*)施工前准备

铺实木地板之前顶棚和地面的各种湿作业应已经完工。门窗和玻璃全部安装完毕,水暖管道和电器设备等也已安装完毕。

(*b*)施工要点

基层处理:将基层清理干净。

弹线:首先在地面按设计规定的木龙骨间距弹出木龙骨位置线,在墙面上弹出地面标高线。

安装木格栅:将木龙骨按位置线铺设在地面上,木格栅固定方式有下列几种:一是用膨胀螺栓固定:龙骨如采用预埋螺栓固定,要在龙骨上划出固定点位置并钻孔,将龙骨穿在膨胀螺栓上;二是用带孔的射钉穿钢丝绑扎;三是地面钻孔塞木楔子,将龙骨钉于木楔子上。

在安装龙骨过程中,边紧固边调整找平。找平后的木龙骨用斜钉和垫木钉牢。木格栅下与地面间隙用干硬性水泥砂浆找平,与龙骨接触处做防腐处理。

在家庭装修中木龙骨可采用的断面尺寸为 30mm × 40mm 木枋,间距为 400mm。为增强整体性,龙骨之间应设横撑,间距为 1200 ~ 1500mm。为提高减振性和整体弹性,还可加设橡胶垫层。为改善吸声和保温效果,可在龙骨下的空腔内填充一些轻质材料。

铺毛地板:在木搁栅顶面上弹出与搁栅成 30°或 40°的铺钉线,将毛地板条逐块用扁钉钉牢,错缝铺钉在木搁栅上,铺钉好的毛地板要检查其表面的水平度和平整度,不平处可以刨削平整。毛地板也可采用整张的细木工板或中密度板,采用整张毛板时,应在板上开槽,槽深度为板厚的 1/3,方向与格栅垂直,间距 200mm 左右。

铺钉面层地板:将毛地板清扫干净,在表面弹出条形地板铺钉线。一般由中间向外边铺钉,先按线铺钉一块,合格后逐渐展开。板条之间要靠紧,接头要错开,在凸榫边用扁头钉斜向钉入板内,靠墙边留出 10 ~ 20mm 空隙。铺完后要检测水平度与平整度,用平刨或机械刨修整刨光。刨削时要避免产生划痕,最后用磨光机磨光。如使用已经涂饰的木地板,铺钉完即可。

装踢脚板(线):在墙面和地面弹出踢脚板高度线、厚度线,将踢脚板钉在墙内木砖或木楔上。踢脚板接头锯成45°斜口搭接。

表面处理:对于白槎地板还需要刮腻子、打磨、涂饰、打蜡、磨光等表面处理。

实铺式条形木竹地板做法同实铺式实木地板。

(2)实贴式木地板

1)实贴式木地板的主要材料

实贴式木地板主要材料有实木地板、胶等。要求实木长条木地板含水率不超过12%,同一批材料的树种、花色、规格尺寸要一致。木踢脚线含水率不超过12%,背面满涂防腐剂,纹理颜色应与面板一致,还要准备隔声材料和防潮防水材料等。

铺贴材料须进行检验:结疤、缺边、角超规格等应退回;以6块一组色泽相似;以6块为一正方形,标准尺寸为304.8mm。

实贴式木地板的构造,如图4-32所示。

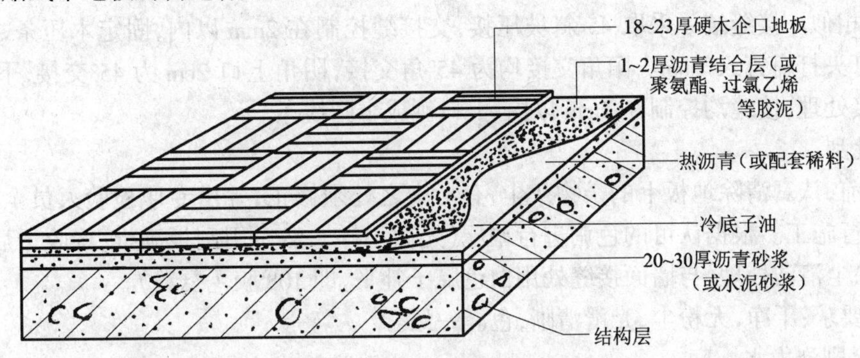


图4-32 实贴式木地板

施工工艺流程:清理基层→弹线→浇热沥青(或其他胶粘剂)→铺拼花地板→打磨、安装踢脚板→油漆→打蜡。

2)施工要点

(*a*)基层处理

必须先检查地面质量,清除地面浮灰、杂质等。

地面质量控制要点:地面含水率不大于16%;水平面误差不大于4mm;不允许空鼓;不允许起砂。

检查后地面若水平面误差大于4mm,起砂面积在400cm$^2$以下进行局部修正,批挡处理。批挡前先用水稍湿润以增加批挡层与地面的粘结力,批挡层一般控制在3mm厚以下。批挡材料:含固量大于9%的"801"胶、强度等级为32.5的水泥掺合后施工。清洁后,用水加"108"胶比例3:1涂刷一遍,方可定位铺贴。

(*b*)弹线

应有专人负责中心线定位工作,中心线或与之相交的十字线应分别引入各房间作为控制要点;中心线和相交的十字线必须垂直;控制线须平行中心线或十字线;控制线的数量应根据空间大小、铺贴人员水平高低来确定;中心线应在试铺的情况下统筹各铺贴房间的几何尺寸后确定。

(*c*)铺贴

在确定中心线的地面清洁后，根据中心线、十字线确定地板块的位置，原则为先求大面再求小面。

上胶：在清洁的地面上用锯齿形刮板均匀刮一遍胶，面积为 $1m^2$ 以内，然后用铲刀涂胶在木地板粘结面上，特别是凹槽内上胶要饱满。胶的厚度控制在 1～1.2mm。

铺贴：按图案要求进行拼贴，并用加压法挤出剩余胶液，板面上胶液应及时处理干净。隔天铺贴的交接面上的胶须当天清理，以保证隔天交接面严密。

(*d*)初磨

待地板固化后(固化时间 24～72h)，先检查有无空鼓，要求要对缝、对角、拼缝，检查后刨去高出的地板，然后进行初磨，并随时用 2m 直尺检查平整度。

控制要求：平整度 2mm (2m)、无刨痕、毛刺，表面光洁，图案清晰。

(*e*)踢脚板安装

基层检查，要求基层顺直，基本平整，不足处加以修正。材料检查，要求同一房内的木质色泽基本相似。接缝统一采取 45°斜坡压接，交接缝控制在 2mm 以内，固定木压条，加钉并上胶，且钉头打扁钉入 2mm。阳角交接均为 45°角交接，阴角上口 2cm 为 45°交接，下口 8cm 为 90°交接处理，接缝均控制在 2mm 以内，上口刨成半圆线条。

(*f*)批刮

批刮前，认真清除地板上的杂物灰尘，有污染之处须修正，并由专职检验人员全面检查后方可进行施工。根据认可的色调进行调配(先做小样)，然后用刮板满批，待收干后，再细磨，并做除尘清洁处理(与墙面接缝处用白色腻子补平，即 108 胶＋复粉)。

控制要求：干净，无粉尘，光滑清晰，色泽一致。

(*g*)涂刷泡力水一度

施工时应脱鞋进房操作，晴天施工，无刷痕，色泽一致。

(*h*)涂水晶漆二度

要求木纹清晰，光亮一致，色泽顺和。

#### 4.2.2 复合木地板

(1)复合木地板材料与构造

材料包括复合木地板、胶、地垫、踢脚板等。

构造：直接在楼地面上铺贴。

(2) 复合木地板的施工技术

施工工艺流程：复合木地板的施工工艺流程为：弹线→铺贴→装踢脚板。

1)施工前的准备

要求顶棚面和墙面装饰工程应已完工；管道和电气设备已经安装完成；地面墙角等处无渗漏水现象，否则应做防水处理；地面突出凸起部位要铲平。

2)施工要点

弹线：在四周墙面弹出地板标高线，铺贴可从一侧开始逐行进行，首先将地板条带槽的一边朝墙摆放，并且插入木楔，使其与墙之间，留有 10mm 的间隙，作为伸缩缝。第一行摆放后，拉线检查调整，保证位置准确、边线顺直。以第一行为基准，根据板条尺寸，在垫层上弹出各行控制线。铺贴地板前应先在室内满铺泡沫塑料垫层，垫层展出方向与地板纵向垂直，垫层接缝处用封箱胶带封接。弹线后，可将第一行正式铺贴，将复合木地板的纵向和横向榫头侧边均匀地涂上胶粘剂，将第二块板的端头槽与第一块板的榫插接，用锤子垫着木块敲击，使地板挤紧，挤出的胶液要擦净，依次逐块安装至墙边。靠墙的一块板，可先取一块整板，槽口端靠墙，并用木楔留出 10mm 间隙，将其与前一块平行摆放，用角尺依照前一块端头位置划线，按线锯裁并将其平转 180°，用其槽口端与前一块榫头插接。第二行首块用整块紧靠第一行尾块铺贴，依次逐行铺贴。每完成一行都要按线检查，保证位置准确，边线顺直。最后一行，可取一块整板叠放在前行的板上，四边对齐，再取一块板放在它上面，使其带槽的长边靠墙，并与墙之间留 10mm 的间隙，沿此板边缘在下面的板面上划线，按线锯裁，相邻板块的接缝应该错缝且不小于 300mm。装踢脚板：撤掉木楔后就可以装踢脚板，踢脚板用钉子钉固在墙的木砖（或木楔）上，其厚度不小于 15mm，以保证能压盖住地板的伸缩缝。

### 4.2.3 石材地面

(1)石材的主要材料、构造

主要材料：包括大理石、花岗石；外观颜色一致，表面平整，形状尺寸正确，图案花纹正确，厚度一致，边角整齐，无翘曲，裂纹等缺陷。水泥采用硅酸盐水泥和普通硅酸盐水泥，其强度等级在 32.5 以上。不同品牌、不同强度的水泥禁止混用。砂子：选用中砂或粗砂，含泥量不大于 3%。

构造如图 4-33 所示。

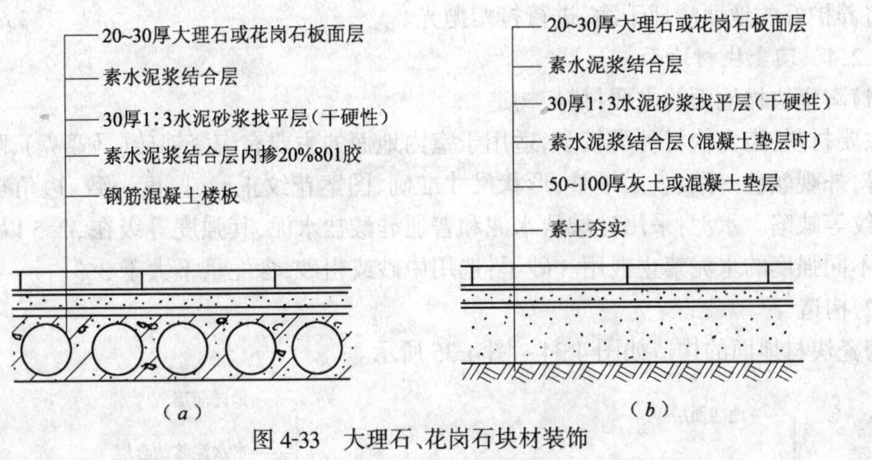


图 4-33 大理石、花岗石块材装饰

(a)楼面；(b)地面

(2)石材地面施工技术

石材地面的施工工艺流程：检验水泥、砂子、花岗石和大理石的施工质量→试验→弹线→试拼编号→基底处理→铺抹结合层砂浆→铺石材→板缝处理→抛光。

1)施工前的准备

要求材料的检验已完工并符合要求；隐蔽工程已经完工验收合格；门框安装到位；基层洁净，缺陷已处理。

2)施工要点

弹线：根据设计要求，确定面层高度位置，在墙面上弹出高度控制线。在房间内拉线找中心，再根据板块规格和设计要求弹出分格线，分格线要与相连房间的分格线相连接。试拼、试排：在正式铺砌前，根据设计要求的图案、纹理、颜色，按分格位置进行试拼，检查整体效果。试拼后按两个方向编号，按号整齐堆放。在房间内两个互相垂直的方向，铺设两条宽度大于板宽的干砂，按施工大样图进行试排，检查板块间的缝隙，核对板块与墙面、柱、管线洞口等的相对位置，确定找平层的厚度。

3) 铺结合层砂浆

试排后将板材移开，按次序放好，将基层清理干净，并洒水湿润。刷一层素水泥浆(水灰比为0.5)，随刷随铺结合层砂浆(1∶2干硬性水泥砂浆)。根据面层控制线确定结合层砂浆厚度，然后用木杠刮平，用木抹子拍实、抹平。

4) 铺石材

在铺砌石材板块前在结合层上再涂一遍水泥浆(水灰比为0.5)，根据面层高度在房间内拉十字控制线，然后按试拼、试排时的编号位置、图案、缝隙大小，按十字控制线纵横各铺一行，做继续铺砌的基准。正式铺砌前先试铺，检查合格后，开始正式铺砌。将板块对准位置四角同时落下，用橡胶锤轻轻敲击，敲平压实，缝隙均匀一致，按控制线找平，用水平仪检查平整度。

5)板缝处理

铺好的石材地面24h后洒水养护，两天后进行板缝处理。用水泥浆或1∶1水泥砂浆灌缝，先灌至板缝高度的2/3，将溢出的砂浆清理干净，再用与板面相同颜色的水泥浆灌满板缝，待水泥凝结后，将板面清理干净，在地面上覆盖锯末，第二天后洒水养护2～3d。

6)抛光

将养护好的地面清理干净，进行打蜡抛光。

4.2.4 陶瓷块材地面

(1)陶瓷块材地面的主要材料、构造

主要材料：陶瓷块材种类较多，适用于室内地面的主要有陶瓷锦砖(马赛克)、陶瓷地砖、缸砖等，外观颜色一致、表面平整、形状尺寸准确、图案花纹正确，厚度一致、边角整齐、无翘曲、裂纹等缺陷。水泥：采用硅酸盐水泥和普通硅酸盐水泥，其强度等级在32.5以上。不同品牌、不同强度的水泥禁止混用。砂子：选用中砂或粗砂，含泥量不大于3%。

(2)构造

陶瓷块材地面的构造如图4-34～图4-35所示。

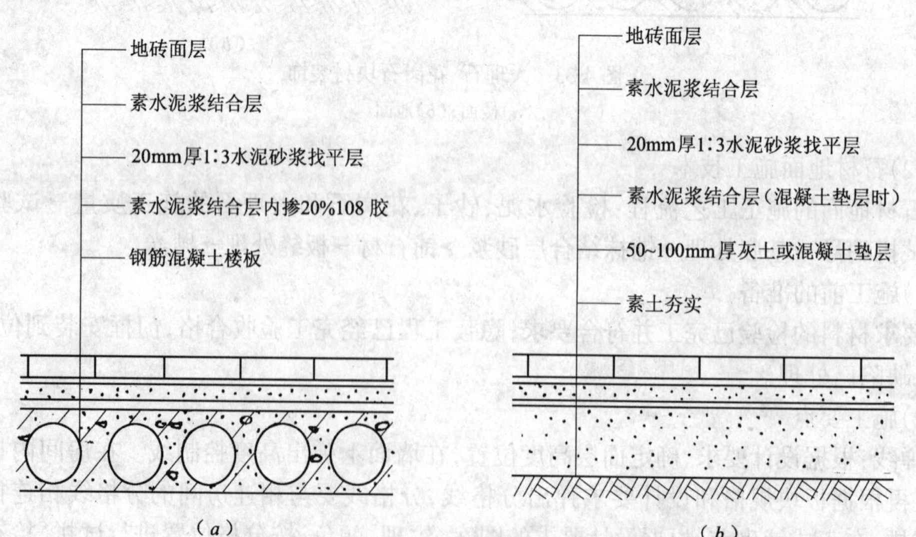


图4-34 地砖楼地面构造

(a)楼面；(b)地面

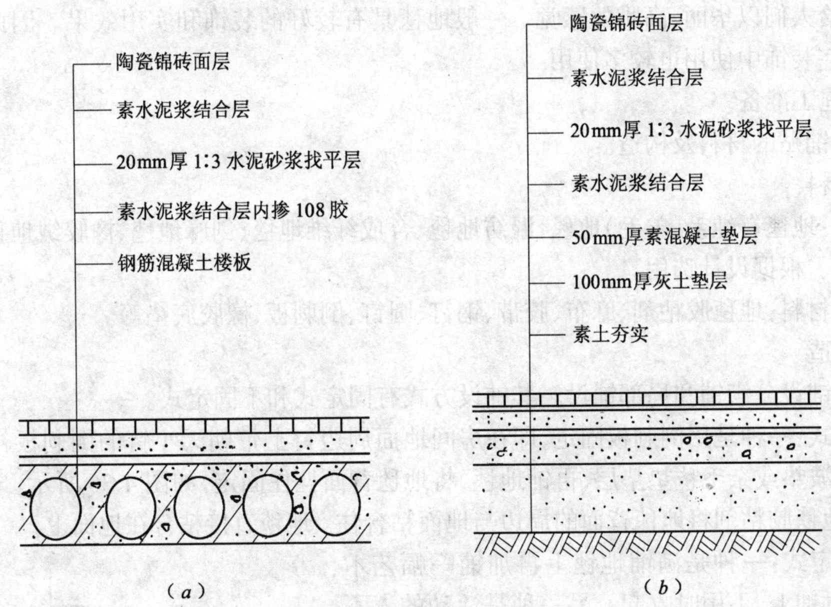


图 4-35　陶瓷锦砖楼地面构造

(a)楼面;(b)地面

(3)陶瓷块材地面的施工技术

陶瓷地面的施工工艺流程:检验水泥、砂子、砖的施工质量→试验→弹线→排砖→基底处理→做灰饼、标筋→铺抹结合层砂浆→铺砖→板缝处理→面层清理。

1)施工前的准备

要求材料的检验已完工并符合要求;隐蔽工程已经完工验收合格;门框安装到位;基层洁净,缺陷已处理。

2)施工要点

弹线:根据设计要求,确定面层高度位置,在地面上弹出高度控制线。在房间内拉线找中心,再根据板块规格和设计要求弹出分格线,分格线要与相连房间的分格线相连接。做灰饼和标筋:在四周墙面上弹出地面标高线,根据标高线在四周做灰饼,灰饼顶面比地面标高低一层地面块材的厚度,再根据灰饼做标筋。

铺结合层砂浆:在清理好的基层上涂刷一层水泥浆(水灰比为 0.5),随刷随铺结合层砂浆(1∶3 干硬性水泥砂浆),用长木杠刮平、拍实,用木抹子抹平。

铺贴块材:在结合层上均匀地撒干水泥,并洒水湿润后就可以开始铺贴块材。将锦砖背面刷水湿润,随即按线铺贴。其他块材要预先用水浸泡 2～3h,晾干后在块材背面涂抹 1∶2 水泥砂浆,按线铺贴。操作时,拉好控制线,按线铺贴,并用方尺找正。铺贴快到尽端时,应提前测量预排,进行调整,以免最后出现缝隙过大或过小。铺满后,用橡胶锤和拍板依次拍实拍平,按拉线调整缝隙,使其平直、通顺,并用水平仪检查平整度,调整后再用橡胶锤和拍板拍平。嵌缝铺贴好块材面层将缝隙边缘及板面上的余浆擦净,锦砖要洒水湿润后将纸皮揭掉,用白水泥浆或普通水泥浆嵌缝,两天后铺锯末养护 4～5d。

### 4.2.5　地毯铺设

地毯是地面的饰面材料。高档地毯具有吸声、隔热、保温、柔软、脚感舒适等实效,其色彩艳丽，给人们以华丽、高雅的感觉。一般地毯具有较好的装饰和实用效果。因此，公用建筑，在住宅装饰中使用也较多使用。

(1)施工准备

地毯铺贴的材料及构造。

1)材料

地毯：地毯有纯毛(羊毛)地毯、混纺地毯、合成纤维地毯、剑麻地毯、橡胶绒地毯、塑料地毯等品种。根据设计选用。

其他材料：地毯胶粘剂、麻布、胶带、钢钉、圆钉、倒刺板、橡胶底垫等。

2)构造

地毯铺设分满铺和局部铺设。其铺设方式有固定式和不固定式。

固定式：一种是用倒刺板固定，即在房间地面周边钉上带朝天小钉的倒刺板衬，在地面上铺海绵波垫或杂毛毡垫垫层，再铺地毯，将地毯背面挂住固定，如图 4-36 所示。另一种是粘贴，用地毯胶粘剂将地毯背面的周边与地面粘合住。地毯直接粘合在地面上。

不固定式：一种是满铺地毯上再加铺一幅艺术地毯，用时铺上，不用时收起。另一种是活动的人不多，地毯上面搁置较多重物，毋需固定。其三采用小方块地毯进行铺设不必固定。

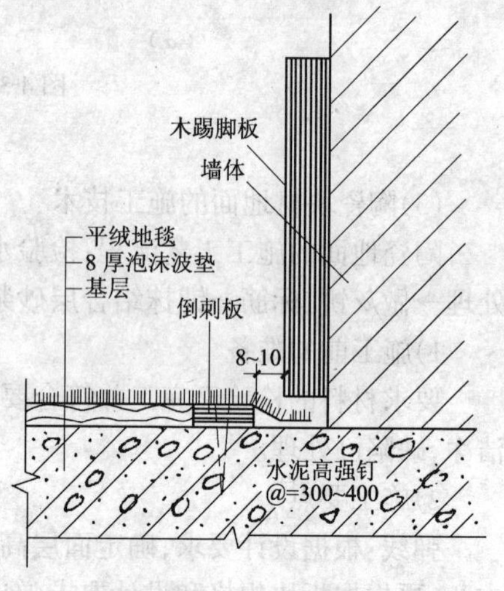

图 4-36　倒刺板固定

(2)作业条件

1)除地面以外的所有装修均全部完工，并已清扫干净。楼(地)面已干燥，其质量符合验评标准。

2)铺设地毯的房间，其踢脚板下部离地面应留 8mm 空隙，便于地毯毛边塞入其内。

3)入库地毯其花色、品种、数量已核实无误。

4)备足固定地毯的倒刺板和收口压条。

(3)施工技术

1)固定式

(*a*)施工工艺流程

清理基层→裁割地毯→钉倒刺条板→接缝缝合→铺设→修整→清洁。

(*b*)操作要点

清理基层：水泥砂浆或其他地面其质量保证项目和一般项目，均应符合验评标准。地面铺设地毯前应干燥，其含水率不得大于8%。对于酥松、起砂、起灰、凹坑、油渍、潮湿的地面，必须返工后方可铺设地毯。

裁割：地毯裁割应量准房间的实际尺寸，按房间长度加长 2cm 下料。地毯宽度应扣去地毯边缘后计算，然后在地毯背面弹线，大面积地毯用裁边机裁割。小面积一般用手握裁刀和手推裁刀从地毯背面裁切。圈绒地毯应从环毛的中间切开。各种地毯应使切口绒毛整齐，将裁好的地毯卷起编号。

固定：地毯沿墙边的固定方法：现在离踢脚板 8mm 处，用钢钉(水泥钉)按中距 300 ~ 400mm 将倒刺板条钉在地面上，倒刺板用 12000 × 24 ~ 25 × 4 ~ 6mm 的三夹板条，板上钉两排斜钢钉。

倒刺板安装和地毯铺设如图 4-37 所示。

房间门口的地毯固定和收口是在门框下的地面处,采用厚2mm左右的铝合金门口压条,如图4-38所示,将尺寸为21mm的一面用螺钉固定在地面内,再将地毯毛边塞入18mm的口内,将弹起的压片轻轻敲下,压紧地毯。

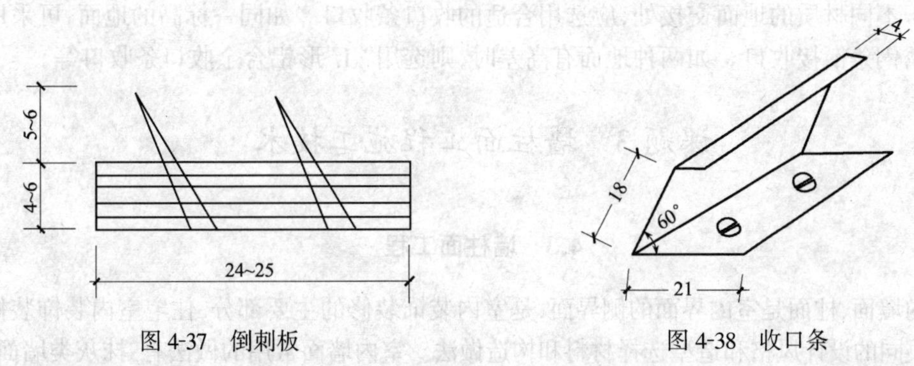


图4-37 倒刺板　　图4-38 收口条

倒刺板固定板条也可以采用市场销售的产品,目前市场上多为"L"铝合金倒刺、收口条,如图4-39所示。

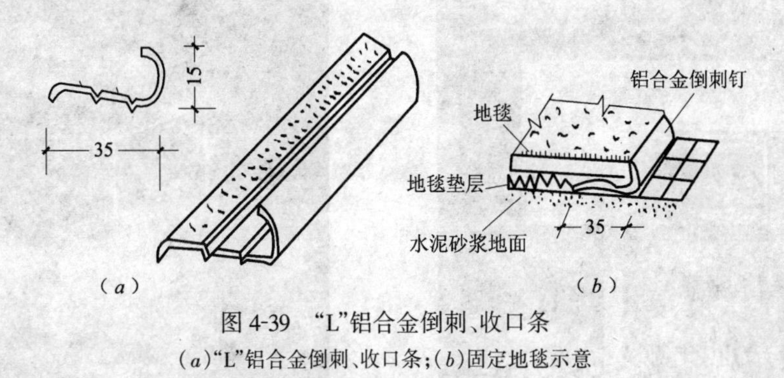


图4-39 "L"铝合金倒刺、收口条
(a)"L"铝合金倒刺、收口条;(b)固定地毯示意

铺设:铺设方法:其一,地毯就位后,先固定一边,将大撑子承脚顶住对面墙或柱,用大撑子扒齿抓住地毯,接装连接管,通过撑头杠杆伸缩,将地毯张拉平整。亦可采用特种张紧器铺设。其二,先将地毯的一条长边固定在沿墙的倒刺板条上,将地毯毛边塞入踢脚板下面的空隙内。然后,用小地毯撑子置于地毯上用手压住撑子,再用膝盖顶住撑子胶垫,从一个方向向另一边逐步推移,将地毯拉平拉直。多人同步作业反复多次,直至拉平为止。最后将地毯固定在倒刺板上。多余部分应割除掉。

修整、清洁:铺设完毕,修整后将收口条固定。随后,用吸尘器清扫一遍。

粘贴固定地毯:将地毯用胶粘剂粘结在地面上予以固定。因此,地面一般不再铺垫层,刷胶采用满刷与部分刷胶两种。人流多的地面,应采用满刷胶液。人流少且搁置器物较多的房间地面,可部分刷胶。胶粘剂应选用地板胶,用油刷将胶液涂刷在地面上,静停5~10min待胶液溶剂挥发后,即可铺设地毯。部分刷胶铺设地毯时,根据房间尺寸裁割地毯。先在房间中部地面涂一块胶,地毯铺设后,用撑子往墙边拉平,再在墙边刷两条胶带将地毯压平,并将地毯毛边塞入踢脚板下。需拼接的地毯,在接缝处刮一层胶拼合密实。

2)不固定式地毯铺设

(a)工艺流程

不固定式(卷材):清理基层→裁割地毯→接缝缝合→铺贴→清洁。

(*b*)操作要点

当采用卷材地毯时,其裁割、接缝缝合与固定式相同。地毯拼成整块后,直接干铺在洁净的地面上,不与地面粘结。铺设沿踢脚板下的地毯应塞边压平。

对于不同材质的地面交接处,应选用合适的收口条收口。如同一标高的地面,可采用铜条或不锈钢条衔接收口。如两种地面有高差时,则选用"L"形铝合金收口条收口等。

# 课题3 墙柱面工程施工技术

## 4.3 墙柱面工程

室内墙面、柱面是室内界面的侧界面,是室内装饰装修的主要部分,住宅室内装饰装修墙面根据不同的设计风格和造型选择材料和构造做法。室内墙面常用的做法有:抹灰类墙面、贴面类饰面、罩面板类饰面、裱糊和软包内饰面。图4-40～图4-47为墙面装饰装修工程实例。

图4-40 厨房贴陶瓷锦砖

图4-41 厨房贴墙砖

图4-42 阳台墙面贴墙砖(留缝)

图4-43 卫生间贴陶瓷锦砖

图 4-44　卫生间贴碎大理石

图 4-45　卧室墙面贴墙纸

图 4-46　客厅墙面木饰面板

图 4-47　卧室墙面软包

下面主要介绍釉面砖饰面、陶瓷锦砖墙面、石材墙面、木龙骨装饰墙面、软包墙面的施工技术。

### 4.3.1　釉面砖

釉面砖又称瓷砖、瓷片，是带釉的薄板状精陶制品，具有表面光滑、美观、吸水率低、易清洗、耐腐蚀等特点，常用于卫生间、厨房等处。

(1)釉面砖饰面材料及构造

1)釉面砖饰面材料：设计要求的规格釉面砖、准备强度等级为 32.5 的普通水泥和白水泥、中砂、石灰膏、颜料、白乳胶或 801 胶。

2)釉面砖饰面构造：如图 4-48 所示。

(2)釉面砖饰面的施工技术

施工工艺：基层处理→抹底→中层灰→排砖→弹线→镶贴→擦缝。

1)施工前的准备

做好材料的选择工作，擦缝用白水泥应采用同一批号，颜色一致，砂子应用窗纱过筛；瓷砖应按设计要求和墙面尺寸进行选配分类。要求规格一致，平整方正，无扭曲和裂纹夹心，颜色均匀。挑选时，将同一规格的瓷砖再依尺寸误差分成1～3类，分别堆放，同一类的用于同一房间或同一墙面上，使接缝更加均匀一致。

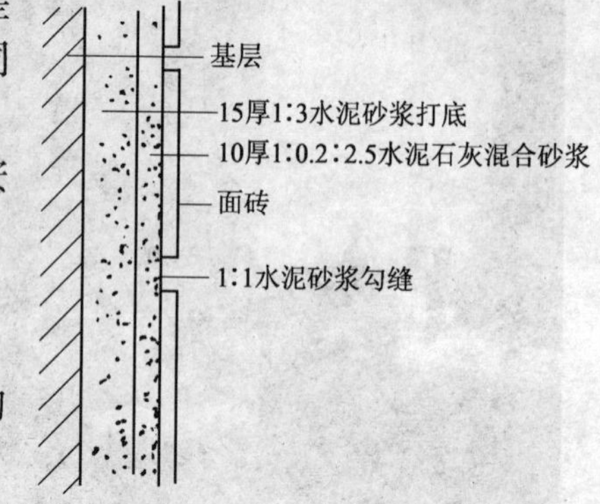

图4-48　釉面砖镶贴构造图（有缝）

要求墙面及棚面抹灰已经做完，各类预埋件已安置好且位置准确。

门窗框、扶手、栏板等已经安装固定。

水、电管线安装完毕，缝隙嵌堵严实。

准备水平仪、方尺、墨斗、线坠、木锤、木托板、切割机等。

2）施工要点

基层处理：将墙面的浮灰和残余砂浆清理干净，凹凸过大部位要凿平或用1∶3水泥砂浆补平。混凝土墙面清洗后凿毛或用掺801胶的水泥细砂浆做小拉毛。旧建筑应清除油渍、污垢，清洗后凿毛。

抹底：中层灰基层经洒水湿润稍干后，抹1∶3水泥砂浆打底，刮平搓毛，稍收水后用1∶1.5水泥砂浆抹中层灰，用木抹子搓平、搓糙。

排砖、弹线：室内镶贴瓷砖的排列方式有直缝排列和错缝排列，有卫生设施的墙面，应以设备下口中心线向两边对称排列。突出墙面的管线、灯具、卫生设备的支承部位，应用整块砖套割，并应处于瓷砖的十字缝或中心线上。同一墙面的横竖排列都不能有一行以上的非整块砖，可通过接缝的宽度来调整。非整块砖应排在次要部位的阴角处，如图4-49所示。根据墙面尺寸和瓷砖规格算出纵、横向的瓷砖块数，再根据瓷砖块数在墙面上弹出若干水平线和竖直线（错缝排列可不弹竖直线）来。弹出的线要横平竖直，位置准确。

镶贴瓷砖：镶贴前应用水浸泡2h以上，然后阴干3～5h方可使用。为保证镶贴质量，正式镶贴前用废瓷砖先做标志块，可在墙面两侧竖向镶贴，用线坠上下吊垂直后，再补做中间标志块，间距为1500mm，以便控制瓷砖镶贴的平整度。在两侧标志块上挂水平通线，镶贴时水平通线逐层移动，作为每层瓷砖的水平控制线和平整度控制线。

在第一行瓷砖位置的下面设置木托板，木托板的上口要平直并与水平线平行，第一行瓷砖就在木托板的上边镶贴，它既是第一行瓷砖的水平依据，又可支托瓷砖，防止瓷砖在砂浆硬化前因自重而下滑，如图4-50所示。

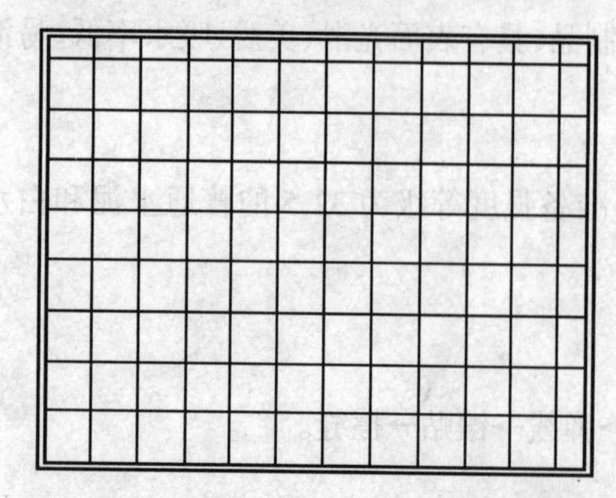
图4-49　非整块砖应排在次要部位的阴角处

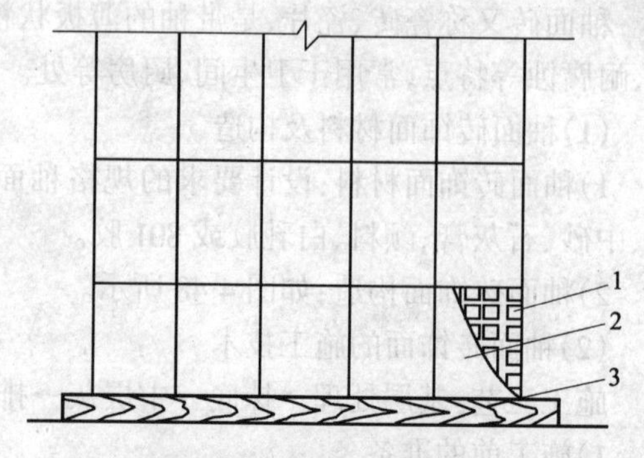

图4-50　瓷砖下面设置木托板
1-瓷砖；2-粘结层；3-木托板

镶贴应从下往上，从右至左进行。一般用1:2水泥砂浆，另加水泥重量3%～4%的801胶水，用铲刀在瓷砖的背面刮满水泥砂浆，厚度在5mm左右，四周刮成斜面；然后按线贴于墙上，用手轻压，再用木锤轻轻敲击，使其紧贴于墙面上，用靠尺按标志块校正平直。镶贴完整行瓷砖后，再用长靠尺校正一次，并调整缝隙使其均匀一致。高于标志块的瓷砖再轻轻敲击，使其平直；低于标志块的要取下，重新抹灰再镶贴。第一行镶贴完后依此方法继续向上镶贴。镶贴中要随时注意相邻砖的平整和缝隙的均匀一致，当镶贴到最上面一行时，要求上口成一直线，上口如没有压条应贴一面带圆角的瓷砖。阴阳角处可用阴阳角条，也可用整块砖对缝，阳角对缝应将侧边磨成45°，或大面一侧用一边带圆角的瓷砖。

擦缝镶贴完后，用清水将瓷砖表面洗净，再用与瓷砖同样颜色的水泥擦缝。完工后用布和棉纱将表面擦干净，对擦不干净之处可用砂纸或稀盐酸处理，并用水清洗擦拭干净。

### 4.3.2 陶瓷锦砖

陶瓷锦砖是传统的地面和墙面装饰材料，它是由各种颜色，多种几何形状的小块瓷片铺贴在牛皮纸上，形成色彩丰富图案繁多的饰面材料。锦砖又称“马赛克”，也称“纸皮砖”，它质地坚实，经久耐用，花色繁多，而且耐酸、耐碱、耐火、耐磨、易清洗，适用于餐厅、卫生间等处的地面和墙面。

(1)陶瓷锦砖饰面材料及构造

陶瓷锦砖饰面材料：设计要求的陶瓷锦砖、准备强度等级为32.5的普通水泥和白水泥、中砂、石灰膏、颜料、白乳胶或801胶。

(2)陶瓷锦砖的构造

陶瓷锦砖构造如图4-51所示。

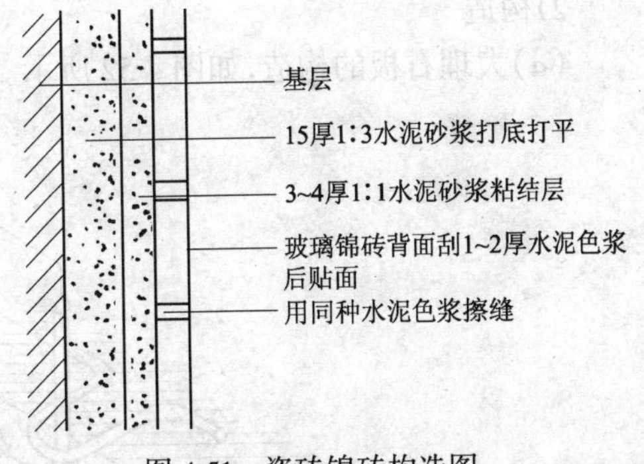

图4-51 瓷砖锦砖构造图

(3)陶瓷锦砖饰面的施工技术

施工工艺：基层处理→抹底灰→中层灰→排砖→弹线→镶贴→揭纸→擦缝。

1)施工条件的准备

做好材料的选择工作，陶瓷锦砖的色彩图案按设计要求选定，使用前开箱挑选，剔除缺棱掉角或尺寸偏差过大者，并应色泽均匀一致。施工材料还有强度等级在32.5级以上的普通水泥和白水泥、砂、石灰膏、白乳胶或801胶。

贴砖前要求墙面及棚面抹灰已经做完，各类预埋件已安置好，位置准确。门窗框、扶手、栏板等已经安装固定，水、电管线安装完毕，缝隙嵌堵严实。施工常用机具有灰匙、胡桃钳、木板(250mm ×300mm)、木抹子、墨斗、钢抹子、托线板、直尺、方尺、排笔、鬃刷、托尺、拨缝刀等。

2)施工要点

抹底灰：基层浇水湿润，用1:3水泥砂浆或混合砂浆分层抹平，用木抹子搓毛压实。墙面要平整，阴阳角方正。

弹线：根据墙面尺寸和锦砖规格规划排砖，并计算出横竖向锦砖块数。同一墙面横竖向都不可有一行以上非整块砖。根据排砖数在墙面上弹出水平线和竖直线，如有分格要弹出分格线，并做好分格条。

粘贴：粘贴锦砖一般是自下而上进行的，第一行下面设置木托板。粘贴时，两人配合操作，一人浇水湿润墙面后，在粘贴部位抹素水泥浆或聚合物水泥浆，厚度不大于2mm，另一人将锦砖铺在木垫板上，纸面朝下，用毛刷蘸水将锦砖底面刷干净，再用抹子把白水泥浆刮抹在锦砖的缝隙中，将刮好水泥浆的整版锦砖交给前一人，持砖者双手提起锦砖上端，使锦砖下端与托尺上边对齐，由下而上粘贴锦砖。粘贴后用垫板压在砖面上，用木锤轻轻敲击，使其粘贴密实。揭纸粘贴一个单元，待砂浆初凝前（约20～30min），用水湿润护面纸，润透后轻轻将纸揭掉。然后用拨缝刀将缝隙调整均匀顺直，如有活动的小块锦砖，应垫木板敲打拍实。擦缝将锦砖表面余灰清理干净，用白水泥浆填满缝隙并用棉纱和布片把锦砖表面擦拭干净。

### 4.3.3 石材的装饰施工

石材墙面构造做法有粘贴、挂贴、干挂。

粘贴和挂贴石材：

(1)粘贴和挂贴石材的材料和构造

1)材料

施工材料和机具有石材（大理石、花岗石、人造石材，按设计要求的规格、花色、质地备料）、强度等级为42.5的普通硅酸盐水泥、42.5级白水泥、粗砂或中砂、801胶、高强石膏、颜料、钢筋、膨胀螺栓、绑丝或金属连接件等。

2)构造

(*a*)大理石板的构造，如图4-52所示。

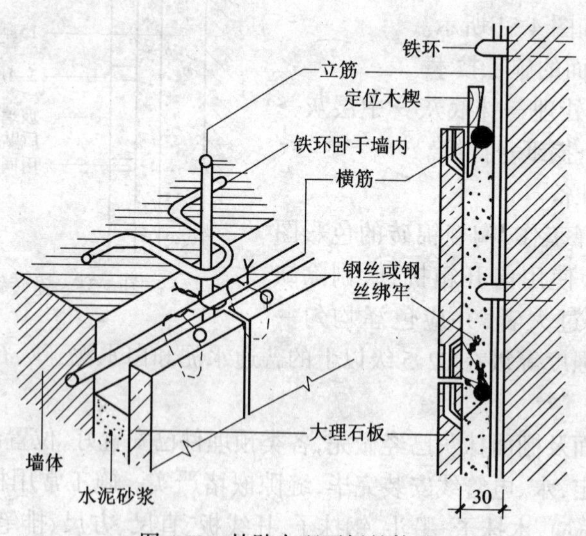


图4-52 挂贴大理石板的构造

绑扎钢筋网：首先在砌墙时预埋镀锌铁钩，并在铁钩内立竖筋，间距为500～1000mm，然后按面板位置在竖筋上绑扎横筋，构成一个6mm的钢筋网。

如果基层未预埋钢筋，可用金属胀管螺栓固定预埋件，然后进行绑扎或焊接竖筋和横筋。

板材安装方法：板材上端两边钻以小孔，用钢丝或镀锌钢丝穿过孔洞将大理石板绑扎在横筋上。大理石与墙身之间留 30mm 缝，施工时将活动木楔插入缝内，以调整和控制缝宽。上下板之间用 Z 形铜丝钩钩住，待石板校正后，在石板与墙面之间分层浇灌 1:2.5 水泥砂浆，灌浆宜分层灌入，每次灌注高度不宜超过图 4-52 大理石墙面安装固定示意板高的 1/3。每次间隔时间为 1~2h。最上部灌浆高度应距板材上皮 50mm，不得和板材上皮齐平，以便和上层石板灌浆结合在一起，如图 4-52 所示。

(*b*)花岗石板的构造如图 4-53 所示。

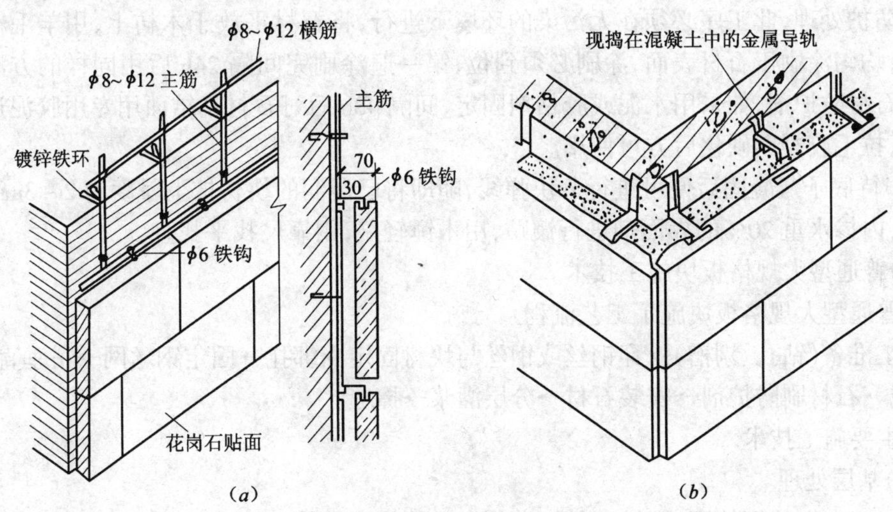


图 4-53　花岗石饰面连接构造示意

(*a*)砖墙基层；(*b*)混凝土墙基层

用镀锌锚固件将花岗石和基体锚固后，缝中分层灌筑 1:2.5 水泥砂浆，灌浆层的厚度为 25~40mm，其他做法同大理石板材。

(2)施工条件的准备

1)办理好结构验收，水电、通风、设备安装等应提前完成。

2)内墙面弹好 50cm 水平线(室内墙面弹好 ±0.00 和各层水平标高控制线)。

3)有门窗套的必须把门框、窗框立好。同时要用 1:3 水泥砂浆将缝隙堵塞严密。铝合金门窗框边缝所用嵌缝材料应符合设计要求，且塞堵密实并事先粘贴好保护膜。

4)板材进场后应堆放于室内，下垫方木，核对数量、规格，并预铺、配花、编号等，以备正式铺贴时按号取用。

5)大面积施工前应先放出施工大样。

6)对进场的石料应进行验收，颜色不均匀时应进行挑选，必要时进行试拼编号。

(3)薄型小规格板材施工技术

1) 施工工艺流程

薄型小规格板材(边长小于 40cm)工艺流程：

基层处理→吊垂直、套方、找规矩、贴灰饼→抹底层砂浆→弹线→分格→石材刷防护剂→排块材→镶贴块材→表面沟缝与擦缝。

2)施工要点

薄型小规格板材(边长小于 40cm)可用粘贴方法。

($a$)进行基层处理和吊垂直、套方、找规矩,其他可参见镶贴面砖施工要点的有关部分。要注意同一墙面不得有一排以上的非整材,并应将其镶贴在较隐蔽的部位。

($b$)在基层湿润的情况下,先刷胶界面剂素水泥浆一道,随刷随打底;底灰采用1:3水泥砂浆,厚度约12mm,分两遍操作,第一遍约5mm,第二遍约7mm,待底灰压实刮平后,将底子灰表面划毛。

($c$)石材表面处理:石材表面充分干燥(含水率应小于8%)后,用石材防护剂进行石材六面体防护处理,此工序必须在无污染的环境下进行,将石材平放于木枋上,用羊毛刷蘸上防护剂,均匀涂刷于石材表面,涂刷必须到位,第一遍涂刷完间隔24h后用同样的方法涂刷第二遍石材防护剂,如采用水泥或胶粘剂固定,间隔48h后对石材粘结面用专用胶泥进行拉毛处理,拉毛胶凝固硬化后方可使用。

($d$)待底子灰凝固后便可进行分块弹线,随即将已湿润的块材抹上厚度为2~3mm的素水泥浆,内掺水重20%的界面剂进行镶贴,用木锤轻敲,用靠尺找平找直。

(4)普通型大规格板块施工技术

1)普通型大规格板块施工工艺流程

施工准备(钻孔、剔槽)→穿钢丝或钢丝与块材固定→绑扎→固定钢丝网→吊垂直、找规矩、弹线→石材刷防护剂→安装石材→分层灌浆→擦缝。

2)主要施工技术

($a$)基层处理

该工序有绑扎钢筋网、预排、开槽、绑扎钢丝等几个步骤。

($b$)绑扎钢筋网

先将墙面上预埋钢筋剔凿出来,使其露出墙面,按着施工大样图要求的距离,焊接或绑扎钢筋骨架。将$\phi$6~$\phi$8mm的竖向钢筋焊接或绑扎在预埋钢筋上(间距可按饰面板宽度,一般不大于500mm),然后将$\phi$6mm的横向钢筋焊接或绑扎在竖向钢筋上,间距为板高减去30~50mm。没有预埋钢筋的墙面,可用M10-M16的膨胀螺栓固定钢件,膨胀螺栓的间距按板面宽度。也可用冲击钻在基层(砖或混凝土基层)钻出$\phi$6~$\phi$8mm的孔,孔深应大于60mm,然后向孔内打入$\phi$6~$\phi$8mm的短钢筋,外露长度不小于50mm并弯钩,其间距为饰面板宽度。

($c$)预排

为了保证石材饰面板安装后花色一致、纹理通顺、接缝严密、符合设计要求,安装前应按大样图预排编号。首先根据大样图要求的品种、规格、颜色及纹理,在地面上试排,校正尺寸及四角套方,预排好的石材要按位置编号。有缺陷的石材应予剔除或改做小料使用或用于阴角等不显眼处。

($d$)开槽、绑扎钢丝

在石材板块上开槽以便绑扎不锈钢丝(或铜丝),用手提石材切割机在板块边角处距板背面10~12mm处,开出深10~15mm的槽,在槽的两端板块背面开两条斜槽,间距为30~40mm。开好槽后把18号或20号不锈钢丝剪成300mm长,弯成U形,套在槽内,绑丝两端从背面斜槽穿出,在板背面斜槽下口处交叉,将绑丝拧紧扎牢,但不要拧断。石材开槽形式如图4-54所示。

($e$)安装石材

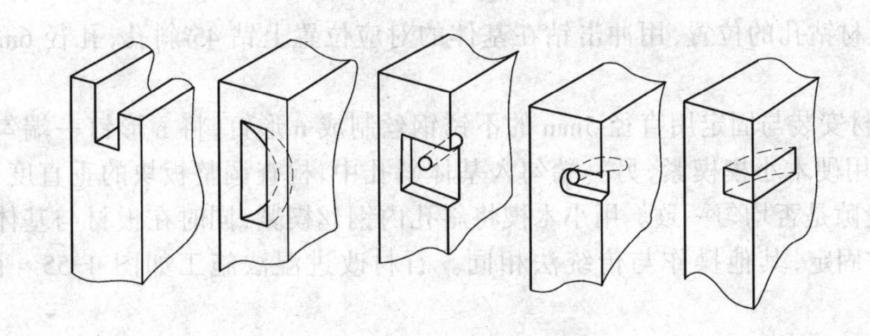

图 4-54　石材开槽形式

该工序有弹线、固定、灌浆、嵌缝等几个步骤。

弹线:石材饰面板的安装顺序一般是由下往上,每层板块由中间或一端开始。首先根据施工大样图弹出第一层石板的安装基准线,此线即石板外表面的位置线,它与墙面的距离应包括板厚、灌浆层厚和钢筋网所占尺寸。弹出第一层石板下沿标高线和上沿水平线,并从两侧拉通直水平线。按预排编号将第一层石板就位,如地面未做出,可用垫块把石板垫高至标高线位置。然后将石板上口外仰,把下口的绑丝绑扎在水平横筋上,再绑扎好上口绑丝,绑好后用木楔垫稳,用靠尺板检查调整后扎紧绑丝。石材的外表面要平齐、垂直,上口平直,缝隙均匀,符合设计要求。

临时固定:第一层石板安装好后,用石膏(可掺 20% 水泥,浅色板不掺水泥或掺白水泥)调成糊状贴于板缝处,做临时固定。较大板材要加支撑作临时固定,作临时固定时,要随时用靠尺检查板材的垂直、平整,发现问题及时校正。

灌浆:待临时固定的石膏硬化后,就可进行灌浆操作。用 1:3 水泥砂浆稠度从 100 ~ 150mm 高度,分几处将砂浆灌入板后的缝隙中,轻轻捣固,不要碰动石材。第 1 次灌浆高度为 150mm,不超过板高的 1/3。检查板材是否移动,发现问题要拆下板块重新安装。每次灌浆间隔 1 ~ 2h,检查板材是否移动,再进行第 2 次灌浆,高度为 100mm 左右,即到板高的 1/20,第 3 次灌浆至低于板材上口 50 ~ 80mm 处,留下余量作为上层板材灌浆时的接缝。白色或浅色石材灌浆,应采用白水泥和白石屑,防止因透底而影响外观。

第一层板材灌浆完成后,待砂浆初凝就可清理板材上口余浆,并用棉纱擦干净。隔天再清理板材上口木楔及妨碍上层板材安装的石膏、杂物等,清理后用相同方法向上逐层安装石材,直至完成。

嵌缝:材料全部安装完毕后,将板材表面清理干净,按板材颜色调制水泥色浆进行嵌缝。边嵌边擦拭干净,使缝隙密实干净,颜色一致。如板材表面光泽受到影响,应重新打蜡上光。

改进湿法施工:是改进新工艺不设置钢筋网,直接用钢丝将板材与墙基体连接,并将钢丝楔紧而固定板材,它与传统湿法的不同有下面几点。

(1)石材板块钻孔在距板两端各为 1/4 板宽处钻直孔,孔的中心在板厚中心处,孔径 6mm,深 35 ~ 40mm(板宽小于 500mm 钻两个孔,板宽大于 500mm 钻 3 个孔,板宽大于 800mm 钻 4 个孔)。然后,再在板两侧边分别各钻一个直孔,孔径 6mm,深 35 ~ 40mm,孔位距板下端 100mm。在各孔口处向板背面方向剔槽,槽深 7mm,用来安装 U 形钢丝。石材 U 形钢丝安装法如图 4-55 所示。

(2)墙基体钻孔按施工大样图在墙基体上弹线分块,将板材按线临时就位。在基体上定出对应于板材钻孔的位置，用冲击钻在基体的对应位置上钻45°斜孔，孔径6mm，深40～50mm。

(3)板材安装与固定用直径5mm的不锈钢丝制成n形钉，将n形钉一端勾入板材的直孔中，并用硬木小楔楔紧，另一端勾入基体斜孔中，检查调整板块的垂直度、平整度及板块间的缝隙是否均匀一致。用小木楔将斜孔内钢丝楔紧，同时在板材与基体之间用大木楔将板材固定，其他操作与传统法相同。石材改进湿法施工如图4-55～图4-56所示。

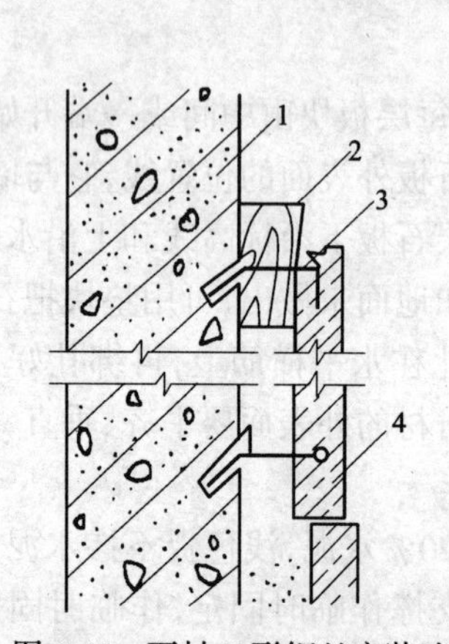


图4-55 石材U形钢丝安装法

1-墙基体；2-木楔；3-U形钢丝；4-石材

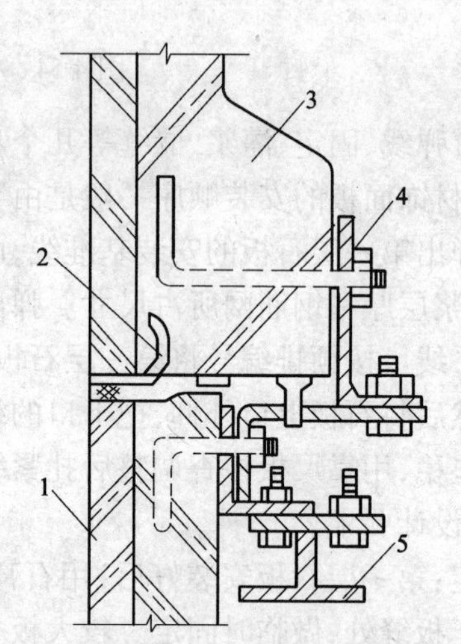


图4-56 石材改进湿法施工

1-板材；2-连接环；3-预制混凝土板；4-连接件；5-钢梁

干挂法施工：

(1)干挂法施工的材料和构造

1)材料：石材(同挂贴)、合成树脂胶粘剂、双组分环氧型胶粘剂、不锈钢干挂件、膨胀螺栓、不锈钢螺栓等。

2)构造如图4-57～图4-58所示。

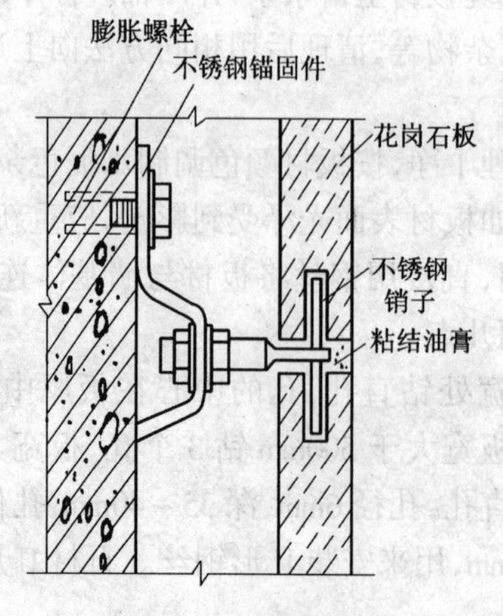


图4-57 干挂石材构造

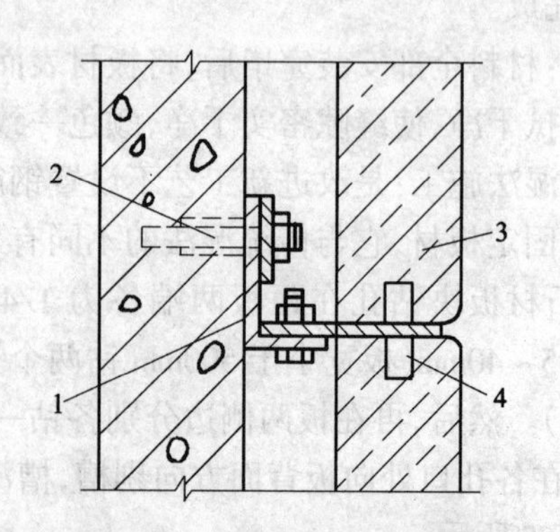


图4-58 石材干挂法施工构造

1-金属连接件；2-膨胀螺栓；3-石材；4-合缝销

(2)施工前准备(同挂贴)

(3)施工技术

1)施工工艺流程

基层处理→定位放线→连接件安装→石材刷防护剂→排块材→镶贴块材→表面沟缝与擦缝。

2)施工要点

干挂法施工　干挂法施工工艺简单,工效高,避免了灌浆等湿作业,而且牢固可靠。它多用在花岗石,特别是大规格石材饰面板的安装。

($a$)基层处理　干挂法对基层平整度要求相对略低,但有碍板材安装的局部凸起等必须凿平修整,基层要有足够的强度,能满足安装施工的要求。

($b$)连接件选择　干挂法采用不锈钢连接件,主要包括:膨胀螺栓、垫圈、连接板等。连接件的规格尺寸要符合设计要求,材料应有试验合格证明才可使用。连接板上开有椭圆形长孔,用来调整石材的位置。

($c$)板材钻孔、增强处理在石材上按设计要求钻孔,孔位要准确,孔内要清洁,深浅一致。一般孔径为5mm,孔深为20mm,钻孔后编号分类存放。石材背面用不饱合聚酯树脂粘贴玻璃纤维布作增强层,涂层干燥后方可施工。

($d$)石材安装在基体上按施工大样图弹出板块位置线,在基体固定点处钻孔,安装好膨胀螺栓。按预排编号将石材对号就位,可先从中间或一侧开始,石材的直孔内要涂胶(环氧树脂加白水泥)。用连接件将石材挂在基体上,调整垂直度和平整度。第一层石材安装完成后,再进行校正、调整,使其平整、顺直,缝隙均匀,调整好后,将连接件紧固。规格较小或较轻的石材板块,也可采用不锈钢丝连接,在调整好石材位置后,用环氧树脂或水泥麻丝涂塞连接件插孔及其周边,使其钢化固定。

粘结法施工:

木结构类基体上的石材镶贴等多采用粘结法。

施工要点:

(1)基层处理粘结法施工对基层的要求相对较高,基层必须平整,但不可光滑。墙面及阴阳角处要平整、垂直、方正且符合设计要求。

(2)弹线、分格石材粘贴施工的弹线、分格操作与面砖粘贴施工时一样。

(3)预排按设计要求检查挑选板材,进行预排,使其颜色、纹理均匀协调。对于厚度有误差的板材,将最厚的打上标记,粘贴时,先贴厚度大的,其他板材依次粘贴,以便保证整体的平整。

(4)粘贴石材:采用环氧树脂粘结剂,也可使用成品石材粘结剂。

将粘结剂分别涂在基体和板材的背面上,涂胶要均匀适量。涂好胶后,将板材准确对位粘贴在基体上,并挤紧、找平、找正。然后进行临时固定,可采用顶、卡,支撑等方式,防止在胶液固化前,板材因自重而移位。将挤出的胶液清理干净,检查粘贴质量,发现有不平、不正的板块,可用薄木楔涂胶插入板缝中来调整。

(5)清理石材:粘贴两天后,可拆除临时固定,缝隙较大的要进行勾缝处理,然后用棉纱将石材表面擦拭干净。

#### 4.3.4　墙面木制隔墙

为了满足空间划分和装饰效果,往往再做一些木质隔墙。

(1)木制隔墙与构造

木制隔墙的结构主要是立筋式，中间由木龙骨构成骨架，在骨架上固定板材形成。板材的固定方式有嵌入式和贴面式两种，嵌入式将板材镶嵌在骨架中间。立筋式贴面隔墙将板材钉或粘在骨架两面，其板材可用单层，也可采用双层或多层，适用于在隔声方面要求较高的环境。这种隔墙可在两层面板之间填充隔声层或设置多层面空间，提高隔声效果，如图4-59所示。

隔墙的木龙骨分沿顶木龙骨、沿地木龙骨、竖向木龙骨、横向木龙骨等，木龙骨断面常用尺寸为50mm×70mm，大型隔墙可用50mm×100mm，小型墙体可用25mm×30mm。

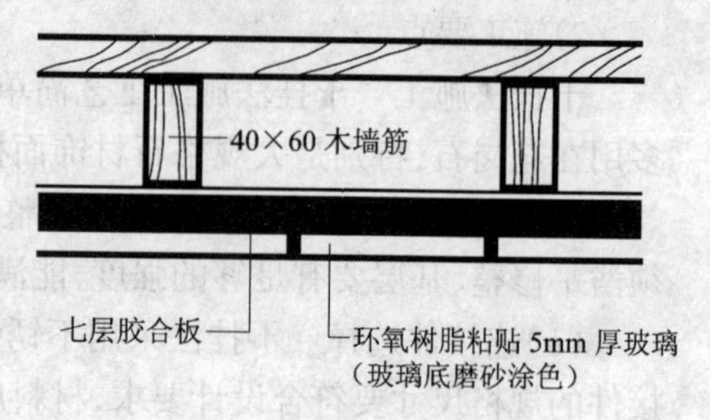

图 4-59　立筋式贴面隔墙构造

首先将沿顶木龙骨和沿地木龙骨固定好后，按饰面板材规格布置竖向木龙骨，其间距一般为400～600mm。在竖向木龙骨上每隔300mm左右应预留一个专用孔，以备用来安装管线时使用。

饰面板在骨架上固定的方式有钉、粘、镶嵌，贴面式的饰面板如还需做饰面处理，接缝处可用密封胶带遮盖。如果保留明缝，板间缝隙应在5～8mm，缝隙可做成方形、三角形，也可用木线条或金属线条压盖。木隔墙饰面板接缝处理如图4-60所示。

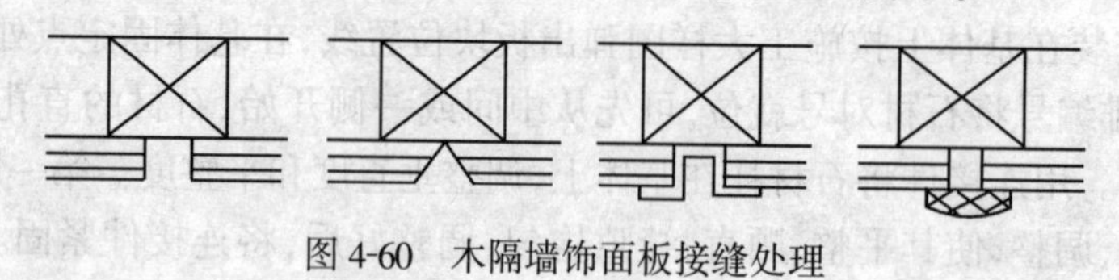
图 4-60　木隔墙饰面板接缝处理

(2)木制隔墙的施工前准备

1)木隔墙施工前应先对室内主体结构进行检查，其施工质量应符合设计要求，预埋木砖的位置要准确牢固。

2)选备材料，木龙骨可选用松木或杉木，其树种、材质、含水率、防火防腐处理等必须符合设计要求和《木结构工程施工质量验收规范》GB 50206—2002的有关规定，饰面板按照设计要求可采用胶合板、纤维板、刨花板、细木工板或实木企口板等，隔墙用木质材料均需涂刷防火涂料。

(3)木质隔墙的施工技术

1)木制隔墙的施工工艺流程

弹线→安装靠墙木龙骨→安装上下木龙骨→拼装木龙骨架→木龙骨架固定→安装饰面板→安装踢脚板→局部处理等工序。

2)施工要点

(*a*)弹线　在地面上弹出隔墙的边线，并用线坠将隔墙边线引到两边墙上、楼板或过梁底面，有门的隔墙要标出门的位置。非全封闭隔断要标出隔断高度和端部位置。

(*b*)安装靠墙木龙骨　将靠墙木龙骨靠墙直立，用线坠检查墙面的垂直度，可在木龙骨与墙面木砖间有缝隙处加木垫，调整靠墙木龙骨的垂直度。用圆钉将木龙骨钉固在预埋木砖上，也可用膨胀螺栓固定靠墙木龙骨。没有预埋木砖，在墙上打眼，塞入木楔子将木龙骨和木楔子固定。

($c$)安装上下木龙骨将沿顶木龙骨托起至楼板或梁的底部,用预埋铁丝绑牢或用膨胀螺栓固定,沿顶木龙骨两端要顶住靠墙龙骨钉固。将沿地龙骨对准地面的隔墙边线,沿顶木龙骨两端顶紧沿墙龙骨后将其固定,并在上下龙骨上画出其他竖向龙骨的位置线。

($d$)安装竖向和横向木龙骨将竖向龙骨立起,对正上下龙骨上的位置线、其上下端要顶紧上下龙骨,用钉斜向将竖向龙骨上下端钉牢。在竖向龙骨间安装横向龙骨,横向龙骨两端顶紧竖向龙骨,用钉斜向钉固,间距可在1200~1500mm之间。随后检查整体龙骨架的垂直度和平整度。

木龙骨架也可先在地面拼装好后,整体或分片安装,此时可以不用预先安装沿顶、沿地和沿墙龙骨,将整片木龙骨架竖起,对准位置线,检查龙骨架的垂直度和平整度,用木垫调整木龙骨框架与墙面间的缝隙,将校正好的木龙骨架固定好。固定方法可用圆钉将龙骨框架周边的木龙骨固定在预埋木砖上,也可用膨胀螺栓固定。

($e$)装饰面板　安装饰面板前应先将墙内各种管线布置好,饰面板的安装有两种方式:一是平钉法,使用扁头钉在龙骨架一面或两面直接铺钉;二是镶嵌法,将板材镶嵌在木龙骨中间,用木线条压固,此时的木龙骨要四面刨光。5mm以下胶合板采用杆长25mm铁钉,9mm厚胶合板采用30~50mm铁钉,板材应从下向上逐块装钉,钉距100mm左右。镶嵌法是将板材嵌入木龙骨之间,周边要留有少量间隙,使板材吸湿后能自由伸缩,在板材两面分别将木线条钉于木龙骨上,将板材夹固在龙骨之间。如用实木板,板材侧边应做企口,以保证缝隙严密。安装装饰面板如图4-61所示。

图4-61　安装装饰面板

($f$)钉踢脚线　踢脚线可用实木板制作,也可使用塑料、模压板等材料的成品踢脚板。实木板踢脚线可用铁钉钉于隔墙木龙骨框架上,塑料踢脚板用螺钉固定,模压板踢脚线可用万能胶粘贴在木质墙面下端。最后在隔墙与两侧墙面和顶面交界处用木线条压盖。

($g$)有门窗的木隔墙　有门窗的木隔墙中的门由门框、档位框、饰边板及饰边线条组成,门框可直接利用门洞两侧的木龙骨枋材,对于木龙骨枋材尺寸较小的隔墙,门洞处枋材可加大断面尺寸,下端采用钢件与地面固定,上端用斜材与楼板底面固定。在门框内侧钉档位框,档位框和门框封边可采用木线条或木制贴脸板,用钢钉固定在门框上。

隔墙中的窗是制作隔墙时预留出来的,有固定式和活扇式两种。固定式是用木线条将玻璃夹固在窗框中间,将玻璃用木线条嵌在各格中间,活扇窗与普通活动木窗相同。有门窗的木隔墙如图4-62所示。

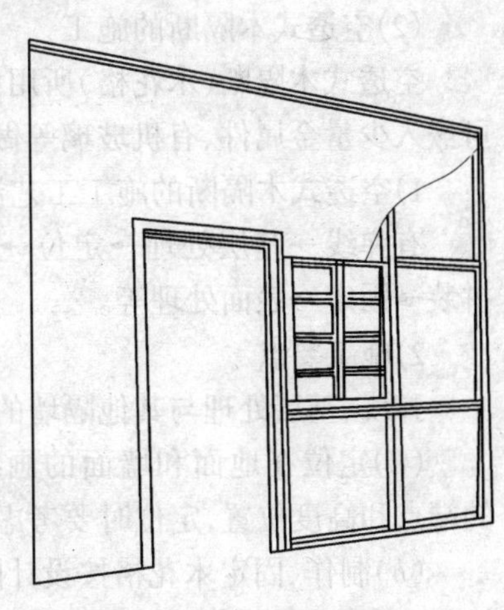
图4-62　有门窗的木隔墙

### 4.3.5　木制隔断

(1)木制隔断的类型与构造

木制隔断品种较多,主要有固定式木制隔断、空透式隔断和隔墙式隔断、移动式隔断。移动式隔断还可分为拼装式、折叠式、直滑式等。移动式隔断在住宅装饰中用的较多。

1)固定式木制隔断　固定式木制隔断,实际上就是轻质隔墙,只是它通常不做到顶,这种隔断经常是全部或局部镶装玻璃,构造与木制隔墙结构相同。由于固定点少,为保证其稳定性,可将部分竖向木龙骨用金属件与地面固定。

普通固定式木隔断由于只靠地面和一侧的墙面固定,为提高其稳固性,墙面的一端可用圆钉与墙上木砖钉固,有缝隙处加木垫,地面处用木螺钉将其与固定在地面上的金属件连接。施工时首先拼装木龙骨架,将拼装好的木龙骨架立在位置线上,调好垂直度和平整度即可固定。饰面板的安装及其他操作与木隔墙相同。

2)空透式木制隔断　空透式木制隔断形式多样,它主要以木材为主,用少量的金属、有机玻璃等做装饰件,做成各种花格形式。其主体结构部分按设计图样预先制作好。结构的连接多用卯榫接合,也有胶接和钉接。隔断与墙面、地面的连接可采用预埋木砖或膨胀螺栓连接固定。

3)移动式木制隔断　移动式木制隔断大多数由滑轮、轨道和隔扇构成,隔扇由木制框架和饰面板构成。滑轮和轨道有金属和塑料的两种。

移动式木制隔断主要有悬吊导向式、支撑导向式、折叠式等几种形式。

(*a*)悬吊导向式　这种方式是在隔扇的顶面设置滑轮,并与上部的轨道相连,构成了上部的支撑点,上部的轨道固定在梁底面上。如果棚面是吊顶的,要用吊筋穿过吊顶面将轨道悬吊于楼板底面上,并要加斜向支撑,以保证轨道的稳固性。滑轮的安装应使滑轮与隔扇之间能绕垂直轴保持自由的转动,以保证当隔扇在移动中自身的角度有所变化时不会使滑轮被卡死。隔扇下端设导向杆或滑轮与地面的导向槽或轨道配合。为了简化结构,保持地面平整光滑,可不设导向杆和地面导向槽,此时隔扇顶面的滑轮必须设置在隔扇顶面的中央部位。这时隔扇下端可采用设橡胶密封刷或将下端做成凹槽,在槽内设置分段的密封槛以遮盖其与地面间的缝隙。

(*b*)支撑导向式这种方式与悬吊导向式结构基本相似,不同点是滑轮装于隔扇底面,与地面的轨道共同构成支承点。在隔扇顶面安装导向杆,以保持隔扇移动时的稳定性。

(*c*)折叠式这种方式的隔断在隔扇之间用铰链连接,在隔扇顶面设置滑轮,与上部的轨道相连接。滑轮可在顶面的一端,此时由于隔扇的重心与作支承点的滑轮不在同一直线上,地面上也需设置轨道与隔扇下端的导向杆配合。如把滑轮设在隔扇顶面的正中央,地面上可不设轨道,其滑轮、轨道、隔扇的结构与悬吊导向式基本一样。折叠式隔扇如图4-63所示。

(2)空透式木隔断的施工

空透式木隔断(木花格)所用材料以硬杂木为好,还可嵌入少量金属件、有机玻璃等做饰件。

1)空透式木隔断的施工工艺流程

有弹线→基层处理→定位→预制木花格→木花格拼装→固定→表面处理等。

2)施工要点

弹线、基层处理与其他隔墙的施工方法相同。

(*a*)定位在地面和墙面的画线位置上定出木花格的端点和高度位置,定位时要考虑今后做地板和护墙板的尺寸。

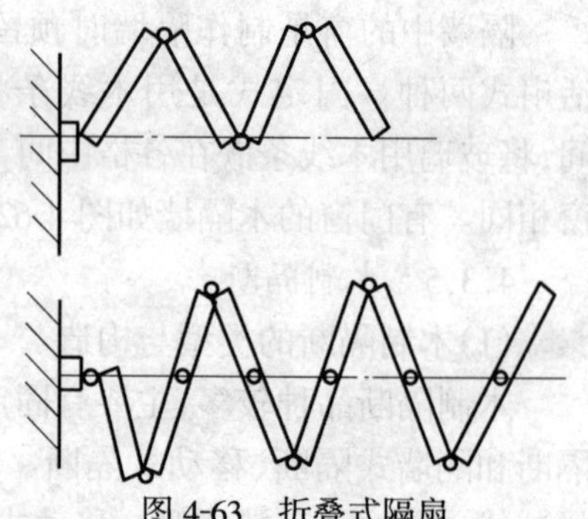
图4-63　折叠式隔扇

(*b*)制作、固定木花格按设计图样制作木花格,其制作方法可按传统硬木家具制作工艺操作。木结构的连接可采用卯榫接合、胶接合、钉接合等。对于较大或结构较复杂的木花格可以分片制作，拼装好后整体安装，也可边组合边安装。将制作好的木花格用木螺钉或膨胀螺栓固定在地面与墙面上后，即可等待涂饰油漆。

(3)移动式木隔断的施工

移动式木隔断中无论是悬吊导向式、支撑导向式还是折叠式都是由滑轮、导轨和隔扇组成，其不同之处只是部件的安装位置有区别，因此其施工基本相同。

1)施工工艺流程

施工程序有制作隔扇(或定做)→安装轨道→滑轮等。

2)施工要点

(*a*)制作　隔扇先用木枋制作主体框架，然后钉面板，两层面板间放置隔声材料，最后在边框上垫密封条，钉铝质镶边条。

(*b*)安装轨道与滑轮　轨道分上部轨道和下部轨道，上部轨道安装用木螺钉固定在棚顶部的木框上，轨道要水平、顺直，下部轨道根据隔扇重量和上部滑轮安装位置来确定是否设置。重量轻或上部滑轮安装在隔扇顶面的中央时可以不设地面轨道，隔扇下端只作密封处理。当上部滑轮设在隔扇顶面的一端时，地面要设置轨道，隔扇底部也要设置滑轮，作下部的支承点。滑轮的类型可根据隔扇的重量来选择，重量大的选用带滚动轴承的滑轮，重量小的可用带金属轴套的尼龙滑轮或滑钮。多扇组合的隔扇还要安装连接各隔扇的铰链。

(*c*)安装密封条　隔扇的两个垂直侧边常做成凸凹相咬的企口缝，在槽内镶嵌橡胶或毛毡制的密封条，隔扇与洞口侧面接触处也要设置密封装置。

### 4.3.6　木龙骨饰面板墙面

木质装饰墙面是室内高级装饰装修中常用的装饰做法，它除了有很好的装饰美化作用外，还可提高墙体的吸声和保温功能。

(1)木质装饰墙面的结构

木质装饰墙面结构如图4-64所示。

木质墙面组成：骨架层、基层板、面板，通常骨架层选用木龙骨基层板有木夹板、密度板、细木工板等，面板有玻璃、软包布、皮革、各种饰面板、金属板等。

木龙骨的固定：

1)木龙骨格栅用钉固定在预埋木砖上；

2)如果没有预埋木砖，再墙上打眼，嵌入木楔子上，用钉固定在木楔子上。

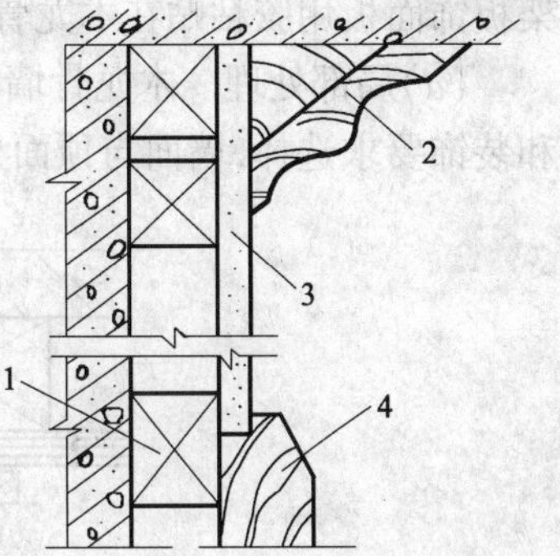

图4-64　木龙骨墙面结构

1-木龙骨；2-压角线；

3-纸面石膏板或胶合板；4-踢脚板

饰面板固定：

(*a*)基层板：有些饰面板底下有基层板，用钉固定在木龙骨上。五基层板的直接固定在木格栅上。

(*b*)饰面板的安装方式　饰面板安装可采用圆钉、螺钉或镶贴、粘贴固定，实木墙板还可采用异形板卡或带槽口压条安装。墙板与地面交界处要装踢脚板，墙面与顶棚交界处用木线条封盖。木龙骨的断面尺寸为(20～45)mm×(40～50)mm。竖向龙骨间距在400～600mm，横向龙骨间距与竖向龙骨相近似，可根据饰面板尺寸和安装方式而定。

(*c*)防潮处理：为防止饰面板受潮变形，建筑墙面应作防潮处理。有时还在墙板与墙面间保留通风间隙，或在墙板的上、下部留透气孔，有时还可根据饰面板安装方式只设单向龙骨，使墙板与墙面间空气流通。

(2)木龙骨墙面施工前的准备

1)施工前准备设计要求的各种实木板、企口板、胶合板、纤维板等饰面板。

2)同时可将建筑墙面作防潮处理，一般可先做防潮砂浆抹灰粉刷，干燥后刷冷底子油，贴上防潮油毡。

3)要求墙面的电气线路布置已做好。

(3)施工技术

1)木龙骨墙面的施工工艺流程：

弹线→安装龙骨→安装饰面板→局部处理→表面处理。

2)施工要点

(*a*)弹线　根据饰面板尺寸确定木龙骨分档尺寸，在墙上弹出整个墙面木龙骨位置线。根据木龙骨位置线检查预埋木砖位置，或在墙上位置线处钻孔加木楔，也可采用膨胀螺栓。固点的间距一般不大于400mm。

(*b*)安装木龙骨　根据墙面面积的大小及饰面板安装方式，木龙骨的安装可以采用在墙上直接安装，也可在地面成片拼装后，再安装在墙上。拼装好的成片木龙骨架安装时，接头应落在固定木砖上。安装后的木龙骨，要检查其表面的平整度和垂直度，可用加木垫块的方法进行调整。

(*c*)安装饰面板　木龙骨墙面的饰面板有很多种类，不同板材的安装方式也略有不同。实木板与木龙骨的连接可采用圆钉、木螺钉、压条等方法；企口板还可以采用异形板卡连接；胶合板、纤维板等主要是通过扁头钉或压条连接，布钉要均匀，钉孔用腻子嵌平；压条交叉处应割角对齐，钉压条的钉子要钉通至木龙骨上，如不钉压条时，木龙骨正面应刨光。装饰木架板饰面板用胶粘贴在木龙骨上。

(*d*)局部处理　木龙骨墙面与地面处采用踢脚板封固，踢脚板的形式可根据面板材料和装饰要求选择，墙面与顶面处多采用各种压角线，板缝处理如图4-65、图4-66所示。

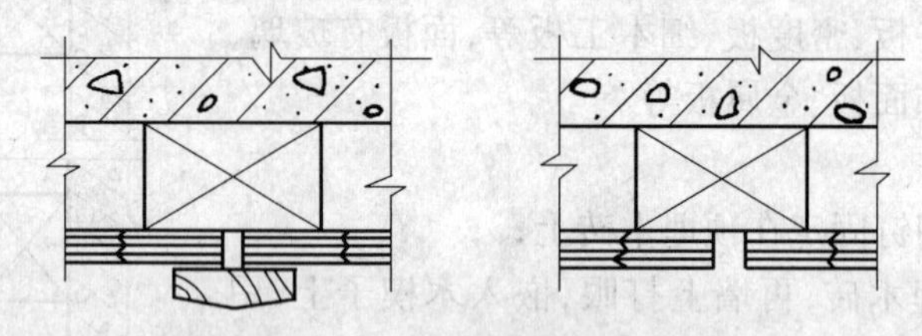

图4-65　木龙骨墙面板缝处理

(*e*)表面处理　饰面板安装完成后对于木质材料的墙面，如胶合板、纤维板等的饰面处理可粘贴微薄木。微薄木是将一些珍贵树种的木材经刨切制成薄木片，将其粘贴在专用的衬纸上制成，厚度在0.2～1.5mm。

粘贴微薄木时，可将其用水稍稍润湿，在其背面和木质基层上同时涂刷胶液。常用胶粘剂有白乳胶、脲醛树脂胶及骨胶等。粘贴时，可从墙面一侧向另一侧进行，每条微薄木可先粘上端，逐渐向下端伸展，粘贴后用干净抹布顺木纹方向轻轻按压，挤出的胶液要擦净。粘贴时接缝要严密，也可先搭接一小段，然后在拼接处用壁纸刀将双层薄木划开，把下面切掉的薄木抽出来，将切口压平贴实即可。粘贴微薄木还可采用拼花形式，将薄木按设计的拼花图案裁切，然后粘贴。为保证粘贴准确，可用铅笔在基层上画线，并将裁好的薄木经试拼后，再进行粘贴。

4.3.7 木质护墙壁板

(1)木质护壁板构造同墙面

木质护墙壁板(即木墙裙)的结构与木龙骨墙面基本相同,只是木墙裙不做成全墙高度,一般制作成墙面高度的1/2以下。

(2)木质护壁板施工前准备同墙面

(3)木质护壁板施工技术

1)施工工艺流程

弹线→安装龙骨→安装饰面板→局部处理→表面处理。

2)施工要点

(*a*)弹线在基层墙面上弹出木墙裙高度线、木龙骨分档线。检查预埋木砖位置,对有问题的要重新设置,也可用冲击钻在固定点钻孔然后打入木楔,基层墙面要做防潮处理,木龙骨安装方法与木龙骨墙面做法一样。

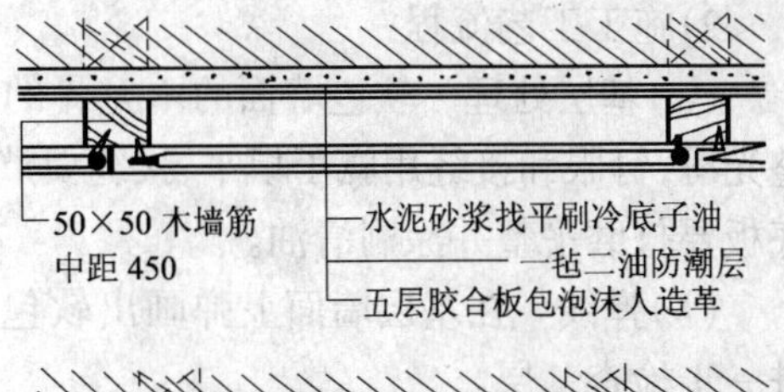


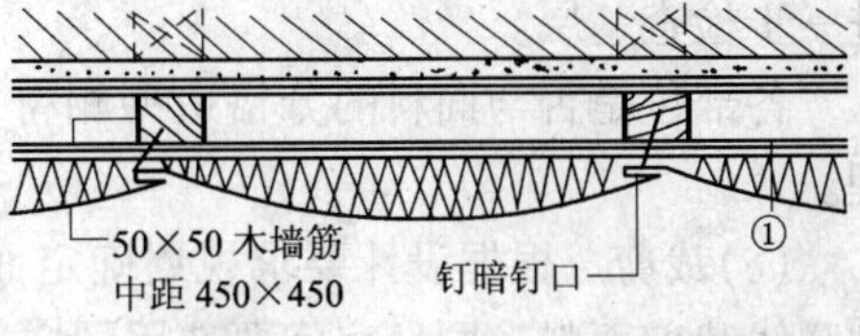


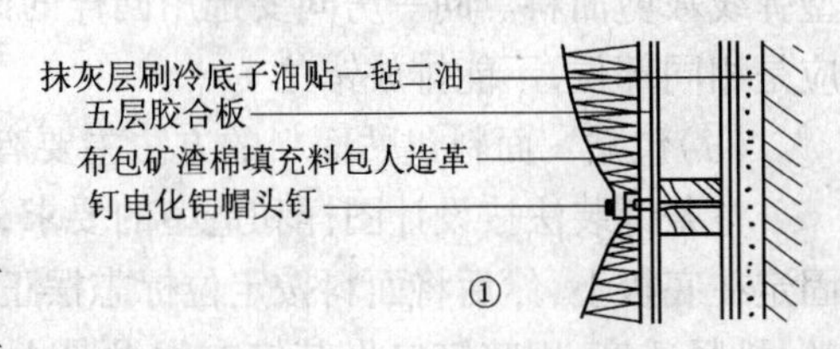


图4-66 墙面软包构造图

(*b*)安装饰面板胶合板用圆钉固定在木龙骨上,接缝处理与木龙骨墙面相同,也可用压条盖缝。实木板和企口板可采用圆钉、带帽螺钉、异形板条或异形板卡固定。木质护墙壁板的结构如图4-65所示。

(*c*)局部处理木墙裙与地面处装设踢脚板,木墙裙上部一般用木线条封固,一般称之为小封边线或小压角线,接缝要严密,具体做法与木龙骨墙面一样。木墙裙的饰面涂饰前用砂纸打磨平滑。

4.3.8 软包墙面

软包墙面是室内高级装修中常用的方法,它具有柔软、吸声、保温、耐磨等特点。

(1)墙面构造

墙面的构造由木龙骨、底板、填充料、面料等组成,如图4-66所示。

软包墙面的选料软包墙面的木龙骨可采用断面尺寸30mm×40mm红、白松木枋。龙骨的间距可在300~400mm,可按设计中面料的分格尺寸来确定。木龙骨固定在墙面预埋的木砖(或木楔)上。底板多采用3mm以上厚度的胶合板,面料可采用平绒织物、锦缎织物、毡类织物、皮革、人造革及毛、麻、丝类织物等。将面料内衬填充料包在胶合板上,填充料可用泡沫塑料或矿棉。面料外面在分格位置上钉电化铝帽头钉或钉压条,压条有木条、铝条、不锈钢及铜压条,可据装饰要求选择压条。

(2)软包墙面施工前的准备

1)软包墙面的施工应在室内地面、顶面装修已基本完成。

2)电气线路布置到位。

3)墙面基层防潮处理已做好。

(3)软包墙面的施工技术

1)施工工艺流程

基层处理→弹线→裁剪→包贴面料→安装压条。

2)施工工艺流程

($a$)基层处理　软包墙面的木龙骨的间距要符合面料装饰分格的要求,底板表面要平整光滑,钉眼和接缝用腻子填平,接缝要严密并应落在木龙骨上。面料下面不加填充层时,底板要打磨平整并涂刷清油。

($b$)弹线　在基层墙面上弹画出软包墙面的界线、分格线及有关的造型线。通过弹线进一步检查基层。

各部位是否与面料的分格造型相符,是否符合面料铺贴施工要求,发现问题要及时处理。

($c$)裁剪　根据设计要求规划确定面料铺贴的具体方案,结合胶合板基层上的分格造型弹线裁剪面料。同一房间要选用同样的面料,两块相邻的面料不仅要质地图案相同,而且应是相同部位,不能排放错位。

($d$)包贴　面料包贴面料的方法主要有整条铺装和分块固定法两种。

整条铺装法按设计图样和造型的要求,用胶粘、钉固等方法将填充料(塑料泡沫或矿棉)固定在底板上,然后将面料按定位标志摆正,先把上部用木条加钉临时固定,将面料整理平整,松紧适度,用暗钉口将其钉在木龙骨上。最后再用冒头钉按分格尺寸将每一块的四角钉入。

分块固定法这种方法是将面料(包括填充料)和胶合板,按设计要求的分格尺寸预先裁好,固定在底板上然后一起固定在木龙骨上。操作时,必须保证胶合板接缝位于木龙骨中线处。

## 课题4　装　饰　门

### 4.4.1　装饰门

装饰门实际上是指在各种家庭建筑装修过程中,由于室内结构与风格的需要所设计和选用的装饰性较强的门。这种门的种类相当多,造型各异,材料主要以木制为主,比较常见的有实木花线嵌板门、实木雕花门、实木玻璃花格门、夹板树脂压花门等多种类型,如图4-67~图4-71所示。

图4-67　双扇装饰门及门套

图4-68　单扇装饰门及门套

图 4-69　推拉门及门套

图 4-70　成品推拉门及门套

图 4-71　各种装饰门

(a)实木花线嵌板门;(b)实木雕花门;(c)实木玻璃花格门

装饰门的品种很多,结构变化很大,不同类型的门制作安装的方法略有不同。总的来说,实木花线嵌板门与实木雕花门的结构、制作与安装方法相近;实木玻璃花格门是以实木为棱格和框架,中间嵌装各种玻璃;夹板树脂压花门是以实木条材为框架,两面包覆树脂压花板,因此这三类装饰门的制作与安装是有所不同的。

### 4.4.2　实木花线嵌板装饰门的结构与安装

(1)实木花线嵌板门扇制作

1)门扇制作施工工艺

实木花线嵌板门扇制作主要施工工序:下料(选料)→零部件制作→框架组装→镶板压线等工序。

2)制作施工要点

($a$)下料　实木花线嵌板门扇的下料实际上就是制作之前的选料或配料，下料时，要做到以下几点：

首先熟悉门的设计图样，了解门扇的构造及各部位的尺寸、数量及质量要求等。

根据门的规格及各部分零件断面净料尺寸，按照规定预留出加工余量，确定毛料的下尺寸。一般来说，门梃、上下冒头的下料长度与门的实际设计尺寸相比，应保留 30 ~ 40mm 的加工余量，而框架之间的中冒头与框料只要保留 10 ~ 20mm 的加工余量即可。刨削余量根据各零部件的长短而定，每个加工面要保留 3 ~ 5mm 的加工余量，一般单面刨光加 3mm，双面刨光增加 5mm。零件越长所保留的刨削加工余量越多，而过分弯曲的则应淘汰或作为较短零件加工使用。

下料过程中要因物施料、综合筛选，尽量避免长料短用，注意灵活地利用木材的各种自然缺陷，决不能因木材缺陷影响木材的使用。

根据门料各部件的毛料下料尺寸，在木料上划出下料锯削线，用顺锯或截锯将木料锯削完成。锯削时要注意锯削的木料是否平直，如果是各种零件套裁，则要首先观察零件的划线配置情况，适当确定锯削时作业顺序。

门料各部件的毛料下料既可以使用机械操作也可以使用手工操作。

($b$)零部件制作　零部件制作主要是在门料的配料、下料锯削之后，按照设计要求将各零部件坯料(毛料)加工成可组装的零部件净料，主要有刨削、划线、凿孔、锯削禅头和裁口等步骤。

刨削时，要选择纹理清晰美观、缺陷较少的面作门樘、扇的正面，随时用直角尺检查刨光面是否平直，相邻的两个面是否垂直，门樘、扇的上下冒头、边梃只要刨削三个面即可，待将来幢扇装配调整装配缝隙时，再刨另一面。

所有工件刨光后即可以按照设计要求进行划线，并应首先划出零件长度的基准线，接着用角尺或丁字尺划出榫头、榫孔线。

凿孔时要注意榫孔要方正，孔壁要直。贯通孔窄面内壁可以稍微隆起，非贯通孔应用直尺经常测量榫孔的深度，以保证榫头有足够的安装深度，榫孔内要清洁，以免影响安装质量。

实木花线嵌板门如果采用的是嵌板结构，或者构件侧边有各种花线造型，则可以在相关的零件上进行裁口、刨削沟槽或花线形，要注意沟槽和花线形棱角方正、线形平直、弧线则要求圆润光滑。

($c$)框架组装　门樘、扇的零部件加工完成之后，即可以进行组装。普通门樘安装时将冒头与门樘立梃结合，门樘立梃的榫头直接插入上冒头的榫孔内，并用斧子用力敲击冒头上榫孔的周边部位，直到门樘的榫头与榫孔接合严密为止。但由于现在的家庭装修之中选用的是各种装饰门，为了美观、漂亮，门樘的制作形式与过去有所不同，装饰门的门樘直接采用细木工板制作、安装即可。

($d$)普通嵌板门扇的安装　先将一根门梃朝上平放，然后一次将上、下冒头，中冒头一次插入相应的榫孔，然后垫上木块逐个敲击使之初步接合，然后将门芯板装入各横档的沟槽之内，最后将另一根门梃榫孔朝下，对准各个冒头与横当榫头的位置装上去，垫上木块敲击使门扇的结构紧密接合。

但是门扇如果是镶板结构，则只要将各冒头、横档直接组装就可以了，组装后在将门芯板按照设计要求尺寸，或者按照门扇框架各档之间的实测尺寸，将各档门芯板裁制完成后，直接用各种木线夹装入各档位之间。各种门扇安装结构如图 4-72 所示。

(e)镶板压线　门扇如果是镶板结构，先将选定好的木线条，按照各档位之间的实测尺寸，沿着门扇框架的一个侧面，固定在门扇各档框之间，固定时要考虑门芯板的厚度和另一侧面木线条的安装尺寸。然后，根据门扇组装后各档位之间的实测尺寸，将裁制好的门芯板装入门扇各档框之间，最后用木线沿各档位之间的门芯板周边，紧贴门芯板各边固定即可。

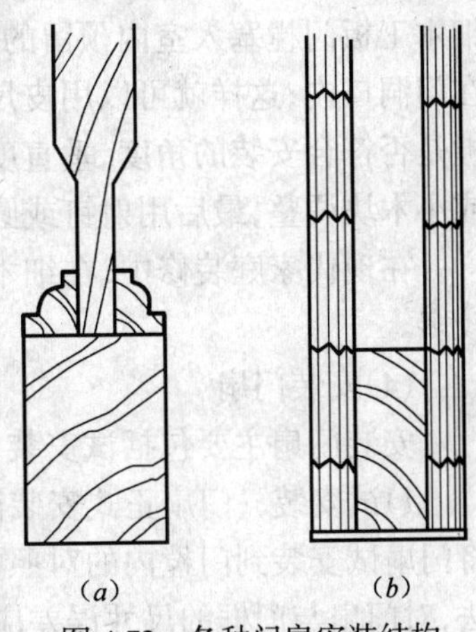

(a)　　(b)

图 4-72　各种门扇安装结构

(a)实木嵌板门；(b)镶板门

(2)门套的制作

目前，住宅建筑均为毛坯房，只留门洞，无门框，在装修中，需作门套。一方面美观，另一方面满足门框要求。门套有两部门组成，筒子板和贴脸。目前门套有两种类型，一种是成品门套；另一种是用细木工板做基层，面层贴各种饰面板作为筒子板，用成品线条作贴脸，细部用线条收口。细木工板及层面饰面板门套构造做法如图 4-73、图 4-74 所示。

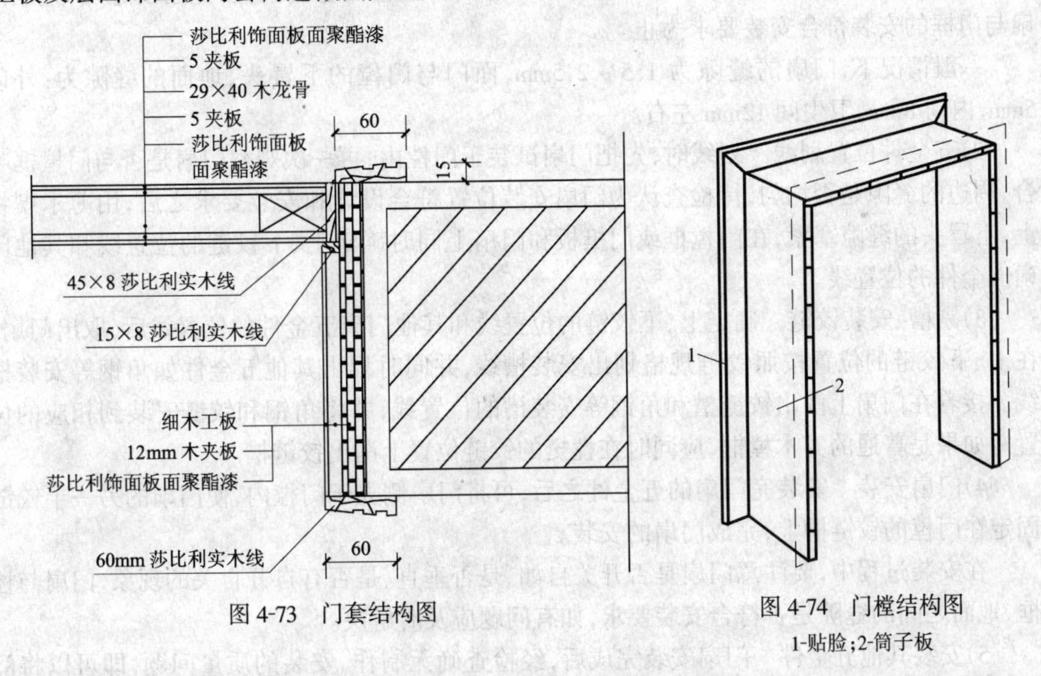


图 4-73　门套结构图

图 4-74　门樘结构图

1-贴脸；2-筒子板

这种细木工板门樘在安装前，应先按照门樘的实际尺寸裁制细木工板，假如墙体厚度为 400mm，门的实际尺寸是 2000mm × 850mm，那么，门樘梃板的板件只要按照樘框侧板需要的实际尺寸裁制即可，即每扇门只要裁制两块 2000mm × 400mm 细木工板作梃板。但是裁顶板时要注意长度尺寸要比门的宽度尺寸长一些，一般是门的宽度尺寸 + 细木工板的厚度尺寸 × 2，以有利于细木工板制作的樘顶板安装时搭接在门樘梃板的上部。按照这个细木工板门樘的尺寸来说就应将樘顶板的长度尺寸确定为 850mm 加细木工板的厚度尺寸 × 2。为了确保安装，甚至可以将樘顶板的长度尺寸确定得更长一些。

(3)门套安装

细木工板门樘安装时，可以先将樘顶板按照设计尺寸用圆钉固定在梃板上，然后将整个细木工板门樘塞入室内预留的门洞口内，由于门樘的厚度关系，这时门樘能够较稳定地直立在门洞口内，这样就可以用皮尺检测门樘的安装位置是否准确，再用直角尺或水平仪检测门樘是否符合安装的角度、垂直度和水平度是否符合设计安装要求，如不符合要求可以用木楔或小木块调整，最后用射钉或圆钉将细木工板门樘固定在墙体内的木砖上。

在现代家庭装修中，在细木工板门樘的墙体两侧还要安装贴脸。目前，用实木木线的比较多。

(4)安装门扇

安装门扇主要包括试安装、五金件位置划线、剔槽、安装铰链、安装其他五金件等工序。

1)试安装　门扇正式安装前，应检查门扇尺寸误差的大小，是否有翘曲变形，可以采用将门扇试安装到门樘内的对照方法，或采用精确测量门扇和门樘的各向尺寸进行对比的方法，对门扇与门框的尺寸误差应做到心中有数，并根据门扇的尺寸误差情况刨削门扇侧边，修整门扇缝隙。如果门扇的高度偏大，可以刨削门扇的上、下冒头，而门扇的宽度偏大要修整门的两个边梃，要保证各冒头、边梃的宽度尺寸大致相同。多扇门窗，要在地面上平行对缝后再进行试安装。修整缝路时要反复多次试安装，要边试边刨削，以免刨削过度，直至门扇与门框的安装符合安装要求为止。

一般情况下，门扇的缝隙为1.5~2.5mm，而门与门樘的下冒头、地面的缝隙为：外门5mm，内门8mm，卫生间12mm左右。

2)五金件位置划线　划线时，先把门扇试装于门樘内，再一次观察门扇是否与门樘框吻合，周边的缝隙是否均匀，待检查认为门扇安装位置符合设计和安装要求之后，用薄木楔将上、下冒头的缝隙塞紧，在门樘框或门梃板和门扇上同时确定上、下铰链的位置线和其他门扇五金件的位置线。

3)剔槽、安装铰链　确定上、下铰链的位置线和其他门扇五金件的位置线后，取出门扇，在上、下铰链的位置按照铰链规格划出安装槽线，并同时划出其他五金件如角钢等安装槽线。接着在门扇上凿出铰链槽和角钢等安装槽的位置线，并将角钢和铰链安装到相应的位置。如果是普通的实木樘框，应同时在樘梃的铰链位置上凿出铰链槽。

4)门扇安装　安装完门扇的五金件之后，可将门扇侧立于门樘内，使门扇的另一半铰链固定在门樘的铰链槽上，完成门扇的安装。

在安装过程中，要注意门扇是否开关自如、是否垂直、是否有自开自关的现象，门扇与樘框、地面之间的缝隙是否符合安装要求，如有问题应及时解决。

5)安装其他五金件　门扇安装完成后，经检查确无制作、安装的质量问题，即可以将门锁、拉手及插销等五金件安装到门上和樘框、樘梃板上，完成门扇的最后安装。

#### 4.4.3　实木雕花门扇结构与安装

(1)实木雕花门扇制作施工工艺：下料(选料)→零部件制作→框架组装→粘贴花饰→油漆。

(2)施工要点

1)实木雕花门扇的下料(选料)、零部件制作、框架组装这几个步骤与实木花线嵌板门扇制作相同。

2)最后粘贴雕花图案时，要在门扇初步砂纸打光以后，将各种雕花纹样按照相应的设计位置准确地粘贴到门扇表面，要注意及时将雕花纹样周围的胶渍擦掉。最后用细砂纸将门扇及雕花表面打磨光滑即可。

其他同实木花线嵌板门。

### 4.4.4 实木玻璃花格门的制作与安装

(1)门扇制作

1)实木玻璃花格门的制作工序：下料(选料)→零部件制作→框架组装→玻璃安装等工序。

2)施工要点

(*a*)下料(选料)、零部件制作与其他的实木门扇大致相同。

(*b*)框架组装　实木玻璃花格门的零件制作完成之后，进行框架组装时，先将上冒头、中冒头与门上部的棂格组装完成，然后将组装完成的棂格框架拿起，把上冒头与中冒头同时插入到榫孔朝上、平放于地面门扇边梃的对应榫孔中，再把下冒头装入门扇边梃相对应的榫孔内，最后将门扇各冒头榫头插入另一个边梃榫孔，用锤敲击使之安装严密，随后用木楔钉入各榫孔的榫头之间，加强榫孔与榫头之间的牢固程度，完成框架的组装。框架组装如图4-75所示。

(*c*)门扇组装　框架组装完成后，棂格之间安装的玻璃用各种实木线条固定，将线型安装到棂格的杆件上，这种线型应先用无头钉固定门扇中的一个侧面，另一面将钉子只要轻轻钉入一点即可，以便将来安装玻璃时用手就可以将线形拔掉，待玻璃安装后再重新固定。

在安装过程中，要注意门扇棂格与冒头的结构是否严密，是否有歪斜、扭曲现象，如果有这种现象应及时纠正。

(*d*)安装五金件　门扇安装完成后，经检查确无制作、组装的质量问题，随后将五金件安装到门上。

(*e*)安装玻璃　安装前应逐个测量棂格之间的规格尺寸，并作出明确的记录。检查每个棂格之间的角度是否方正，然后根据尺寸裁割玻璃，作出相应的记号。通常情况下裁割玻璃时，玻璃的长度与宽度裁割尺寸应比玻璃测量的实际尺寸小一些，一般应小2~3mm，以方便玻璃的安装。

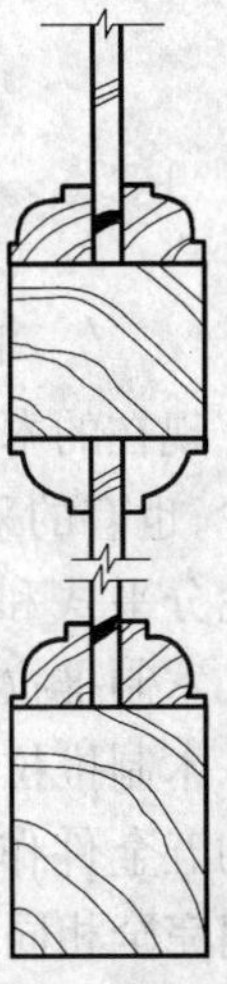

图4-75　实木花格玻璃门构造

(2)安装

实木玻璃花格门的安装与实木花线嵌板门、实木雕花门的安装程序与方法相同，在此不再叙述。

### 4.4.5 推拉门施工

(1)推拉门的种类

推拉门是家庭中常用门之一，由于使用的部位和使用材料不同而有许多种，常见的有滑道式、滑轮、滑轨式、上悬式、对开感应式等多种结构形式；使用材料主要有木制滑槽式推拉门、玻璃、铝合金与塑钢制作的滑轮、滑轨式推拉门等。在家庭的装饰装修中主要应用的是以各种材料制作的滑槽式、滑轮、滑轨式推拉门等，尤其是近年来由于经济条件的改善和技术的进步，传统的滑槽式推拉门已逐渐淘汰，而采用滑轮、滑轨和上悬式、滑槽式结构制作的推拉门应用越来越广泛。

(2)木制推拉门的结构与安装

木制推拉门的制作与普通平开门相同,但是结构有多种形式。

1)木制推拉门的结构　木制推拉门的结构有多种形式,由于结构形式不同,滑槽式结构推拉门与滑轮、滑轨式结构推拉门的安装也不尽相同。尤其是滑轮与滑轨式结构推拉门还有滑轨、上悬滑轮式推拉门,下滑轮、滑轨式推拉门两种安装类型。木制推拉门主要是滑槽式推拉门,滑轮、滑轨式,上悬滑轮式推拉门等。

传统木制推拉门　过去多数是采用滑槽式结构,其滑行结构是由滑道、滑行轨板组成,制作比较简单。滑槽是在木质枋材门樘的上下冒头内侧直接刨削出沟槽作为滑道,在实木门扇组装完成之后,将门扇的下部冒头部位裁制出企口槽作为滑行轨板,滑行结构制作完成后即可以准备安装,如图 4-76 ~ 图 4-77 所示。

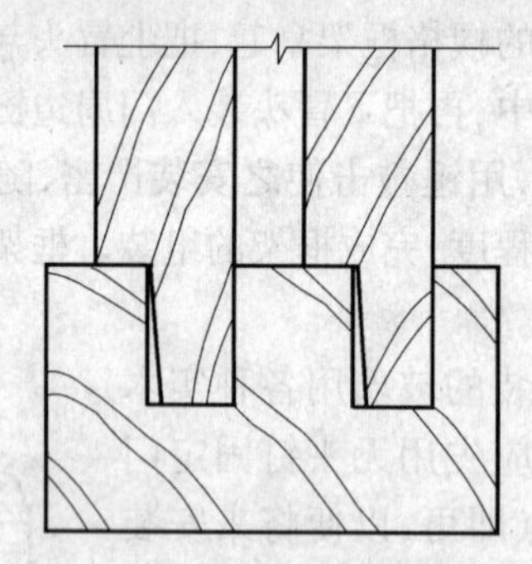

图 4-76　木制推拉门滑槽结构

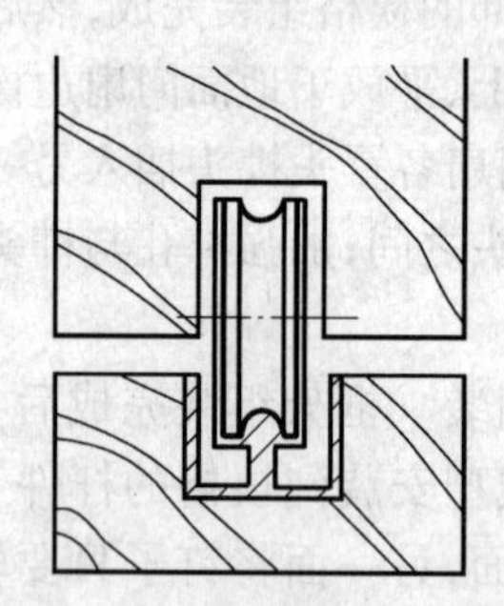

图 4-77　滑轮轨道式结构

现在的木制推拉门多数是采用各种滑轮、滑轨式结构,根据安装的需要有的采用上悬式滑轮,也有的采用门的下滑轮与滑轨配合的形式。滑轮分平式和凹式轮两种,有单轮和组轮两种类型。木制推拉门滑轮、滑轨式结构如图 4-78 所示。

木制推拉门的滑轮、滑轨完全是采用各种规格的五金件作为滑行结构,其门扇的制作与实木门扇完全相同。这种门樘、门扇制作完成后,要在门樘、门扇的上部或下部安装各种滑轮、滑轨或滑槽等作为滑行结构的五金件,才能保证实现门扇的推拉功能。

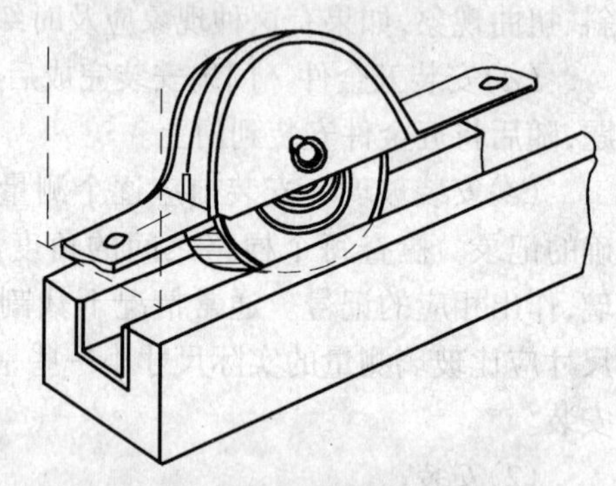

图 4-78　平式滑轮和滑槽滑行结构

2)木制推拉门滑行结构的安装

由于结构形式不同,因此木制推拉门滑行结构的安装也有所不同。

推拉门滑行结构安装工序:位置弹线→在框架上安装滑道→滑轨、滑轮→在门扇上安装滑轮吊挂插件等工序。

在推拉门滑行结构安装位置弹线的操作,与各种滑行结构的安装基本相同,只是具体的结构件安装方法与顺序有些变化。

(*a*)滑槽、滑轮式滑行结构的安装　滑槽、滑轮式结构推拉门的滑行结构主要有平式滑轮和滑道。滑轮多是金属的,滑道有上滑道和下滑道两种,造型结构大致相同,只是有的滑槽深度尺寸有区别,一般是以塑钢、铝合金和轻钢等材质为主,按照推拉方式和结构形式的不同,推拉门的滑道有单槽和双槽两种。

滑槽、滑轮式结构推拉门滑行结构是在门扇制作组装完成之后，首先在门樘的下部安装滑道，然后再安装滑轮结构。

安装滑道应首先按照门扇的设计和门扇的安装位置的实测滑行距离，将滑道按照长度需要锯截，接着在滑道凹槽内适当的位置钻出滑道安装孔，通常上、下滑道每条滑槽的安装孔不少于3个。然后，将滑道安放在门樘的上冒头下部和门樘的下冒头上部(下槛)，如果是没有下冒头(下槛)的梃板式门框，则应将下滑道安放在门樘两立梃板之间地面的安装位置上，最后用沉头螺钉拧入各安装孔将滑道固定。

安装滑道时要注意使滑道的双滑槽的中心槽壁或单滑槽中心线，与门樘立梃或樘梃板之间的中心线重合，以保证推拉门的门扇推拉顺利。还要注意上滑道与下滑道之间的实际净空(即上滑道造型截面侧壁的下缘与下滑道造型截面侧壁的上缘之间)高度，要与门扇的实际高度相同。由于上滑道的截面高度通常比下滑道的截面高度高一些，因此能够使门扇在装扇时顺利地装入樘框的上、下滑道。

安装滑轮结构要首先根据滑轮的规格在门扇下冒头上划出滑轮安装槽线，接着用凿子凿制出滑轮安装槽，将滑轮按照结构需要嵌入安装槽，最后用沉头螺钉拧入滑轮两端的安装孔将滑轮固定即可。

(*b*)普通滑轮与滑轨式滑行结构的安装

普通滑轮与滑轨式推拉门的滑行结构主要有凹槽式滑轮和滑轨，滑轮周圈是呈弧形内凹槽造型，与滑轨的轨板上部的轨线造型相吻合，便于滑轮在凸出的滑轨轨线上滑动。滑轮多是金属制作的，也有部分滑轮是采用树脂制作的。滑道分为上滑道和下滑道两种，造型结构不同。由于使用方式不同，这种滑行结构有单滑和双滑两种结构形式。上滑道与普通滑槽造型相同，而下滑道则是在滑槽内有凸出的滑轨结构，如图4-79所示。

这种普通滑轮与滑轨式推拉门滑行结构的安装与滑槽、滑轮式结构推拉门滑行结构安装基本相似，上滑道与普通滑槽造型相同，安装时将滑道按照长度需要锯截，接着在上滑道凹槽内适当的位置钻出上滑道安装孔，将上滑道安放在门樘的上冒头的下部，用沉头螺钉拧入各安装孔将滑道固定。下滑道虽然与普通滑槽的截面造型不同，但是安装方法与滑槽式的下滑道安装相同，只要将下滑道安放在门樘两立梃板之间地面的安装位置上，最后用沉头螺钉拧入各安装孔将滑道固定即可。

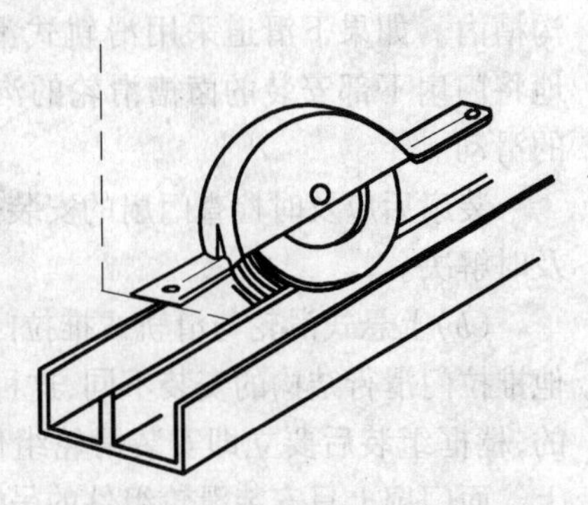

图4-79　普通滑轮与滑轨式滑行结构

而滑轮的安装则与前述滑轮的安装方法完全相同，根据滑轮的规格在门扇下冒头上划出滑轮安装槽线，接着用凿子凿制出滑轮安装槽，将滑轮按照结构需要嵌入安装槽，最后用沉头螺钉拧入滑轮两端的安装孔将滑轮固定。

(*c*)上悬式滑轮与滑轨式滑行结构的安装

上悬式滑轮与滑轨式推拉门的滑行结构一般只有上悬式滑轮与滑轨。根据设计和安装需要，有的上悬式滑轮与滑轨式滑行结构与门扇的下部滑槽配合使用，也有的这种滑行结构不安装滑槽。上悬式滑轮多是安装架上采用4个滚轮作滑动机构，安装架的中部固定有安装螺栓用以与门扇吊装接合，这种结构的滑轨亦可以称之为滑槽，多是采用铝合金和轻钢材质制成的,如图 4-80 所示。

这种上悬式滑轮与滑轨推拉门滑行结构的安装与上述其他推拉门滑行结构的安装不同,安装时不是先将滑轮直接安装在门扇上,而是将上滑道按照设计和实际测量的尺寸锯截完成,然后将滑道的沟槽底部钻出安装孔,把带有吊插螺母和吊插件的组轮(即 4 个滑动滚轮一组的滑轮组,通常为每扇门为一副两组)等所有应安装的滑轮组架装入上滑道的滑槽内,最后用螺钉将装有滑轮组架的上滑道按照设计要求固定在门樘的上冒头或门扇将要安装的部位上。

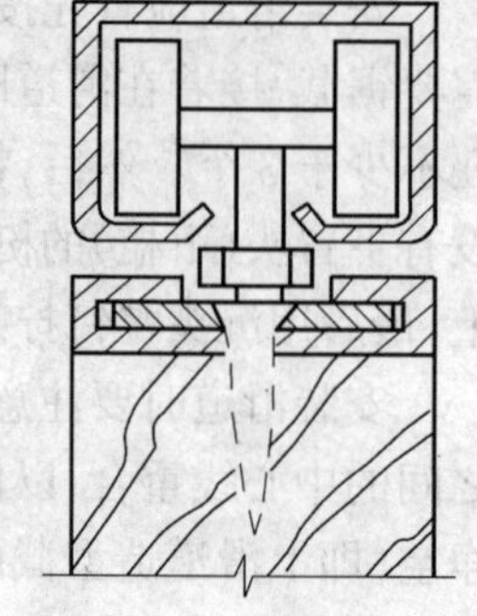

图 4-80 上悬式滑轮与滑轨式滑行结构

接着可以安装门扇上部的滑轮组件的吊装件插槽,滑轮组件的吊装件插槽一般安装在门扇上冒头的两端,安装时可以按照滑轮吊装件插槽的形状,在门扇上冒头的两端划出等距的安装线,然后用凿剔出安装槽,将滑轮吊装件插槽用木螺钉固定即可,这样就完成了上悬式滑轮与滑轨推拉门滑行结构的滑轮与滑轨分体组装。

3)装扇

由于使用方式和基本滑行结构不同,门扇安装的装扇方法也不一样。

($a$)滑轮与滑槽、滑轨式滑行结构的装扇　滑槽、滑轮式滑行结构与普通滑轮与滑轨式滑行结构门扇的装扇方法相同,都是在滑行结构的构件安装完成之后再进行装扇。这两类推拉门在装扇时,可以单人操作或双人操作。安装时先将门扇整体向门樘倾斜,将门扇上部平行地插入门樘上滑道相对应的滑槽内,使门扇的上冒头紧紧地抵住滑槽的槽底,随后把门扇下部逐渐向下滑道靠近,但在这个过程中要用力将门扇向上抬起,以便使门扇的上冒头保持紧紧地抵住滑槽槽底的状态,最后将门扇下冒头平稳地装入下滑道的沟槽内。如果下滑道采用滑轨式滑道,则应在门扇的下部进入下滑道的沟槽内后,细心地将门扇下部安装的卤槽滑轮的沟槽对准下滑道凸起的导轨上,保证滑轮在轨板上正常的滑动。

装扇后应及时检查门扇的安装是否垂直、滑行是否顺畅,如门扇组装和装扇出现问题应及时解决。

($b$)上悬式滑轮与滑轨式推拉门的装扇　上悬式滑轮与滑轨式推拉门的装扇与上述其他推拉门滑行结构的安装不同,这种门的滑行结构即滑轮组件和上滑道的安装是同时进行的,樘框组装后要立即安装滑轮组件和上滑道,直接将滑轮组件和上滑道安装在门的樘框上。而门扇上只安装滑轮组件的吊装件插槽,只有将门扇上滑轮组件的吊装件插槽和门的樘框上滑轮和上滑道安装好后才能装扇。

上悬式滑轮与滑轨式推拉门装扇时,一般要两人操作。一人将门扇扶持在门樘框滑轨的下方,把门扇上冒头两端对准门樘框的滑轮组件;而另一人将滑轮组件上由螺栓吊挂的吊装件插板插入门扇上的吊装件插槽,然后用木螺钉将吊装件插板的尾端紧固在门扇上冒头的侧端,这样就完成了上悬式滑轮与滑轨式推拉门的装扇作业。

在安装过程中应注意门扇上的吊装件插槽要安装在门上的、中线位置,吊装件插槽的上表面要与门扇上冒头表面保持平齐。

门扇两端的吊装件插板都插入门扇上的吊装件插槽后,要分别调整吊装件上的悬吊螺母,以调整门扇两端的吊装高度使之保持高度一致。

# 课题5　室内饰面涂装工程施工

## 4.5　涂 装 工 程

家庭室内饰面涂装装饰装修工程主要有涂饰施工、裱糊施工等几种类型。涂饰施工是指将各种涂料用涂饰工艺对室内建筑界面进行装饰的工程施工；裱糊施工则是指用胶粘剂将各种壁纸、壁布及其他装饰布粘贴于建筑界面上的装饰施工。

涂饰施工是目前家庭室内建筑界面装饰中应用最多的装饰方法，常用的涂料有各种水溶性内墙涂料、乳胶漆和各种油漆等。涂饰施工的操作方法有刮涂、刷涂、喷涂及弹涂等多种工艺。

### 4.5.1　防水涂料的刮涂

(1)防水涂料刮涂的施工方法

防水涂料刮涂施工有两种形式：一种是墙体刮涂防水大白浆涂料，另一种是刮涂厚质防水地面涂料。同样是利用刮板，把相关的涂料厚浆均匀地刮涂于饰面上，形成厚度大约为1～2mm的厚度层，此种施工方法多用于室内地面、卫生间墙面等需要较厚涂料层的涂饰。

刮涂施工常用的防水涂料有聚氯乙烯防水大白涂料、聚合物水泥厚质地面涂料、合成树脂厚质地面特种涂料等。

防水涂料刮涂时刮涂时，腻子一次刮涂厚度应小于0.5mm，对于较大的孔洞应用石膏腻子填补、嵌实，并略突出墙体、地面的表面，待干透后再进行打磨。每次刮涂时应使刮板与墙体、地面的表面倾斜50°～60°，并且只能往返刮1～2次，不能多次反复刮涂。

(2)防水涂料刮涂施工注意事项

1)使用合成树脂涂料时，为了增加装饰面层与基层的结合力，可在基层上先刷涂一遍树脂清漆溶液。

2)第一遍腻子或防水浆料不宜调得过稀，每刮涂一遍腻子或涂料后，要等其干透后才能进行打磨，打磨之后再继续下一道工序。刮涂时要严格控制每遍刮涂层的厚度，表面的光滑程度取决于刮涂的遍数。

(3)防水涂料的使用方法

防水涂料属于特种涂料的范畴，是目前市场上比较受欢迎的涂料新产品。防水涂料主要用于室内墙面、地面需要防水的部位，根据品种不同，有些可以用于基层施涂，也有些可作为面层使用。

目前市场上销售的各种防水涂料的调配和使用方法略有差异，所以在应用时需详细阅读产品说明书，施工时严格按照产品说明书操作。

JM-811防水涂料是目前使用较多的品种，在现在的家庭装饰装修中主要用于室内卫生间、厨房等用水量较大、比较容易产生泄漏、潮湿等需要装饰与防水合一环境的墙面、地面，是一种新型防水涂料。这种防水涂料的主要特点是有较好的耐化学腐蚀性、抗渗性、粘结性和弹性，对建筑基层的变形适应性较强。

JM-811防水涂料的施工准备与普通的防水涂料刮涂施工略有不同，首先要准备聚氨醋甲料、乙料、二甲苯、聚氨醋罩面漆、固化剂等材料，还要准备电动搅拌器、料桶、油刷等施工工具。

1)刮涂底层涂料　施工时首先把聚氨醋甲料、乙料、二甲苯等材料按照1∶1.5∶(2～3)的比例配合均匀,然后用刮板将涂料刮涂在建筑基层表面,经过24h后涂料固化。

2)刮涂中层涂料　底层涂料固化后,将聚氨醋甲料、乙料按照1∶1.5的比例进行配合后,可以用电动搅拌器将配合料强力搅匀,然后用漆刷先将该混合涂料均匀地涂刷在墙壁的阴阳角、边角和墙壁立面等部位,再用塑料刮板按照由左往右,从里到外的顺序均匀地刮涂在底层漆面上,刮涂过程中要求涂层平整光洁、颜色一致、厚度均匀,刮涂厚度一般以2～3mm为宜。

3)涂饰面漆、中层涂料施工后,随即应当进行面漆的涂饰,涂饰面漆时应当在中层涂料固化1～2min后方可进行。首先把聚氨醋罩面漆与固化剂按100∶(3～5)的比例混合搅拌均匀,然后均匀涂刷在防水涂层上即可。面漆一般需固化24h以上,经检验涂层平整光洁、颜色一致,无漏刷、皱纹、起皮现象方可交付使用。

### 4.5.2　涂料刷涂、辊涂

涂料刷涂施工是指用板刷将涂料涂刷到建筑墙体、地面基层的一种施工方法,辊涂施工则是利用辊子将涂料辊涂到建筑棚面、墙体、地面基层的一种施工方法。这两种施工方法是常见的施工方法,主要施工特点是操作方便、快捷,易于掌握,灵活性强,尤其有利于建筑棚面、墙体、地面边角的施工,节省涂料,涂层均匀、牢固,适于各种涂料、油漆的施工。但是,由于这两种涂饰施工是手工操作,劳动强度大、效率较低,操作不熟练时,漆膜易产生刷痕、流挂和涂刷不匀的现象。

(1)刷涂、辊涂的施工准备

施工准备主要有工具准备和施工的基层处理。

1)刷涂工具

刷涂的施工工具主要有各种羊毛排笔、底纹笔,如图4-81～图4-84所示。

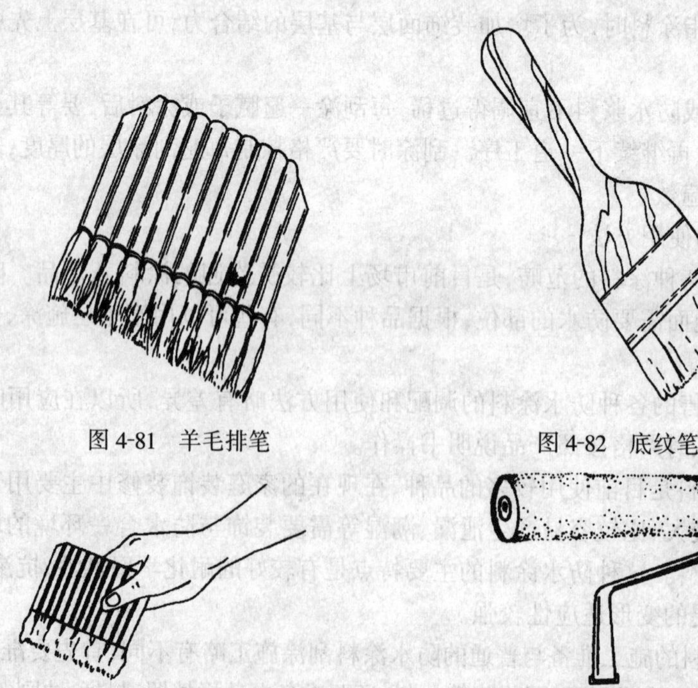

图4-81　羊毛排笔

图4-82　底纹笔

图4-83　排笔的使用方法

图4-84　辊子

($a$)羊毛排笔　羊毛排笔是羊毛与多根竹管穿排而成,一般每排有 4~24 管不等。

($b$)底纹笔　底纹笔的笔杆较长,笔毛较细,宽度规格可分为 20~100mm 等多种。

选用何种规格的涂刷排笔需根据涂刷的部分和面积选用。一般涂刷面积较大墙面或涂刷建筑涂料时,多采用 12 管以上的排笔,复杂部位选用小规格的底纹笔。

($c$)羊毛排笔、底纹笔的使用　使用新排笔前,先用手指反复拨动笔毛,使粘结不牢的笔毛脱落,以避免掉毛粘在涂料表面;然后用热水浸湿,再将毛头拧干用纸包住,让其自干。握笔方法是用右手捏住排笔的右上角,前面用大拇指、后面用四个手指夹住,如图 4-84 所示。

刷涂时用手腕运笔,蘸涂料时要将大拇指略松开一点,蘸涂料后将排笔在桶边轻轻地拍两下,使涂料液能集中在笔毛头部,蘸涂料量需合适,不可过多,下笔要稳,轻重一致,用力均匀,起笔落笔要轻快,两笔搭接的部分最佳为 5mm 左右,切不可重叠过多,以免有凸痕。

2)辊涂工具

辊涂工具主要是辊子,是一种带柄的毛辊,由骨架和辊筒组成,辊子如图 4-85 所示。

辊子是粘有合成纤维的长绒或橡胶的涂辊,有短毛辊、压花辊、橡胶辊等多种,一般辊筒规格为直径 40~50mm,长 180~240mm。使用时根据不同的涂料要求和饰面部位选用不同的辊子。

毛辊用完后,必须清洗干净,用清水反复冲洗至毛绒内不含涂料液为准,然后放在干燥空气流通处悬挂晾干,避免毛绒被压皱变形或发霉腐蚀。

辊涂工具还有涂料底盘、容器等。

3)刷涂、辊涂的基层处理　刷涂、辊涂前要先将墙、棚面上的浮灰清扫干净,灰块、浮渣等杂物要用腻刀铲除。如果表面有油迹等污物,要用清水或清洗剂清洗干净。用各种腻子填补墙、棚面上的孔洞、麻面、蜂窝等的残缺处,并用砂纸磨平。

(2)刷涂施工

刷涂施工是用各种不同型号的板刷将涂料反复涂刷(涂抹)到建筑棚面、墙体、地面表面的方法。刷涂施工是一种传统的施工方法,至今仍广为应用,几乎所有的涂饰工程都可采用这种方法。

刷涂施工之前必须将涂料搅拌均匀,并调配到适当的粘度即可以进行刷涂操作。

首先用毛刷蘸少许涂料,按照由上而下、从左至右、先里后外、先难后易、先斜后直的涂刷顺序,采用纵横结合的涂刷方法,用毛刷将涂料涂刷到建筑棚面、墙体、地面基层上即可。当建筑物的大面积棚面、墙体涂刷完成后,要用毛刷轻轻修饰各建筑基层表面的边缘和棱角等局部,使涂料在墙面或结构上形成一层薄而均匀、光亮平滑的漆膜。

对刷涂施工的主要质量要求是涂层表面不产生流挂、不皱、不漏、不露刷痕。

(3)辊涂施工

1)辊涂施工的基本操作

辊涂施工主要用于室内棚面、较高的墙面涂饰施工,一般采用羊毛或多孔吸附材料制成辊子,是利用涂辊进行涂饰的方法。

辊涂施工的特点是施工简单,操作方便,工效相对较高,涂饰质量好。但是由于作业距离、范围相对较大,不能涂饰较复杂的装饰图案及高级装饰施工。对空间相对较小和建筑截面的边角施工不利,还需要用刷涂进行补充刷涂施工。

辊涂施工　辊涂施工前要先把涂料搅拌均匀，调至所需要的施工黏度。然后每次取出少量调配好的涂料，倒入平漆盘中摊开，用辊子均匀地蘸取涂料，并在底盘上滚动至整个辊子的表面涂料均匀分布，接着手举辊子将其放在被涂刷的基层表面上，再施以轻微的压力，由上向下进行滚动，使涂料均匀地涂在基层表面上。

辊涂时，开始慢慢滚动，以免开始速度过快使涂料飞溅。一般辊涂的顺序是从下向上，然后斜向向上返回，再从上向下成之字形滚动。反复滚动几次之后，辊子表面的涂料已经稀少，这时用辊子把刚辊涂过的表面轻轻顺涂一遍。接着按照顺序继续往下辊涂，直至整个表面辊涂完成，最后用辊子按照与前一遍辊涂方向的垂直方向再辊涂一遍，即完成整个建筑表面的辊涂。

整个建筑表面的辊涂完成后，应使用毛刷刷涂建筑表面的阴角及上、下表面边缘。

2)辊涂施工注意事项

辊涂施工时要注意涂料调制和涂层质量。

(*a*)平光面涂饰时，涂料调制要求流平性好、黏度低，而在拉毛辊涂时，要求涂料的流平性较小，稠度较高。

(*b*)在辊涂施工时，为了长时间均匀布料，辊涂时不要过分用力压辊，不要让辊子中的涂料全部挤出后才蘸料，应使辊子内经常保持一定数量的涂料。

(*c*)辊涂面达到一定的宽度或面积时，应使用不沾涂料的辊子辊压一遍，以保持辊涂饰面的均匀和完整，以免显露出接槎痕迹。

(*d*)辊涂的漆膜要求薄厚均匀，平整光洁，不能产生流挂、漏涂、露底的现象，要保持色彩一致。

3)乳胶涂料的辊涂

乳胶涂料的辊涂应首先准备相应的施工材料，按照程序，乳胶涂料的辊涂施工应先刮腻子后辊涂。

(*a*)乳胶涂料在辊涂前应将棚面或墙体缺陷部位满刮腻子，其操作与刷涂腻子工艺相同，要求主要表面刮抹平整、均匀、密实光滑，各阴阳角、线角、边棱需干净整齐，刮涂时接头不留槎、不漏刮、不沾污其他部位。腻子刮抹不宜过厚，如出现翻皮的腻子应铲除干净，重新刮抹。

待满刮腻子干透后将涂饰面用粗砂纸打磨平整，然后满刮第二遍腻子，与第一遍满刮腻子方法相同，方向垂直。干透后再用细砂纸打磨涂面，使其表面更加光滑、平整、坚实。

(*b*)腻子刮涂完成后即可以进行乳胶漆辊涂，辊涂前用电动搅拌器把涂料搅拌均匀，将搅拌好的涂料倒入涂料底盘内，用辊子蘸涂料按照顺序辊涂。基本上是先横向，然后纵向用辊子辊涂，要注意辊涂的涂料要均匀平整。

每一次辊涂都要先上后下，从左到右，先远后近，先边角、小面后大面，不得有漏涂之处。每一面墙体的辊涂都要一气呵成，以免出现接槎、重叠等现象。

(*c*)第一遍乳胶涂料干透后，需在4h后用细砂纸磨光。然后辊涂第二遍涂料，一般工程刷两遍涂料即可。

(*d*)一般辊涂时，第一遍涂料流平性要好一些，第二遍应比第一遍涂料稍黏稠一些。施工时应根据具体工程确定辊涂遍数，但每一遍辊涂要薄厚一致，充分覆盖底层。

(4)涂料喷涂

喷涂是一种利用喷枪，以压缩空气气流携带涂料微粒沉积到建筑界面、建筑结构、各种建筑设施及各种材料的建筑制品、家具上的机械化涂饰施工方法。喷涂的特点是涂膜外观质量好、工效高、劳动强度低，适于大面积施工作业。

1)喷涂施工的方法

(*a*)喷涂前，按生产厂家确定的具体要求把涂料调至施工所需黏度，装入贮料罐中。

(*b*)打开空气压缩机，调节空气压力，使其达到施工所需标准，然后进行试喷，喷出的涂料应形成伞形雾状较好。

(*c*)喷涂操作时，应手握喷枪手柄，将喷枪的喷嘴对准被涂装装饰面，使其与被涂装装饰表面保持垂直状态，特别在喷涂阴角和阳角处更需注意，喷嘴应与被涂装装饰表面的距离为400～500mm为宜。距离过近时容易出现涂层过厚、流挂、发白等现象；距离过远，涂料着墙量少，容易造成浪费。喷涂方法如图4-85所示。

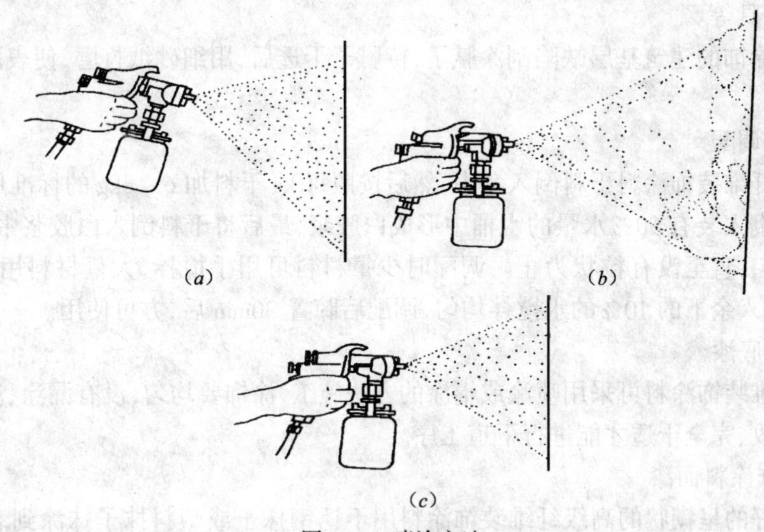

图4-85 喷涂方法
(*a*)倾斜不正确；(*b*)喷涂过远；(*c*)正确喷涂

(*d*)喷枪行走路线呈Z字形，要横向喷涂和纵向喷涂交叉进行。喷涂范围不能太大，一般直线喷涂700～800mm后，然后回转180°进行反方向喷涂，也可根据施工需要选择横向或竖向往返喷涂。

(*e*)喷枪移动时应与喷涂面保持平行，移动平稳，运行速度应保持一致，不得跳跃前进，以免发生堆料、流挂或漏喷现象。

(*f*)喷涂面的搭接重叠宽度应为喷涂行程宽度的1/2～1/3，以使涂层厚度均匀，色调一致。

喷涂的涂层要按照工程质量要求确定喷涂遍数，每一遍喷涂作业之间应有足够的间隔时间，以使前一遍涂料干燥，具体间隔时间应由涂料品种、性能和喷涂厚度而定。

2)喷涂施工注意事项

喷徐施工时应注意遵守操作规程，保障施工安全。

(*a*)要严格控制料液的稠稀适度，太稠不宜施工，太稀遮盖力差，影响涂层厚度，易流淌。涂料开桶后，应充分搅拌均匀，如涂料不洁净，需经过滤后方可使用。

(*b*)施工时,应保持现场通风良好,避免可燃气体的积聚,及对人体形成刺激与伤害。严禁使用烟、火和启动电器,以保障施工安全。

(*c*)气候条件对涂料施工影响大,应避免雨天和高湿度气候条件下作业,可根据不同的气候条件确定喷涂遍数和间隔时间,否则会影响涂料喷涂质量。

4.5.3 高级纤维涂料

高级纤维装饰涂料花色品种较多,可根据用户需要调配成各种色彩,整体视觉效果和手感非常好,立体感强。这种高级纤维装饰涂料特点是透气性好、无毒、无污染、保温、隔热、防静电性能良好、施工方便灵活、安全、无接缝、价格适中,适用于各种水泥浆板、混凝土板、石膏板、胶合板等建筑基层材料。

(1)施工准备

材料准备有纤维装饰涂料干料、白胶浆、水、调配腻子用的材料等,工具准备主要有抹涂工具、喷涂工具等。

将需要涂饰的建筑基层缺陷刮涂腻子,待腻子干透后,用细砂纸打磨,使表面平整、光滑为宜。

(2)涂料调配

首先将纤维装饰涂料干料倒入盆中,然后按照每 kg 干料加 6~8kg 的标准用水量,将白胶搅拌均匀倒入装有 90%水量的水桶中形成白胶浆,最后将干料倒入白胶浆中。将胶水和干料搅拌均匀,直至没有粒状为止。调配时少量材料可用手搅拌,大量材料用工具搅拌均匀,最后再加入余下的 10%的水搅拌均匀,调配后晾置 30min 后,方可使用。

(3)涂饰底漆

高级纤维装饰涂料可采用喷涂或辊涂的方法施工,涂饰要均匀,没有漏涂、流挂现象,待底漆充分吸收、完全干透才能进行下道工序。

(4) 涂饰涂料面漆

将调配好的呈糊状的高级纤维装饰涂料用不锈钢抹子或塑料抹子抹涂到装饰面上,抹涂顺序一般是自上而下,由左至右,要求色彩图案一致,表面平整、涂层均匀、无接缝的痕迹等。

(5)涂饰高级纤维装饰涂料施工注意事项

施工前要注意基层如有松脱、起砂、污渍或旧漆部分,应及时铲除并修补平整,修补时不能用纤维素腻子等强度较低的材料。

基层若是胶合板,要选用统一色泽的底漆刷涂一遍,等干透后再施工。钉头等可能生锈的地方要先涂防锈漆,然后再涂一遍底漆。

4.5.4 裱糊工程施工

裱糊工程施工主要是指在建筑基础界面上采用粘贴方法固定软质装饰面材的施工工艺,如壁纸、壁布、丝绸、呢绒等装饰材料的裱糊等。

随着社会的发展,新型裱糊装饰材料大量涌现,逐渐成为室内装饰中不可缺少的部分和新的装饰装修时尚。

裱糊工程对建筑基层的要求是比较严格的,它要求建筑基层有一定的强度和较好的表面平整度,基层强度可根据使用的部位有所区别。

(1)裱糊工程墙、地面基层处理

裱糊工程墙、地面基层处理主要包括混凝土及抹灰基层、纸面石膏板基层、木质基层处理等。

1)混凝土及抹灰基层处理先将基层面清扫干净,使表面无灰尘,在缺陷处填补腻子,将表面裂缝、孔洞、凹陷部分填补并打磨平整。

基层面平整度可用2m靠尺检查,平整度不应大于2mm,表面达到平整光滑,阴角和阳角线顺直通畅,无裂痕、崩角,无砂眼即达到裱糊条件。

2)纸面石膏板基层处理纸面石膏板基层的处理关键是石膏板拼缝处的平整度,纸面石膏板表面比较平整,要获得理想的墙面,板与板之间的接缝、固定石膏板的自攻螺钉孔是处理的重点部位,所以处理石膏板基层时要用专用的石膏腻子进行修补。具体做法是先清理接缝,纸面若损坏,需用50%的108胶水刷涂1~2遍,然后刮一遍腻子,用小号的刮刀把腻子均匀而饱满地嵌入板缝内。

然后在接缝处贴穿孔纸带或纱布带,第一遍腻子初凝后,用较稀的腻子刮涂厚约1mm,宽约50~60mm的底层,再用刮刀刮平即可。

3)木质基层处理　木质基层拼缝处最好预先留出2mm的距离,然后用石膏或油性腻子嵌平,再用砂纸打磨。等第二遍腻子五六成干时,用塑料刮板压光即可。

如裱糊的是金属壁纸,最好是在刮第二遍腻子时刮上有色腻子,其颜色最好与壁纸颜色一致。

(2)壁纸的裱糊

1)施工准备

壁纸裱糊的主要材料　根据设计确定的各种壁纸、壁纸胶粘剂、底漆等。其中壁纸的用量最好一次选购足,以免不是同一批号的装饰材料表面产生色差,影响装饰效果。

壁纸裱糊的主要工具有裁纸刀、毛巾、塑料桶盆、橡胶刮板、胶刷、裁纸工作台、钢直尺、注射器等。

2)施工方法

施工方法主要有刷封底漆、弹线、裁纸、裱糊润纸准备、壁纸裱糊等工序。

(*a*)刷封底漆　刷封底漆能够加强平整度,防止因基层吸水太快而引起胶粘剂脱水过快,也防止壁纸受潮脱胶而影响壁纸粘结质量。

常用防潮底漆有酚醛清漆、硝基清漆等多种,可采用刷涂或喷涂的方法,但漆膜要薄,要均匀一致。

(*b*)弹线　底漆干后,即可弹线。弹线应以设计为主,其目的是为裱贴作依据,保证壁纸贴线水平或垂直,尺寸准确。顶棚要首先弹出中心线,然后从中间向两边对称弹出各条壁纸裱糊线。墙面应先确定从房间哪个阴角开始,按照壁纸的尺寸进行分块弹出裱糊垂直线,有挂镜线的按挂镜线弹出,无挂镜线的根据设计确定,弹出的基准线越细越好。

每个墙面第一张纸都要弹出垂直线作为裱糊的基准线,将非设计规格的壁纸裁切边安排在端缝阴角处。如从墙角开始裱贴,垂直基准线距墙角应小于壁纸幅宽50~80mm,而墙面上有门窗口的应增加门窗两边的垂直线。

(*c*)裁纸　裁纸要了解房间基本尺寸,按其大小及壁纸幅面尺寸决定壁纸拼缝部位和条数。

每条壁纸长度要按照墙面顶角高度到墙踢脚的高度尺寸去确定,在壁纸上确定尺寸时要加上两端各需要留出的50mm余量，以备上下串动对缝、修剪之用。壁纸还需要考虑接缝的需要，薄的壁纸裱糊可采用叠接缝法，叠宽10mm；较厚的壁纸需采用对接缝法。但不管采用何种方法，裱糊完的壁纸都要以不易看出接缝为好。

(*d*)裱糊润纸　准备裱糊塑料壁纸前，需将壁纸润湿，使壁纸充分胀开，粘贴到基层表面上后，纸基涂塑壁纸才能随着水分的蒸发而收缩、绷紧，不易产生气泡等。润纸的方法有两种：一种是刷水，将准备上墙的纸用毛刷蘸清水均匀地刷一遍，另一种是将壁纸浸入水中浸泡3～5min后，把多余的水抖掉，放在平桌上静置约15min，然后再准备刷胶裱糊。

(*e*)壁纸裱糊　壁纸裱糊前应在壁纸的背面和墙面上都涂刷胶粘剂，胶层厚度要适当均匀。壁纸刷胶粘剂应在平整的台案上进行，先把已经裁剪好的壁纸图案面朝下铺设在台案面上，纸面一端与台案边缘平齐，平铺后，多余的部分可自然垂于台案下，然后分段刷胶粘剂。壁纸背面刷胶后，应使胶面与胶面对叠，以免胶干得过快，不便于裱糊。

墙面基层表面刷胶时，刷胶的宽度应比壁纸宽约30mm，胶粘剂的涂刷要均匀，不能流淌。

壁纸刷完胶粘剂后即可裱贴，裱贴原则是先贴垂直面后贴水平面，贴垂直面时应先上后下，贴水平面时应先高后低。

裱糊时先将刷过胶粘剂的壁纸有胶面对着有胶面适当地折叠，用手握住壁纸顶端的两角，展开壁纸上半部分接近墙壁，上缘对准水平线后沿垂直线铺贴于墙面上，然后轻轻将壁纸压平，由中间向外用塑料刮板轻轻将壁纸的上半截刮平，接着用同样办法处理壁纸下半部分，再用同样办法将所有的壁纸裱贴到墙面上，完成裱糊作业。最后用壁纸刀将各条壁纸接缝、踢脚板与墙壁间的角落等多余的壁纸裁去，用毛巾或海绵及时擦掉沾在踢脚板上及接缝处的胶液。再用橡胶辊或有机玻璃、塑料刮板由上而下，由中间向两边刮抹，把气泡和多余的胶液刮出，使壁纸裱贴平整、牢固。

3)壁纸裱糊注意事项

对于本身有背胶的壁纸，可把润纸的水槽放置在踢脚板处，纸从水槽中拉出，直接裱贴在墙面上即可。

对于花纹图案比较严谨的要对准接槎、纹样进行拼缝，然后用刮板将接缝处用力抹压平整。壁纸阳角处千万不可拼缝，阴角壁纸搭接缝时，须先裱糊压在里面的转角壁纸，再粘贴转角的正常壁纸。壁纸裱贴后出现空鼓时，可用针刺破壁纸，用医用注射器注射胶液重新进行刮平压实。裱贴前应尽量把墙上的插座、开关卸下来，裱贴后重新安装。

壁纸经修整后，花纹、图案应整齐对称，纸面不能有污点、空鼓、气泡、翘边，目视无胶迹，色泽均匀，表面平整。

#### 4.5.5　油漆涂饰工程施工

油漆的涂饰是一项传统的施工工艺，在现代家庭装饰装修中各种木结构、木制品仍然广泛地应用油漆进行涂饰。由于油漆中所含的成分不同，操作方法也不尽相同，主要有刷涂、擦涂、喷涂等油漆施工工艺。

油漆涂饰施工最主要的是油漆的溶剂挥发性较大，易积聚成为可燃气体，因此要求作业环境通风良好、相对湿度不大于30%，并严格禁止烟、火的使用。

施工地点如没有玻璃，应有防风措施。施工前应涂饰作业样板，经有关质量部门鉴定合格方可进行大面积施工。作业环境必须干净，基层表面的油脂、灰浆、磨屑等要铲平，清理干净后用砂纸磨一遍，木茬、毛刺要磨掉，虫眼、钉孔均用腻子补平，其顶棚、墙面等湿作业完工并已干燥。

(1)油漆刷涂

油漆刷涂是用各种漆刷把油漆刷涂在木结构、木制品表面,根据不同的油漆材料和不同的环境条件变化,其刷涂施工工艺也略有区别。

醇酸清漆的施工

醇酸清漆是家庭装饰装修中常见的一种油漆刷涂施工,主要材料有醇酸清漆、底漆、醇酸稀释剂,以及各种着色、填充材料,如颜料、石膏粉、大白粉、抛光材料有上光蜡等。

醇酸清漆刷涂施工的工具有毛刷、刮板、排笔、容器、擦布、砂纸、纱布等。二醇酸清漆刷涂施工方法醇酸清漆刷涂主要有刷涂底漆、刷涂面漆等工序。

1)刷涂底漆首先在已经过基层处理的木质表面用毛刷刷底漆,涂刷时要均匀一致,不可漏刷。底漆可使用稀释的硝基清漆、漆片,或用光油、清油、松节油按比例拌合成。

底漆干燥后需要用砂纸打磨底漆表面,并随时将打磨处的粉尘清扫掉并用湿布擦净,接着满刮第二遍腻子。第二遍腻子中应适当加些醇酸清漆,调配得稍稀些,用刮板刮光、刮平,干燥后再用0号砂纸打磨并清理干净。

2)刷涂面漆底漆清理干净后开始刷第一遍加入适当的醇酸稀释剂的醇酸清漆,涂刷时须注意横平竖直,不能产生流挂和漏刷。待漆膜干透后,可以用细砂纸进行打磨,使漆膜表面平滑,清扫浮尘后用湿布擦净,如发现有不平之处,应及时复补腻子并再次砂磨平滑,用湿布擦净。刷第二遍醇酸清漆时可以不加醇酸稀释剂,刷涂时最好与第一遍油漆的涂刷方向垂直。第三遍醇酸清漆的刷法与第二遍相同。每遍漆刷涂间隔时间,应以前一遍漆表面已经干固为准,一般夏季约为6h,春秋季为12h,冬季为24h左右。一般木结构、木制品只要涂刷2~3遍即可满足要求,特殊情况应按照设计需要进行。

油漆表面的打磨应尽量用320号水砂纸在油漆表面刷水,用肥皂涂抹后打磨,打磨后要达到平整,光洁,要注意不得磨损棱角,用湿抹布擦净。

(2)油漆擦涂

油漆擦涂施工是传统施工工艺,一般是以天然树脂漆和硝基清漆为主,在现代家庭的装饰装修中主要适用于家具和高档木制品的装饰施工。

1)擦涂施工准备　擦涂施工一般需要准备虫胶漆片、硝基清漆等漆料,信纳水、酒精等稀释剂,以及各种石膏、大白粉等填充材料、颜料。虫胶清漆底漆要在容器内根据需要加入一定的酒精稀释剂把干漆片溶解,经过24h后才能使用。使用虫胶清漆底漆时,加多少可根据操作者的使用经验决定。盛放底漆的容器,须用瓷器或玻璃器皿;使用的排笔,应先用酒精清洗,然后用手指捋去酒精,把笔毛理顺、理齐,多余的毛清理掉备用。

擦涂施工的工具有腻子刮板、排笔、棉丝、纱布、砂纸等。

2)擦涂施工方法

擦涂施工工艺流程　有基层处理→着色→刮腻子→刷底漆→补色→刷涂硝基清漆→擦涂→抛光上蜡。

($a$)基层处理　擦涂施工基层处理相对比较严格,首先用腻刀把表面的尘土和油污彻底清除干净,用砂纸打磨至现出木材原色为止。对阔叶树的材质,由于棕眼等孔洞较大,所以可以用热水刷一遍使其毛刺膨胀出来,然后再用砂纸彻底打磨干净。面积较大的可用木块包上砂纸顺着木纹方向打磨,使其平整光滑,最后清扫干净。

(*b*)着色　着色时可根据设计要求和木材情况适当选择颜料或颜色，加入少量的水后搅拌成较稀的糊状物，然后用棕刷蘸水粉刷一遍，面积不宜过大，用抹布蘸水粉来回多次擦抹木材表面，有棕眼的地方要注意擦满棕眼，使制品表面着色均匀。因为粉内有颜色，用抹布蘸水粉擦抹可逐块表面分段进行，较大的面需一次完成，以保证一个面上的色彩一致，擦抹后应立即用干净的抹布将木材表面上多余的水粉擦干净，较小的局部擦不干净，可用竹片或小木片刮干净。

(*c*)刮腻子　腻子用纤维素胶或桐油加大白粉、颜料调配成各种腻子，然后将木制品有缺陷的部位刮平并打磨，腻子干透后用1号砂纸打磨平整光滑，这是最关键的一道工序，必须做到木纹清晰，棱角打磨不损。

(*d*)刷底漆　第一遍虫胶清漆底漆浓度为20%，第二遍虫胶清漆底漆配比为漆片:酒精=1:5。底漆能起到封固底色的作用，一般只要刷涂2~3遍即可。刷底漆时，先用排笔尖部蘸少许底漆液，在容器边缘轻轻挡一挡，使笔毛所含底漆液饱满而又不滴淌，蘸漆量多少要适当，然后顺着木纹方向来回涂刷，每次应从中间位置起笔，向两端往返涂刷，每次下笔应与前次涂刷笔迹吻合，不要重叠，起笔动作要轻、快，边棱上的漆油必须马上擦掉，饰面上漆油如有流淌的应马上用笔顺刷，以免颜色、漆层重叠，留有痕迹。

(*e*)补色　底漆干后，如木材表面漆膜颜色不一，必须进行补色，色浅的地方用底漆加颜料调配修补，修补切不可一次加色很多，以免颜色过深造成颜色不均。色深的地方用底漆加立德粉或浅色颜料修补。较小面积用毛笔，大面积用排笔修补，要求颜色涂布均匀即可。当确认颜色已符合要求后，再涂刷一遍底漆，封固已确定的色彩，保护色彩表面不受到后续工序的影响。最后用较旧的砂纸均匀地打磨表面，并用干抹布将木制品表面清理干净。

(*f*)刷涂硝基清漆　硝基清漆的刷涂一般为3~5遍，刷涂第一遍硝基清漆可适当稠一点，稀释剂(信那水)可少加一些，采用1:1~2的比例调配。第二遍硝基清漆，稀释剂可适当多加点，比例为硝基清漆:稀释剂=1:3。第三遍硝基清漆，稀释剂可与第二遍相同也可略多点，这样便于涂刷，以免由于漆稠，排笔拉不开，出现鱼鳞状漆面。每刷一遍硝基清漆，大约20~30min后干燥。刷涂硝基清漆漆膜干燥后需用240~300号水砂纸蘸肥皂水全面湿法打磨，随后用抹布揩干净。

(*g*)擦涂　擦涂是最主要的一道工序，首先用软纱布包裹上棉球，做成纱布袋，蘸着较稀释的硝基清漆，用手指挤出多余的部分，然后顺木纹揩涂几遍，接着在同一表面上采用画圈涂饰法，即用蘸漆棉球以圆圈状的运动揩擦。画圈涂饰要有一定规律，应使棉球在木制品表面上边旋转边顺木纹方向以均匀的速度移动，从木制品表面的一端擦涂到另一端。要求旋转圆圈的大小一致，从头擦到尾连续运行。在整个木制品表面按同样大小的圆圈擦过几遍后，圆圈直径可逐渐增大。棉球擦涂与棉球擦涂轨迹如图4-86~图4-87所示。

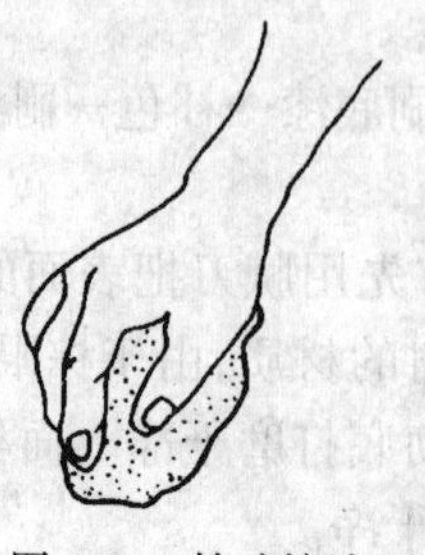
图4-86　棉球擦涂图

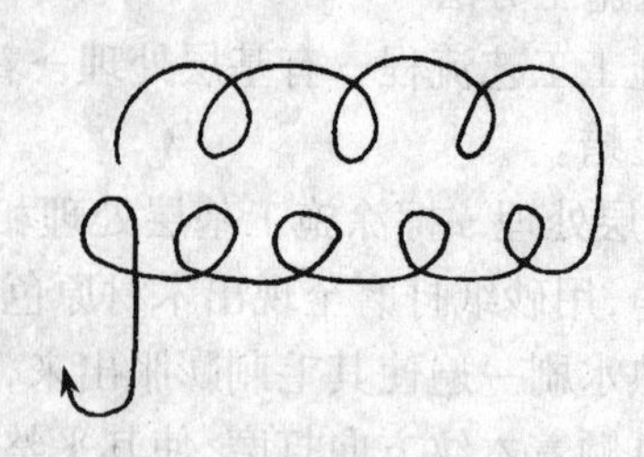
图4-87　棉球擦涂轨迹

在擦涂过程中用力要均匀，动作要轻快，棉球初接触漆膜表面后应立即呈滑动的姿势，棉球要随时均匀地捏挤出硝基漆液。随着棉球中漆液的消耗，手中逐渐加大压力，棉球中浸蘸的漆液已耗尽时要重新浸蘸漆液，棉球浸蘸漆液的提起或放下动作不应作直上直下的垂直运动。蘸漆后棉球底部多余的漆用拇指捋净，继续擦涂，浸蘸的漆液最好赶在棉球擦到零件端头或一个表面擦完一遍。

在整个擦涂过程中，棉球要平缓连续移动，不要无规则地乱擦，也不能固定在一小块地方来回擦，更不能太缓慢或中途停顿，否则会引起原来涂层的局部溶解，或使棉球与原来的涂层粘结起来，从而破坏涂层。

画圈涂饰法在加厚涂层的同时，能把漆液擦入表面所有凹处以及木材管孔里，同时能形成平滑均匀涂层，但是连续涂擦几十遍后，可能留下画圈涂饰涂痕，这时还要采用纵横擦涂或顺木纹直涂的方法再擦数遍，以求消除曲形涂痕。经过刷涂、画圈涂饰、纵横直涂等几十遍，涂层看起来比较平整，管孔饱满，涂层中积累了相对较厚的漆膜，这时可结束第一回合擦涂。第一回合擦涂结束后，要使木制品静置一段时间，使涂层在常温条件下彻底干燥，然后漆膜要经过用 280 或 320 号水砂纸湿磨，也可以用 0 号或 1 号旧木砂纸干砂磨，高级木器则采用 280 ~ 400 号水砂纸湿磨，才能继续进行第二回合擦涂。一般来说，装饰质量要求越高，静置时间应越长。

擦涂第二回合硝基清漆与前次擦涂的过程基本相同，所用漆液粘度要低，棉球的含漆量要比第一次少，用力要比前一次重些，每一次擦的时间应短些。擦涂的目的在于填平前次漆膜形成的渗陷不平，适当增加涂层的厚度。一般在圈涂几遍之后，即可以顺木纹擦涂，漆膜达到所需的一定厚度，漆膜平整，没有渗陷就可以结束第二回合擦涂。硝基清漆擦涂遍数可以根据制品的质量和设计需要确定，最多可以达到几百遍。

擦涂后也应经过较长时间的静置干燥，待涂层充分干燥后(大约 2 ~ 3h)，用 400 号水砂纸蘸肥皂水湿磨，要磨至涂层光滑平整，表面出现乌光为止。

(*h*)抛光、上蜡木制品擦涂后可用砂蜡进行抛光，抛光时应在砂蜡内加入少量的煤油，再用干净纱布蘸调配制的砂蜡在木制品表面上涂擦，只要蜡不显干燥现象，就可尽量反复涂擦，但不能增加蜡的厚度，然后用棉纱或干净软布擦除浮蜡。

上蜡方法与漆膜抛光基本相同，擦蜡要擦至木制品漆膜表面上闪闪发光为止，这时漆膜光亮、润泽、丰厚，抛光、上蜡作业结束。

(3)油漆喷涂

油漆喷涂施工是随着现代机械化的发展而产生的，它是一种新型的油漆涂饰工艺，并得到广泛的应用。在家庭装饰装修中应用较多的是空气喷涂。

机械化喷涂方法的主要特点是施工效率高，比手工刷涂高 8 ~ 10 倍，涂饰质量好，劳动强度较低，相对减轻了涂料与溶剂对人体的危害。

空气喷涂法是利用压缩空气，经过喷枪将涂料吹散、雾化沉积到被涂饰表面上，形成完整的漆膜，这种方法几乎适用于所有的涂料，如各种清漆、色漆等，尤其喷涂大面积的木制和金属制品更加快速有效。所以，空气喷涂法可涂饰各种形状的制品，是适应性较强、应用广泛的一种涂饰技术。

但是空气喷涂的原料浪费较大，由于雾化得很细，一次喷涂的涂层厚度较薄，需要多次喷涂才能达到一定厚度，漆雾在通风不良的情况下，容易引起火灾。

空气喷涂与其他涂饰方法不同，除了要准备相应的喷涂材料以外，还要准备相应的喷涂工具与设备，如喷枪、空气压缩机、连接管线等。

油漆喷涂的方法与涂料喷涂方法基本一样，只是将涂料换成油漆，但在喷涂作业中，需注意漆料与环境对喷涂的影响因素。

1)油漆黏度与空气压力油漆喷涂时，要时刻注意空气压力要与涂料黏度相适应，喷涂前先要检查空气压力是否合适，油漆黏度高，空气压力需大些，否则喷涂困难，雾化不均匀，漆膜粗糙，呈橘皮状不平。油漆黏度低，空气压力不应过高，不然也会造成强烈漆雾，或在漆膜表面产生流挂。可以观察压力表的读数，一般条件下空气压力为0.2~0.4MPa。喷涂硝基清漆和油性漆时常选用0.35MPa，而喷涂醇酸漆与染料水溶液等常选用0.25~0.3MPa较为适宜。压力漆桶中所需空气压力的大小，需随涂料品种、黏度以及输漆软管长度和截面积进行调整。

由于空气喷涂的涂料黏度一般要比手工刷涂低，使油漆固体分含量也低，因此黏度不可过低，否则涂层薄，喷涂遍数多。

2)喷枪移动　速度、距离要均匀喷枪喷嘴移动的速度与被喷涂表面的距离，会对漆膜的质量产生影响。当喷涂距离过远、移动的速度过快时，涂料喷到制品表面，溶剂已挥发了许多，涂料黏度增稠，涂层流平性变坏，会造成制品表面呈橘皮与颗粒状。反之当距离过近时，会影响喷涂效率，容易引起流挂、起皱、涂饰表面不均匀，应经过反复试喷后确定最适宜的喷涂距离。

在操作过程中应严格保持经确定的喷涂距离，使喷嘴对着制品表面始终保持垂直状态平行移动。在喷涂较大制品表面时，注意避免喷枪作圆弧形移动，否则会造成喷涂的不均匀。

## 课题6　细　部　工　程

### 4.6　细部工程内容

细部工程包括窗帘盒、楼梯栏杆、楼梯扶手、踢脚线等，如图4-88~图4-91所示。

图4-88　暗窗帘盒

图4-89　木扶手玻璃栏杆

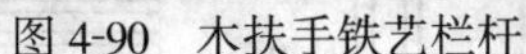

图 4-90　木扶手铁艺栏杆

图 4-91　窗帘杆

4.6.1　窗帘盒

窗帘盒是安装窗帘轨道,遮挡窗帘上部的安装结构。分明装式和暗装式两种。明装式主要用于无吊顶房间,常用木料或细木工板现场制作,也有塑料制成品窗帘盒。也可用木窗帘杆。窗帘盒里悬挂窗帘的方法可采用木棍、钢管或铁筋,应用较多的是窗帘轨道。轨道有单轨、双轨及三轨,拉动窗帘的方法有手动和电动。

(1)明装式窗帘盒　这种窗帘盒由面板、顶板和两块侧板组成,板件之间的接合可采用榫接合,也可采用带胶的钉接合,它由木板或细木工板制成单体,用角钢或木枋固定在窗顶的墙面上。还有一种是垂挂顶幔的窗帘,可不设窗帘盒,用木枋和夹板制成顶幔支架,支架和顶幔组合也起到窗帘盒的作用。

(2)暗装式窗帘盒　这种窗帘盒用于有吊顶的房间,常见的有内藏式和外接式。内藏式是在吊顶施工时一起做好,在窗顶部位的吊顶处做出一条凹槽,在槽内安装窗帘轨道即可。外接式用于平面吊顶房间,在窗顶的平面吊顶上做一条贯通墙面的长板,窗帘轨道装在板后的吊顶上。窗帘盒常见结构如图 4-92 所示。

(3)窗帘盒的安装　窗帘盒可用各种实木、细木工板及小滑轮、钢管、窗帘轨道、钢件等制成。施工方法有定位、安装固定件、安装窗帘盒等工序。定位是按设计要求和窗帘盒尺寸,在窗顶墙面上,画出窗帘盒位置线和角钢固定孔位置,将角钢用木螺钉固定在窗帘盒顶面的两端。如果一墙面有几个窗帘盒,要拉通线,统一标高。

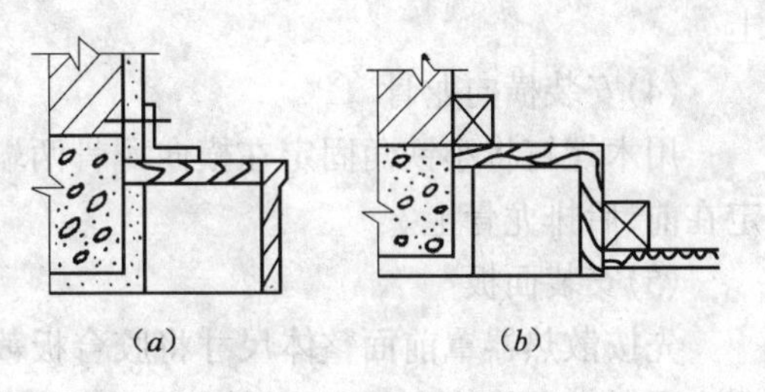


图 4-92　窗帘盒常见结构

(a)明装式窗帘盒;(b)暗装式窗帘盒

安装固定件是在墙面上固定点位置钻孔,置入膨胀螺栓或木楔,最后用膨胀螺栓将窗帘盒上的角钢固定在墙面上,或用木螺钉将窗帘盒上的铁角固定在木楔上。如用木枋作固定件,可用钉子将窗帘盒顶板钉固在木枋上。

暗装式窗帘盒应在吊顶施工中按要求一起完成。

4.6.2　散热器罩

散热器罩是遮挡散热器和管道的安装结构,使室内整洁,增加装饰效果,但必须保证正常通风散热。通常散热器罩都是用木料现场制作安装,它由内部木龙骨、面板、通风窗组成,为保证散热器的正常维修调试，还设置维修口。

内部龙骨架可由 30mm×40mm 固定在墙上的后排靠墙龙骨、通过两侧的竖向龙骨固定在侧墙上的前排龙骨，以及连接前、后排龙骨的横向龙骨组成。面板可采用胶合板，在散热器位置开有通风窗，通风窗有百叶窗型和各种花饰型，有成品件，也可自制。在散热器阀门、接头处设可开启的维修口。散热器安装结构如图 4-93 所示。

散热器罩安装要在散热器管道安装完工，并检查合格后，表面防锈处理作完后才可施工。

散热器罩施工方法有弹线定位、安装后排龙骨、安装前排龙骨、安装横向龙骨、安装面板、安装通风窗、维修口、安装踢脚板等工序。

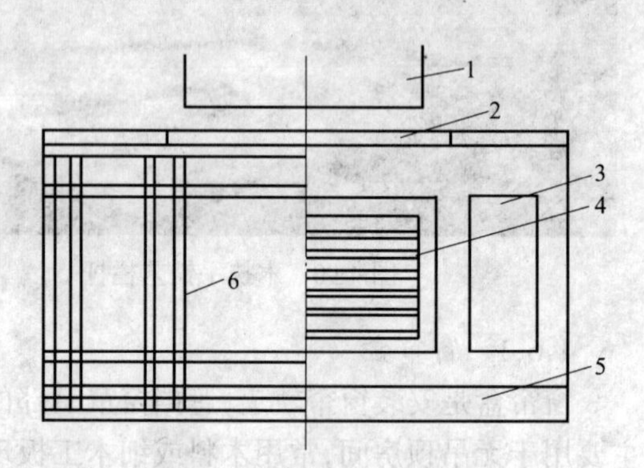

图 4-93　散热器罩安装结构

1-窗；2-台板；3-维修口；4-通气窗；5-踢脚板；6-木龙骨

(1)弹线定位

在墙面上画出后排龙骨的位置线，并确定固定点位置，在地面和侧墙画出前排龙骨位置线，并标出通风窗、维修口位置。通风窗如用成品件，安装口尺寸要与成品件规格一致，维修口要保证常用维修工具的正常使用。

(2)安装后排龙骨

在墙上固定点处钻孔，置入膨胀螺栓或木楔，用膨胀螺栓或钉子按弹线位置将后排木龙骨固定在墙上。

(3)安装前排龙骨

先将前排龙骨在地上组装成片，交叉处可采用刻槽接合，用钉钉牢。将组装好的前排龙骨立在弹线位置上，检查其垂直度和纵向平行度，调整合格后，将两侧边龙骨固定在侧墙上。

(4)安装横向龙骨

用木螺钉将小铁角固定在横向龙骨两端，再将横向龙骨两端的小铁角用木螺钉分别固定在前、后排龙骨上。

(5)安装面板

先按散热器罩前面整体尺寸将胶合板裁好，如有接缝，必须搭放在木龙骨上。在胶合板画出通风窗和维修口轮廓线，按线裁开，裁口要顺直整齐，裁下的板可作维修口用，在前排龙骨正面上涂胶，将裁好的胶合板用扁钉钉在前排龙骨上并冲入板内。

(6)安装通风窗、维修口、通风窗口

周边钉木线条作档口，将通风窗装入面板上的洞口处，缝隙大小要恰当，使通风窗装入后能卡紧，又能取下。维修口用木枋制成木框，再铺贴胶合板，外廓尺寸要与对应的洞口尺寸相配合，安装方式与通风窗一样，也可采用卡装。

(7)安装踢脚板

散热器罩与地面交接处要装踢脚板，将踢脚板钉在散热器罩下面的木龙骨上，散热器罩与两面侧墙处用木线条压缝。

### 4.6.3 楼梯扶手

目前,市场各种各样楼梯扶手,有不锈钢栏杆木扶手、铁艺栏杆木扶手、木栏杆木扶手、玻璃栏杆木扶手都为成品,只要现场组装即可,如图4-90、图4-91所示。

楼梯扶手是作为上下楼梯时的辅助构件,它有两种主要类型:一种是与楼梯组合安装的栏杆(或栏板)扶手,一起作为上下楼梯时的安全设施,而且具有很强的装饰性;还有一种是没有栏杆(或栏板)的靠墙扶手。扶手由起步段、直线段和折弯段等组成,扶手必须做到光滑、美观、手感舒适,并具有可靠的牢固性。木扶手的断面形式如图4-94所示。

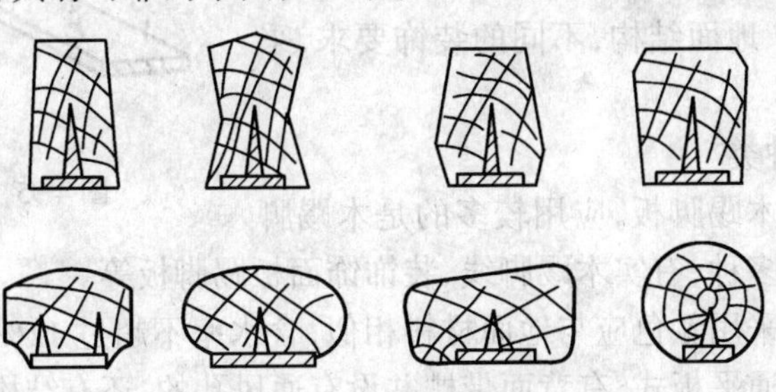

图4-94 木扶手断面形式

木扶手一般采用表面颜色一致,纹理顺直,没有腐朽、节疤、扭曲、开裂等缺陷,含水率不超过12%,质量较好的硬杂木加工制作。

楼梯扶手安装前,楼梯踏脚、踢脚和楼梯栏杆(或栏板)或靠墙扶手的固定件应安装完。

(1)弹线、分段检查

栏杆或栏板上部的扶手固定件和固定靠墙扶手的预埋件的标高、位置和坡度等,发现有不符合扶手安装施工的应进行校正和修理,在栏杆(或栏板)顶面(扶手固定件)或靠墙扶手位置处弹出扶手中心线,检查固定件上固定孔的位置和数量,发现问题要进行校正或重新钻孔。在栏杆(或栏板)顶面上画出各段的分段位置。

(2)配件制作

扶手由起步段、直线段和折弯段构成,根据分段位置确定各段尺寸,各段的截面形式、纹理、颜色都应一致。起步段弯折较小,端头一段应呈水平状态,尾端与直线段坡度相同,折弯段可做成中间水平两端分别与上下直线段坡度一样,也可做成鹅颈式的,前者省工省料,但所占空间较大,后者与其相反。接头要作榫接合,接头要牢固、严密、平滑,扶手下面刻槽,槽口应与栏杆(或栏板)上部的铁板紧密卡装。

(3)预装木扶手的安装

要先进行预装,经检查调整合格后,方可固定安装,如有较大问题,要拆下修理后再进行安装。

预装可由下向上进行,先将起步段和第一跑扶手的折弯段装上,不要固定,在接头处涂好胶粘剂,再将涂好胶的直线段装上,使接头接缝严密,检查各段间有无错位、扭歪、折弯,发现有问题时要仔细调整修理。

(4)固定

预装检查合格后,用木螺钉将扶手固定在栏杆(或栏板)上部的固定钢板上,应在扶手固定点处先钻孔,然后拧紧木螺钉。扶手固定结构如图4-95所示。

(5)修整

安装好的木扶手,在折弯处和接头处可能有不平顺,可用木锉锉磨,使接缝处平整光滑,折弯处折线型清晰整洁,坡度合适,弯曲自然,最后用砂纸打磨平滑。

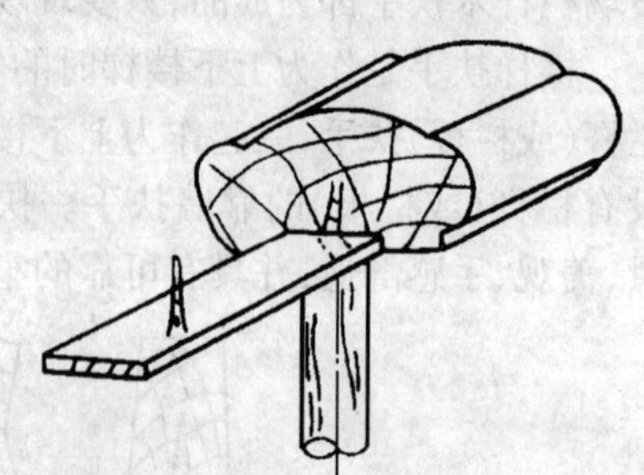
图 4-95 扶手固定结构

4.6.4 踢脚板

房间的四周地面墙角处应设置踢脚板,它作为墙面和地面饰面做法,既能遮盖交接处的缝隙又能增加装饰效果。不同的墙、地面结构,不同的装饰要求,采用的踢脚板也不同。

(1)常见踢脚板种类

有塑料踢脚板和木踢脚板,应用较多的是木踢脚板。木踢脚板也有很多种,有实木踢脚线、装饰饰面板踢脚板等。

实木踢脚板经常采用颜色应与地面材料相似,含水率不超过 12%的松木或硬杂木。踢脚板的断面形状有普通平板式,有背面带槽并设有通风孔的,还有结构较复杂的企口踢脚板等。实木踢脚板一般高 120mm、厚 20mm,厚夹板的一般厚度为 9~15mm,木线条应顺直,无节疤、裂缝等缺陷。为提高其保护性和装饰性,踢脚板的上端和下端常常还设置木线条。踢脚板结构如图 4-96 所示。

饰面板踢脚线构造如图 4-97 所示。

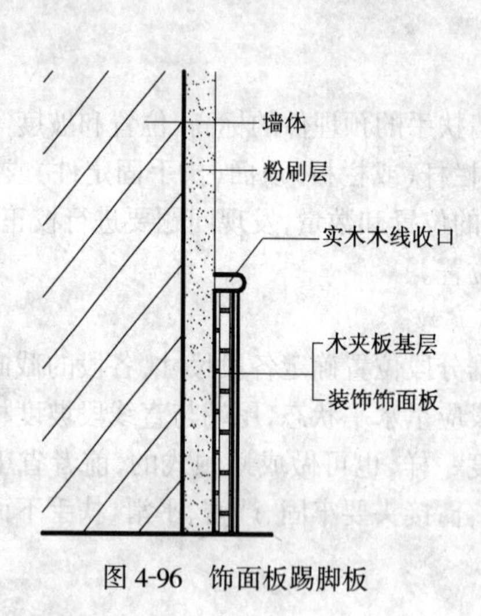

图 4-96 饰面板踢脚板

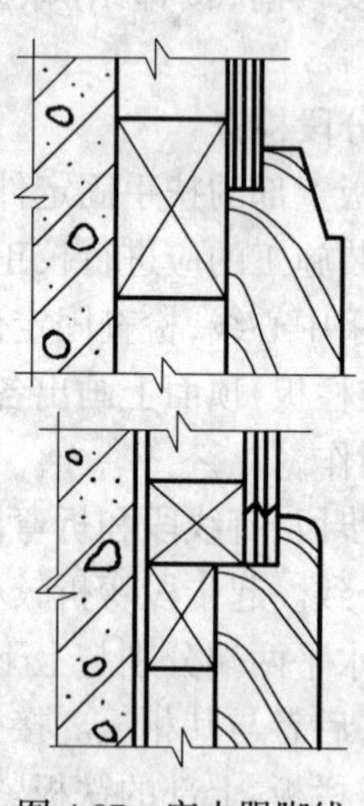
图 4-97 实木踢脚线

(2)施工技术

施工工艺流程

踢脚板的安装必须在墙面和地面装饰施工完成之后。

实木踢脚板施工工艺流程:清理基层→弹线→设固定点→安装踢脚板→钉木线条。

装饰木夹板面施工工艺流程:清理基层→弹线→设固定点→安装基层板→安装面层板→钉木线条。

1)弹线

在墙上弹画出踢脚板上口水平线,在地面上弹画出踢脚板厚度的边线。

2)设固定点

如墙上已预埋固定踢脚板用的预埋木砖,可用作固定使用。如没有预埋木砖,应使用冲击钻在墙上钻孔,置入木楔,作为踢脚板安装的固定点,其间距为400~700mm。

3)安装踢脚板

将踢脚板正面朝外靠紧在墙角处,检查其水平度和垂直度,合格后,用钉子将其固定在墙上的木砖或木楔上,接头应在木砖或木楔上,接头锯成斜口,采用45°斜接,接头处上下都要用扁钉固定并冲入板内。

4)钉木线条

在踢脚板上面钉木线条,既可压盖踢脚板与墙面的缝隙,又增加了踢脚板的装饰性,将木线条紧压墙面和踢脚板上,用钉子将其钉在踢脚板和地面交接处。

# 课题7 施工组织设计的概念、作用、任务、分类

## 4.7 施工组织设计

### 4.7.1 建筑装饰装修工程施工组织设计的概念

建筑装饰装修工程施工组织设计,是用来指导建筑装饰装修工程施工全过程各项活动的一个经济、技术、组织等方面的综合性文件。

组织某一项住宅建筑的装饰装修工程的全部施工活动,必须有一个周密而详细的施工计划方案。项目施工前,必须进行详细的调查了解,搜集有关资料,掌握工程性质和施工要求,结合施工条件和自身状况,拟定一个切实可行的工程施工计划方案。这个计划方案就是建筑装饰装修工程施工组织设计。

### 4.7.2 建筑装饰装修工程施工组织设计的作用

建筑装饰装修工程施工组织设计是建筑装饰装修工程施工前的必须准备的技术性工作之一,它包括施工的计划、劳动力及机械设备的安排、材料的需求计划、生产工艺及保证措施等,是合理组织施工和加强施工管理的一项重要措施。它对保质、保量、按时完成整个建筑装饰工程具有决定性的作用。

其作用主要表现在以下几个方面:

(1)建筑装饰装修工程施工组织设计是沟通设计和施工的桥梁,也可用来衡量设计方案的施工可能性和经济合理性。

(2)建筑装饰装修工程施工组织设计对拟装饰工程从现场施工准备到竣工验收全过程的各项活动起指导作用。

(3)建筑装饰装修工程施工组织设计是现场施工准备工作的重要组成部分,对及时做好各项施工准备工作起到促进作用。

(4)建筑装饰装修工程施工组织设计是协调现场施工过程中各工种之间、各种资源供应之间的合理关系的指导性文件。

(5)建筑装饰装修工程施工组织设计是对现场施工活动实行科学管理的重要手段。

(6)建筑装饰装修工程施工组织设计是编制工程概算、预算和决算的依据之一。

(7)建筑装饰装修工程施工组织设计是施工企业整个生产管理工作的重要组成部分。

(8)建筑装饰装修工程施工组织设计是编制施工作业计划的主要依据。

(9)建筑装饰装修工程施工组织设计是编制材料使用计划的重要依据。

### 4.7.3 建筑装饰工程施工组织设计的任务

建筑装饰工程施工组织设计的根本任务,就是根据建筑装饰工程施工图纸和设计的要求,从物力、人力、财力、空间等诸要素着手,在组织劳动力、专业协调、空间布置、材料供应和时间安排等方面,进行有计划的、科学的、合理地部署,从而达到在时间上能保证速度快、工期短,在质量上能做到精度高、效果好,在经济上能达到消耗少、成本低、利润高等目的。

### 4.7.4 建筑装饰工程施工组织设计的分类

建筑装饰工程施工组织设计是一个总的概念,根据建筑装饰工程的规模大小、结构特点、技术复杂程度和施工现场的条件不同,建筑装饰工程施工组织设计通常又划分为三大类:即建筑装饰工程施工组织总设计、单位建筑装饰工程施工组织设计、分部(分项)建筑装饰工程施工组织设计。

(1)建筑装饰工程施工组织总设计

建筑装饰工程施工组织总设计是以民用建筑群以及结构复杂、技术要求高、建设工期长、施工难度大的大型公共建筑和高层建筑的装饰为对象编制的。它是对整个建筑装饰工程在组织施工中的全盘规划和总的战略部署,是编制单位建筑装饰工程和编制年度施工计划的依据。本书只作简单的介绍。

(2)单位建筑装饰工程施工组织设计

单位建筑装饰工程施工组织设计是以一个单位工程或一个不复杂的单项工程的装饰项目为对象编制的。由直接组织施工的单位编制。它是单位建筑装饰工程施工的指导性文件,并作为编制季、月、旬施工计划的依据。

(3)分部(分项)建筑装饰工程施工组织设计

分部(分项)建筑装饰工程施工组织设计是以某些主要的或新结构、技术复杂的或缺乏施工经验的分部(分项)工程的装饰项目为对象编制的。它是直接指导现场施工和编制月、旬作业计划的依据。具有极强的操作性。

对于不同结构、不同房型的住宅建筑的装修工程,其施工组织设计不一定很复杂,但是一定要有。户主只有根据施工单位的施工组织设计才能大致的了解整个工程的进度、质量、投资和材料供应等情况。才能做到心中有数,从而掌控整个工程。

### 4.7.5 施工组织设计的内容

不同的建筑装饰工程,有着不同的施工组织设计。建筑装饰工程的施工组织设计同土木建筑工程的施工组织设计基本一样,应根据工程本身的特点以及各种施工条件等来进行编制。

其内容主要包括以下几个方面:

(1)工程概况及工程特点

在编制施工组织设计前,要了解整个工程的大体概况,要弄清业主及设计师的意图。为此,应对工程进行认真分析、仔细研究,弄清工程的内容及工程在质量、技术、材料等各方面的要求,熟悉施工的环境和条件,掌握在施工过程中应该遵守的各种规范及规程,并根据工程量的大小、施工要求及施工条件确定施工工期。为使工程在规定的工期内保质保量地完成,还必须确定各种材料和施工机具的来源及供应情况。

(2)施工方案

选择正确的施工方案,是施工组织设计的关键。施工方案一般包括对所装饰工程的检验和处理方法、主要施工方法和施工机具的选择、施工起点流向、施工程序和顺序的确定、工艺的流程等内容。特别是二次改造工程,在进行装饰之前,一定要对基层进行全面检查,原有的基层必须铲除干净,同时对需要拆除的结构和构件的部位数量、拆除物的处理方法等,均应作出明确规定。由于装饰工程的施工工艺比较复杂,施工难度也比较大,因此在施工前必须明确主要施工项目。例如,地面、墙体、顶棚等的装饰施工方法,在确定现场的垂直运输和水平运输方案的同时,应确定所需的施工机具,此外还应该绘出各种人员进场时间表、设备安装图、排料图等。

(3)施工方法

施工方法必须严格遵守各种施工规范和操作规程。施工方法的选择必须是建立在保证工程质量及安全施工的前提下,根据各分部(分项)工程的特点,确定具体施工方法。对于整幢楼住宅室内装饰,如顶棚、墙面、楼地面等,首先应作出样板间进行实样交底。业主满意后方可大范围施工。

(4)施工进度计划

施工进度计划应根据工程量的大小、工程技术的难度及特点和工期的要求,结合确定的施工方案和施工方法,预计可能投入的劳动力及施工机械数量、材料、成品或半成品的供应情况进行综合安排。编制施工进度计划的具体步骤如下:

1)确定施工顺序

按照建筑装饰工程的特点和施工条件等,处理好各分项工程间的先后施工顺序。

2)划分施工过程

施工过程应根据工艺流程、所选择的施工方法以及劳动力数量来进行划分,通常要求按照施工的工作过程进行划分。对于工程量大、相对工期长、用工多等主要工序,应仔细划分;其余次要工序,可并入主要工序。对于影响下道工序施工和穿插配合施工较复杂的项目,一定要细分、不漏项;所划分的项目,应与建筑装饰工程的预算项目相一致,以利于整个工程竣工后便于编制决算。

3)划分施工段

施工段要根据工程的结构特点、工作量以及所能投入的劳动力、机械、材料等情况来划分,以确保各专业工作队能沿着一定顺序,在各施工段上依次并连续地完成各自的任务,效率高、不窝工,使施工有节奏地进行,从而达到均衡施工、缩短工期、合理利用各种资源之目的。

4)计算工程量

工程量是组织建筑装饰工程施工,确定各种资源的数量供应,以及编制施工进度计划,进行工程核算的主要依据之一。工程量的计算,应根据图纸设计要求以及有关工程量计算规定来进行。

5)机械台班及劳动力的安排

机械台班的数量和劳动力资源的多少,应根据所选择的施工方案、施工方法、工程量大小及工期等要求来确定。要求既能在规定的工期内完成任务,又不产生窝工现象。

6)确定各分项工程或工序的作业时间

要根据各分项工程的工艺要求、工作量大小、劳动力及设备资源、总工期等要求，确定各分项工程或工序的作业时间。

(5)施工准备工作

施工准备工作，是指整个装饰工程开工前或每个分部分项工程的开工前的施工准备工作，主要包括技术准备、现场准备以及劳动力、施工机具和材料物资的准备。其中，技术准备主要包括熟悉与会审图纸，编审施工组织设计，编审施工图预算，以及准备其他有关资料等；现场准备主要包括结构状况，基底状况的检查和处理，生活临时设施的搭设，以及水、电管网线的布置等。

(6)施工平面图

施工平面图主要表示单位工程所需各种材料、构件、机具的堆放，以及临时生产、生活设施和供水、供电设施等合理布置的位置。对于局部装饰项目或改建项目，由于现场能够利用的场地很小，各种设施都无法布置在现场，所以一定要安排好材料供应运输计划及堆放位置、道路走向等。住宅装饰工程视其工程量的大小可画可不画。

(7)主要技术组织措施

主要技术组织措施包括两大块：

第一块是保证工程质量的措施。其内容包括：*A*. 加强技术管理措施；*B*. 做好进口材料的质量保证措施；*C*. 加强材料管理措施；*D*. 加强工种之间的衔接配合；*E*. 工程质量验收标准。

第二块是施工安全措施。

(8)主要技术经济指标

技术经济指标是对确定的施工方案及施工部署的技术经济效益进行全面的评价，用以衡量组织施工的水平。一般用施工工期、劳动生产率、质量、成本、安全、节约材料等指标表示。

# 课题 8　住宅装修质量验收标准

## 4.8　住宅装修质量验收标准

为提高和保证工程质量，不断提高施工队伍的技术水平，在家居装修施工中应严格按照质量要求进行操作，达到质量验收标准。验收标准分一般项目和主控项目。一般项目主要从观感方面，保证美观要求。主控项目主要是从质量方面考虑，考虑结构安全。

在工程质量验收中，严格执行《建筑装饰装修工程质量验收规范》GB 50210—2001 中的验收标准。

# 实　训　课　题

1. 实训目的

通过实例的练习，掌握住宅建筑室内装饰装修工程的施工组织设计的编制方法和施工技术。

2. 实训条件

①请编制本教材单元1实训课题1(一室一厅)该住宅建筑装饰装修工程的施工组织设计。

②在校内实训基地工具场实施(根据条件确定实训具体内容)。

3. 实训内容和深度

①要求编制该住宅建筑装饰装修工程的施工组织设计,需用$A_4$纸打印成册。

②通过现场实训,掌握基本装饰施工技术。

## 思考题与习题

1. 何为住宅建筑装饰装修工程施工组织设计?有何作用?
2. 装修工程施工组织设计的概念、任务、作用是什么?
3. 举例说明施工技术的重要性。

# 单元5 住宅设备的安装与室内装饰装修施工的协调、配合

住宅室内环境设计是主体设计工作的延伸和细化,住宅设备是实现住宅内环境设计总体构想的重要手段。现代以信息为主要特征的社会环境里,设备的调和成了住宅的血脉。设备的存在完成了居家以人为本的核心思想。现代住宅的特点是寻求人类高度聚居状态下的情感、生理、心理、体表的舒适度,这一切都需要设备的保障。

## 课题 住宅建筑装饰装修中各种设备的安装与室内装饰装修施工的协调与配合

住宅设备是住宅装修的技术要素,包括给水与排水、电气与照明、采暖与空调、通讯与智能等,它们与建筑空间的其他要素一道,互相依存为住宅装饰增加无穷魅力。

### 5.1 住宅建筑装饰装修中各种设备的选用与安装

住宅建筑装修中的设备大都是成品。在家装中的任务就是把它们安排在住宅中的适当位置,并通过各种管线使它们与各自系统可靠连接并正常工作。单从设备的角度讲,住宅设备首先完成的是设备的功能性,其次才是在住宅建筑装修中的装饰性。在家装的客观实际中,在市场产品如此发达的信息里,不能满足其特定功能性的设备已经没有,在这个前提下,设备的装饰性、通用性、易维护性才是人们真正关注的焦点。

#### 5.1.1 厨卫设备的选用与安装

水是生命之源,在家庭生活中,人渴了要喝水,煮饭洗菜要用水,洗澡清洁需要水,栽花养鱼需要水……太多太多的水的需求。我们不仅需要得到干净的水,而且也需要将不用的脏水排除和进行水的二次运用。在居住建筑装修中,建筑原有的给水与排水系统、中水系统(部分居住建筑有)已经存在,我们的任务是通过管件把我们的用水设备连接入我们的系统,并让它们正常的工作。

在住宅装饰中,最集中的劳作空间是厨房与卫生间,最集中的给水和排水空间也是厨房与卫生间,因此,厨房与卫生间的设备安装就显得特别重要。

(1)厨房设备的选用与安装

1)厨房的组成

一个标准的厨房大致可以分为五个区域:洗菜区、切菜区、备料区、烧菜区、储藏区。相对应的设备有:洗菜盆(水槽)、洗碗机、炉具设备(燃气灶、电磁炉)、电饭锅、微波炉(光波炉)、抽油烟机、消毒柜、厨具挂架、橱柜等。

2)厨房的形式

一套居室一般只有一间厨房。厨房的设备布置形式分为单排式、双排式、岛式等多种方

式。现代住宅由于厨房面积逐渐增大，家庭人口逐渐减少，岛式厨房由于便于就餐和操作，便于家庭的亲情交流，越来越受到人们的青睐。

3)厨房设备的安装

(*a*)厨房设备的安装程序

家用厨具安装是专业性很强的工程项目，其规范的安装程序为：墙、地面基层处理→安装产品检验→安装吊柜→安装底柜→接通调试给水、排水→安装配套电器→测试调整→清理。根据家用厨具的设计不同、工程的复杂程度不同，程序包括的内容也会有变化。

(*b*)厨房设备安装前的检验

为保证安装后的厨具使用安全、方便，在安装前，应对运抵现场的厨具进行检验，检验项目及要求如下：人造饰面板不允许有鼓泡、龟裂、污染、雪花、明显划痕、色泽不均等缺陷；板块、零部件上的钻孔、孔中心位置相对基准边距尺寸偏差不大于0.3mm；抽屉和柜的进深应相匹配、滑轨安装要牢固、尺寸统一、滑动自如；人造板桶身、门扇边部均应进行封边处理；螺钉要拧平、牢固，不得有偏歪、露头、滑扣现象；玻璃门的周边需经磨边处理，玻璃厚度不小于5mm，薄厚均匀，与柜体连接牢固；配件安装完备、严密、端正、牢固，结合处无崩茬、松动、透钉、倒钉、弯钉、浮钉，无少件、漏件现象；铰链、碰珠等启闭配件安装牢固、使用灵活；门扇与柜体缝隙一致，相邻门扇高度一致。

(*c*)厨房设备安装的施工规范

吊柜的安装应根据不同的墙体采用不同的固定方法，后衬挂板长度应为吊柜长度减去100mm，后衬挂板长度在500mm以内的使用2个加固钉，在800mm以内的使用3个加固钉，加固钉长度不得短于50mm。安装时应先调整柜体水平，然后调整铰链，保证门扇横平竖直；吊柜高度应为吊柜底板距地面1500mm以上；上方需加装饰线板时，应保证装饰线板与柜体、门扇垂直面水平；两组吊柜相连，应取下螺钉封扣，用木螺钉相连，并保证两吊柜柜体横平竖直，门扇缝隙均匀。

底柜安装应先调整水平旋钮，保证各柜体台面、前脸均在一个水平面上，两柜连接使用木螺钉。后背板通管线、表、阀门等应在背板划线打孔，以便躲让有关设备，孔侧不得出现锯齿状。

安装洗碗机底板下水孔处要加塑料圆垫，下水管连接处应保证不漏水、不渗水，不得使用各类胶粘剂连接接口部分。

安装不锈钢水槽时，要按水槽的型号尺寸在台面上划线开槽，水槽与台面板的连接要用配好的吊挂螺钉夹紧调平，加密封胶封边，保证水槽与台面连接缝隙均匀，不渗水。

安装水龙头，可直接在不锈钢板上打孔，也可在其他台面上打孔。要求安装牢固，上水连接不能出现渗水现象。

抽油烟机的安装要根据所用抽油烟机生产厂家的说明，注意吊柜与抽油烟机罩的尺寸配合，应达到协调统一。

安装灶台，要注意根据气种选择正确的灶台，安装时要锁紧气管的喉箍，不得出现漏气现象，安装后用肥皂沫检验是否已安装完好。

(*d*)厨房设备安装的验收

厨房设备安装同基层的连接必须符合国家有关标准要求。厨具与基层墙面连接牢固，无松动、前倾等明显质量缺陷，各柜台台面平直，整体台面平直度误差小于0.5mm。各接水口连接紧密，无漏水、渗水现象，各配套用具(如灶台、抽油烟机、洗菜槽等)尺寸紧密，并加密封胶封闭，用具上无密封胶痕。输气管道连接紧密，无漏气现象。灶台符合气种，开关灵活有效，整体厨具安装紧靠基层墙面，各种管线及检测口预留位置正确，缝隙小于3mm。厨具整体清洁，无污染，台面、门扇符合设计要求。配件应齐全并安装牢固。

(*e*)厨房设备安装常见质量问题及处理方法

厨房设备安装主要质量缺陷是同基层连接不牢固、厨具安装不平及同管线交接处缝隙过大等。

①同基层连接不牢固：主要原因是连接件选择不当所致，如果基层是木材和石膏板，应选择木螺钉为连接件；如基材为水泥，则应用膨胀螺栓或塑料胀销；基层为砖墙时，应使用塑料胀销或预埋木砖。

②厨具安装不平稳：除基层地面不平外，主要是未调整厨具的底部旋钮。所以，厨具安装应在厨房地面铺装完工后进行，安装时，应首先调整旋钮，保证柜体水平后才能固定。

③同管线接缝过大：主要原因是在安装时测量不准所致。安装时，要先测量好尺寸后在柜体上弹线，然后再核实尺寸和位置，准确无误后才能裁割。

(*f*)厨房设备安装的工期概算

在基层装修完工的基础上，厨具安装是工期很短的工程项目，3个工人协同作业，每天可安装3延长米左右(一般厨房厨具安装为3延长米左右)，包括安装厨具、连接水、电、气管路。

4)厨房设备的选用

每个家庭有每个家庭的生活习惯，这些习惯导致人们做饭的器具和方式有可能不同，因而厨房设备的选择也是不相同的。厨房设备的选择一般是居家者自己选择、装饰或参考设计人员的建议。厨房设备的选用应遵循以下一些原则：

(*a*)设备的风格与款式与家装的风格相协调。

(*b*)设备的材质与厨房的整体风格相匹配。

(*c*)设备的尺度与橱柜的尺度相一致。

(*d*)设备的种类与样式应适合家庭的自身需求。

(*e*)设备应具有一定的科技含量和发展前景。

(2)卫生间设备的选用与安装

1)卫生间的组成

一个标准卫生间的卫生设备一般由三大部分组成：洗面设备、便器设备和淋浴设备。装修设计要坚持使用方便的原则，使用频率最高的放在最方便的位置。

2)卫生间的形式

卫生间一般分一间式和两间式两种。两间式是把洗面设备与便器、沐浴设备分开独立成间。还有一些家庭布置主、客分隔的双卫生间，客人卫生间一般只安装一个坐便器、面盆和淋浴器。

3)卫生间的给水与排水

一个标准卫生间一般应有五个进水点(三冷两热)，四个排水点。浴缸、面盆、便器各需一个排水管、一个冷水进水管；浴缸、面盆还各需一个热水进水管；卫生间需一个遗水口(即地漏)。

4)卫浴设备的安装

(*a*)面盆的安装:理想的安装高度为800~840mm。台式面盆应配合台板,由于台板大都为天然石材,易碎,一般应在正面台板下立装一块增力裙板,正面装一面镜子。立柱式面盆由于缺少平台,一般在面盆正墙上安装化妆板,便于放置洗理、化妆用品,上方也应有一面镜子。挂式面盆适宜小卫生间的装修,角式挂盆正好可利用卫生间的墙角。

(*b*)便器的安装:理想的安装高度为360~410mm。卫生间排水管道有S弯管的,应尽量选用直冲式便器,选用虹吸式便器后,安装上应留排气孔,使之保持同一气压以达到虹吸效果。便器附近墙上应安装手纸盒。家有老人的卫生间,坐便器附近应安装不锈钢助力扶杆,以方便站起。卫生间安装蹲便器,可选用带存水弯踏式蹲便器,它防滑除臭。选择普通便器,方便安装和地面装饰,可选用前后四角均45°倒角的便器,这样安装后的地面与便器结合部不会有大的间隙。

(*c*)浴缸的安装:理想的安装高度为380~430mm。为简便安装和增加装饰性,可选用带裙板的浴缸。选用浴缸长度一般在1500mm左右为宜。经济较宽松的家庭可选用冲浪按摩浴缸,电动造浪可解除你一天的疲劳。一间式卫生间浴缸外应有沐浴帘,浴缸靠墙方便的地方应安装皂盒,在浴缸靠背方向的上方应安装浴巾架。

(*d*)其他设备的安装:一个标准卫生间应安装换气扇、毛巾杆,地面装饰要防滑。卫生间一般只需一组主光源,安装于镜面上方。经济宽松的家庭,还可在出门处安装红外线烘干机。卫生间应尽量安装暗管道,以保持空间的洁净。内墙面应安装内墙装饰砖,较大的空墙面可安装拼花门架,或不规则的安装几块装饰效果的手工贴花(印花)砖,或在墙面一定高度安装一周腰线装饰砖。

5)卫生间的翻修

(*a*)蹲便器改坐便器,受排水孔限制。改造时,可保持原蹲便器排水孔,另外预埋80mm左右的硬塑管汇水于蹲便器。

(*b*)老式坐便器改新型坐便器。后排水坐便器改换比较方便,前排水坐便器改换时,由于新型坐便器一般排水口后移200mm,可以在便器与墙的间隔处砌上一堵稍高于便器水箱的装饰墙,既可便于安装隐蔽管道,还可提供一个装饰平台放两件工艺品、杂志之类的物品。

6)卫生间的设备的选用

卫生间设备的选用应遵循以下一些原则:

(*a*)设备的风格与款式与家装的风格相协调。

(*b*)设备的材质与卫生间的整体风格相匹配。

(*c*)设备的尺度与卫生间设备的预留安装尺度相一致。

(*d*)设备的种类与样式应适合家庭的自身需求。

(*e*)设备应具有一定的科技含量和发展前景。

家居卫生间最基本的要求是合理地布置"三大件":洗手盆、坐便器、淋浴间,楼房本来已安排"三大件"的位置,各样的排污管也相应安置好了,若非位置不够或安装不下选购的用品,否则,不要轻易改动"三大件"的位置。特别是坐便器,千万不要为了有大洗手台或宽淋浴间而把坐便器位置放至远离原排污管的地方,这样做会后患无穷。"三大件"基本的布置方法是由低到高设置。即从卫生间门口开始,最理想的是洗手台向着卫生间门,而坐便器紧靠其侧,把淋浴间设置最内端。这样无论从使用、功能和美观上讲都是最为科学的。

5.1.2 照明设备的选用与安装

每当夜晚来临的时候,我们从城市的上空俯看万家灯火,正是灯光给了整个家庭与城市的无限生机,正是灯光展示了家装的色彩和图案,材质与造型。设备的参与赋予了家庭太多共享与团聚的理由,给了家庭如此温馨的眷恋,才让住宅成为了人们生活中的一种精神依靠。

居住建筑的这种感觉主要是通过照明方案的设计和照明灯具的选择来完善环境设计,通过布线系统实现功能要求。

在住宅室内环境设计中,为了配合总体设计思想,突出装饰主题和理念,照明方案(包括照度、电光源、配光方式等)的准确选择和照明器具的合理应用,能有效地加强装饰效果,渲染空间的环境气氛。同时,随着各种装饰材料的不断更新以及新型材料的不断涌现,一大批具有装饰表现力的开关,各种用途的终端插座以及其他暴露于室内的电气附件也朝着美观、安全、安装维修方便和多功能的方向发展,既能满足其在电气系统内的功能要求,又能在室内起到一定的点缀作用。

(1)照明设计的步骤

1)针对各种功能照明场所的视觉工作要求以及室内环境情况确定设计照度,使得在该室内进行的各项工作和活动能够舒适自如地进行,并且能够持久而无不舒适感。同时,应注意各房间亮度的平衡。对于较小房间可采用均匀照度,而对于较大房间如果只在中间设一个顶灯,就会使人感到房间变小,如果在墙上增加适量壁灯,就可以消除这种感觉。

2)根据室内装饰的色彩对配光和光色的要求选择电光源和灯具。如果室内装饰色调以红、黄等暖色调为主,则应选择色温较低的光源(如白炽灯),配合一定形式的花灯,产生迷离的散射光线,增加温暖华丽的气氛。在确定光色和照射强度时,还应能够正确显示织物材料表面、壁画、挂画、室内色彩和地毯图案等,这里除了要注意电光源的显色性,必要时还需设置一些射灯,对一些点景物件进行提醒照明。

3)选择照明方式和布置灯具的方案,使室内照明场所形成理想的光照环境。光的照射要利于表现室内结构的轮廓、空间、层次以及室内家具的主体形象。首先确定一种作为普通照明的方案,取得一定的照度,能够满足一定的活动要求,然后针对局部不同的功能要求,选择各种照度和光色以及灯具形式的局部照明。

4)按照最后确定的总体布灯方案,验算室内的照度值,必要时也可在安装完毕后,进行实地测量。这一步容易被忽视。要想达到良好的照明设计效果,此举不可不为。

5)确定照明控制方案和配电系统。设置各种电气插座,并留有一定的余量。对于插座的设置,近年来随着各种家用电器层出不穷,对电的需求已经深入到人们生活的每一个环节。有关规定指出在室内的任何地方距墙壁插座的距离不超过1.5m,这是根据家用电器的附带电源线一般为1.5m左右长而定的。

6)计算各支线和支干线的计算电流。选定导线型号和截面,穿线保护管的材质和管径,必要时进行电压损失校核。有些装修人员认为照明电路的电流不大,对其配线也不够重视,尤其是那些“马路上的游击队”,选用RVB软线照明配电线,它在机械性能和允许电流方面都存在缺陷,使用一段时间以后,加上老化因素,势必造成隐患。

7)选择开关、保护电器和计量装置的规格和型号。

8)绘制照明施工图。如果在施工中有所变更,应及时落实在图上,以便最后装修完毕绘制电气竣工图。便于以后使用功能再次改变时参考。

(2)不同功能房间照明设备的选择要点

1)客厅,又名起居室。看起来这两个名字并不相近,也不等同,实际上这两个房间也不是一回事。顾名思义,客厅是接待客人的地方,而起居室则是家里人娱乐交流的地方,只不过在我们这里,尤其是目前大部分住宅设计中一般把这两种功能合二为一了。客厅的功能较一般房间复杂,活动的内容也丰富。对于照明要求有灵活、变化的余地。在人多时,可采用全面照明和均散光;听音乐时,可采用低照度的间接光;看电视时,座位后面宜有一些微弱的照明。在电气功能设置的合理性方面,客厅的照明开关应采用双控或多控调光开关,一处在玄关处以便进出时方便开关,另一处在沙发附近,可以随时调节灯光。客厅必须安装应急灯,以备突然停电或发生电气故障时使用。如果配合视听设置的控制,音频、视频、电话等有关电子连接线,都应预埋在沙发附近,将 DVD、电脑键盘等必须用手操作的设备也置于附近(如茶几下),这样就可以坐在沙发上换碟、炒股或接受远程教育,可谓方便之极。

2)书房。书房是人们学习的地方,浸透着居家的文化底蕴。写字台上的光线最好从左前上方照射(约 30~40cm 高),再保证一定照度的同时避免手和笔的阴影遮住写字部位的光线;室内如有挂画、盆景、雕塑等可用投射灯加以照明,加强装饰气氛;书橱和摆饰可采用摆设的日光灯管或有轨投射灯;有一些高贵的收藏品,如用半透明的光面板做衬景,里面设灯,会取得特殊的效果。

3)餐厅。餐厅照明应能够起到刺激人的食欲的作用,在空间比较大、人比较多时设计照度高一些会增加热烈气氛;如果空间小、人又少设计照度应低一些,营造一种幽雅、亲切的气氛。国外的餐厅设计为了追求安静,常使灯光暗些;而我国在烹饪艺术方面,讲究色香味俱全,因此,要求灯光稍亮些。一般常用向下投射的吊灯,光源照射的角度,最好不超过餐桌的范围,防止光线直射眼睛,比如使用嵌顶灯或控罩灯。还应注意设置一定的壁灯,避免在墙上出现人的阴影。

4)厨房。一般较小,烟雾水气较多,应选用易清洗、耐腐蚀的灯具。除在顶棚或墙上设置普通照明外,在切菜配菜部位可设置辅助照明,一般选用长条管灯设在边框的较暗处,光线柔和而明亮,利于操作。

5)卧室。卧室照明也要求有较大的弹性,应有针对性地进行局部照明。睡眠时室内光线要低柔,可以选用床边脚灯;穿衣时,要求匀质光,光源要从衣镜和人的前方上部照射,避免产生逆光;化妆时,灯光要均匀照射,不要从正前方照射脸部,最好两侧也有辅助灯光,防止化装不均匀;如果摆设书柜,应有书柜照明和短时阅读照明;对于儿童卧室,主要应注意用电安全问题,电源插座不要设在小孩能摸着的地方以免触电危险,较大的孩子的书桌上,可以增设一个照明点,睡眠灯光要较成人亮些,以免孩子睡觉时怕黑或晚上起床时摸黑。

6)卫生间。卫生间的照明由两个部分组成,一个是净身空间部分,一个是脸部整理部分。

第一部分包括淋浴空间和浴盆、坐厕等空间,是以柔和的光线为主。光亮度要求不高,只要光线均匀即可。光源本身还要有防水功能、散热功能和不易积水的结构。一般光源设计在顶棚和墙壁上。一般在 $5m^2$ 的空间里,要用相当于 60W 当量的光源进行照明。相对而言,该部分空间对光线的显色指数要求不高,白炽灯、荧光灯、气体灯都可以。其实墙面光比较柔和自然,可以减少顶光源带来的阴影效应。灯具的位置要在便器的前面上部,不管使用者是站着或坐着都不被遮暗才好。同时光源最好离净身处近些,只要水源碰不到就可以。

第二部分是脸部整理部分。由于有化妆功能要求,对光源的显色指数有较高的要求,一般只能是白炽灯或显色性能较好的高档光源,如三基色荧光灯、松下暖色荧光灯等;对照度和光线角度要求也较高,最好是在化妆镜的两边,其次是顶部,一般也相当于60W以上的白炽灯的亮度。高级的卫生间,还应该有部分背景光源,可放在镜柜(架)内和部分地坪内以增加气氛。其中地坪下的光源要注意防水要求。

在灯种选择上,一般整体上宜选白炽灯,调至柔和的亮度就足够了,因为卫生间内照明器开关频繁,选择白炽灯作光源比较省电,而且人的脸色,除了在自然光下,就属在微偏黄的灯光下显得漂亮。化妆镜旁必须设置独立的照明灯,作为局部灯光补充,这种"对镜贴花黄"的照明可选日光灯。

7)门厅、走廊和阳台。门厅一般设置低照度的灯光,可以采用吸顶灯、筒灯或壁灯。走廊的穿衣镜和衣帽挂附近宜设置能调节亮度的灯具。阳台是室内和室外的结合部,是家居生活接近大自然的场所。在夜间灯光又是营造气氛的高手,很多家庭的阳台装一盏吸顶灯了事,其实阳台可以安装吊灯、地灯、草坪灯、壁灯,甚至可以用活动的旧式煤油灯或蜡烛台,只要注意灯的防水功能就可以了。

(3)照明灯具的类型和选择

灯具是电光源、灯罩及其附件的总称。照明灯具的选择,应适合空间的体量和形状,并能符合空间的用途和性格。大的空间宜用大灯具,小空间宜用小灯具,住宅照明以选用小功率灯具为主。灯具造型应与环境相协调,同时注意体现民族风格和地方特点以及个人爱好,体现照明设计的表现力。

1)花吊灯。是一种典型的装饰灯具,它不以高照度和低眩光为目的,有时甚至要刻意产生一些闪烁的眩光,以形成奇丽多姿的效果。花吊灯的样式繁多,外形生动,具有闪烁感,安装暖色调电光源时,能在室内形成一个(或多个)温暖明亮的视觉中心。然而吊灯对空间的层高有一定的要求,若层高较低,则不适用。有一种吸顶式的花灯,能在层高不够时使用,也能有相似的效果,但却与吊顶灯的那种辉宏壮丽的场景有所损折。

2)壁灯。也是一种最常用的装饰灯具。根据不同要求有直接照射、间接照射、向下照射和匀散照射等多种形式。使用壁灯往往也是作为层高偏低(或过高),不适合用吸顶灯时的一种选择。尤其在住宅室内环境设计中,选择一些工艺形式新颖的壁灯能充分体现主人的修养和兴趣爱好所在。壁灯安装高度一般在视线高度的范围内。如果超过1.8m只起到顶棚照射的延长作用,而失去对居室功能的其他作用。在比较窄的走道或其他平面尺寸相对较小的空间应慎用或不用。另注意如装在涂料的墙上会因长时间照射和电热的原因而使墙面脱色。

3)嵌顶灯。泛指装在顶棚内部灯口与顶棚持平的隐装式灯具。一般用于有吊顶的情况,其优点是顶棚面整齐,节省层高,但是有灯具散热性能不好,发光效率不高的缺点,一般不宜作为主光源,而作为主光源灯具的陪衬和点缀。针对目前住宅建筑层高偏低,大面积吊顶本就不合时宜,因此该嵌顶灯(如筒灯),也只在局部装饰性吊顶时使用。

4)吸顶灯。顾名思义是指直接吸附在顶棚上,包括各种单体的吸顶灯和一些吸顶式简易花灯,都是在住宅室内环境设计中常用来作为各功能房间主照明的灯具。值得说明的一点是如果在客厅等较大房间采用吸顶式简易花灯,在灯头较多时,宜采用分组控制的方式点亮，以利于节能。

5）移动灯具。指根据需要可以自由移动的灯具。最典型的就是各种台灯，还有放在地板上的落地式柱灯、杆灯和座灯。后者本以庭院中常见，如果室内面积较宽裕，结合一些雕塑造型，装饰效果明显。台灯则主要是用作书桌上和床头的局部照明。

6）槽灯。就是"反光槽灯"，亦称之为结构式照明装置。是固定在顶棚或墙壁上的线型与面型的照明，一般都选用日光灯管的形式。通常有顶棚式、檐板式、窗帘遮蔽式和景窗等多种做法。其中顶棚式为间接照明，檐板式为直接照明，其他为半间接均散光，这种照明方式装饰性较强，但不利于节能，一般作为背景照明。

（4）照明及设备选择的其他几个问题

1）照明控制。照明灯具的控制从一次控制动作所控制的灯具数量规模上分，可以分为单灯或数灯控制，和支路整体甚至几个回路同时控制两种情况，后者一般在较大空间室内或室外使用，借助接触器实行远程控制。如果从同一灯具（或一批灯具）控制位置的情况划分，又分为单控、双控和多控三种。分别采用单极开关、双控开关和多控开关。这在家庭室内环境设计中经常用到，尤其是对于走廊、门厅、卫生间、楼梯间和其他需要多控点控制的照明灯具，可以在户门入口处、客厅沙发附近、卧室床头附近设置集中控制板面对相关灯具实现多点控制。既利于节能，又给使用者带来方便。当有人叫门时，主人可以在床上预先点亮门厅和楼梯间的灯，当主人想去厕所时，也可以在床上预先点亮门厅和厕所的灯，主人可以在进入卧室前先点亮卧室的灯，也可以在躺到床上后关掉（或打开）卧室的灯。有些灯具还配备了遥控器或采取定时开关，开灯后在预定时间内自动关灯，也能达到类似的效果，只是灯具的费用有所增加。

2）电光源。在住宅室内照明设计中，较为常见的有荧光灯和白炽灯。荧光灯适用于室内照度要求高，平均用灯时间长的场所，不宜用于频繁开关的地方。白炽灯虽然工作效率低，但它具有显色效果好，暖色成分高，容易进行调光控制，尤其是它的暖光色，与家庭的气氛最是融洽，更是与传统木家具的暖色调相得益彰。因此，白炽灯在住宅室内照明设计中，经常用在门厅、会客厅以创造良好的居家气氛。用在厨房、餐厅可以使食物色泽鲜艳，用于起居室，以便于调光，构成典雅、幽静、亲密和和谐的氛围。

3）照明的稳定性。照明的不稳定性主要是由光源光通量的变化导致环境亮度发生变化所致。环境亮度发生变化时，人眼被迫跟随适应。如果这种跟随适应的次数增多，会使人眼感到疲劳，时间一长就会导致视力下降。而光源光通量的变化，多由电压波动引起。在照明供电回路中不应包含较大容量的电动机和其他用电设备（如电焊机），另外就是由交流电源供电的气体放电灯（如荧光灯）所产生的频闪效应，会使人产生错觉甚至引发事故。应该采取分相或移相法供电，加以避免。

### 5.1.3 家居智能系统的选用与安装

随着人们对建筑现代化的要求不断提高，包括通讯、有线广播、有线电视、防盗保安以及火灾自动报警装置在内的弱电，还有计算机多媒体和网络技术的发展和应用，更增强了整个设计方案的适用性、安全性、现代性和可拓展性，符合了以人为本的宗旨。

（1）智能系统概述

随着信息化社会的到来，人们的工作和生活与通讯和信息的关系日益紧密。电话、计算机、家庭保安、家庭影院等相继进入家庭。在住宅室内环境设计中，无疑应满足这些功能需要。于是在小康住宅概念的基础上，提出了智能化的要求。智能住宅主要体现在通讯自动化、家庭办公自动化、物业管理自动化和社区服务自动化，为人们提供舒适、安全、宜人的家庭生活空间，提供全方位的信息交换，提供丰富多彩的业余文化生活，提供包括儿童教育、成人教育在内的多层次家庭和业务教育，提供家庭保健等服务。

通讯自动化包括可连通公众电话网、公用分组交换数据网、公用数字数据网、公用计算机互联网来完成语言、数据和图像的信息传输。家庭办公自动化包括室内及社区内Internet接口、共享办公系统、信息处理、文件处理和图像处理。住户可在家里进行电子通信联络、传递电子邮件、实现智能电话、智能传真和交互式会议等。物业管理自动化包括室内及社区内安防监控报警、火灾报警、可燃气体泄漏报警、三表(水表、煤气表、电表)自动采集与传输、停车场自动管理、夜间巡更系统和出入口管理系统。安全是家居生活中首要考虑的问题，因此对于火灾的发生、可燃气体泄漏，如能尽早检测及报警，可防止或减少人们经济和生命财产的损失。社区服务自动化包括网上购物、股票交易、远程医疗诊断、家庭教育、市民求助信息、网上休闲娱乐、视频点播VOD等。

综上所述，智能住宅不仅应有安全、便利、舒适、节能和娱乐性等特点，还应具有集成的音频、视频、计算功能、通讯功能、自动化及安全防范等。并通过各种独立而先进的自动化电子设备，把这些繁杂的功能集成到人们日常的家居环境之中，再由一个家庭网络连接起来，该家庭网络的基础是家居布线系统。

该布线系统采用ANSI/TIA/EIA 570—A家居电讯布线的标准(Residential Telecommunications Cabling Standard)。主要用于规划新建筑、更新增加设备、单一住宅及建筑群等。认可界面包括光缆、同轴电缆、三类及五类非屏蔽双绞线电缆(UTP)；线路长度从插座到配线箱不超过90m，信道长度不超过100m；通讯插座或插头座适合于T568—A接线方法及使用四对UTP电缆端接八位模块或插头。

(2)居住建筑智能系统的组成

1)一般分布装置。每一个家庭安装一个交叉连接的配线架作为分布装置，主要端接所有的电缆、跳线、插座及设备连接等。提供用户增加、改动或更改服务，并提供连接端口给予外界服务供应商提供不同的系统应用。

2)线缆。作为家居布线系统的一部分，主要包括五类四对水平电缆、75Ω同轴电缆和室内2芯多模光纤电缆。其高性能适合多媒体工作平台不断增长的需要，并与多种介质相配合满足高速局域网的要求。

3)模板。视频模板用于集成整个家居内有线电视、卫星电视、保安系统，内置的进程控制板可以最大限度的澄清视频信号。语音模板可以支持多个语音插口，保证电话和家庭音响系统的运作。数据模板包括多种数据和话务接口，为数据、电话网络和数字电视提供服务。

4)跳线。五类数据接口跳线为连接设备提供极好的性能保证。满足高速网络数据传输速率和信号完整性的要求。

5)安装箱。是家居布线系统的心脏，统一分配和管理到各个房间的传输介质，依次为整个家居提供视听、家居自动化、家庭办公等。在安装箱内还可以固定各种配线架面板。箱体一般嵌入式安装，打开后与墙表面齐平，操作方便。

6)插座模块。主要用于一般家庭的通讯信息插座。包括光纤模块、视频模块、同轴模块、音频模块、数据模块与面板组合和匹配,适应实际使用中任何安装的配置和功能的需要。

(3)智能系统环境适配要求

1)通讯中心的种类和型号应满足外线和分配的信号,并在不同的房间提供一个增加的能力。如需要在同一家庭中安装一个以上的通讯中心,宜将话音和数据端接在同一个通讯中心,将视频端接在另一个通讯中心。安装通讯中心的最佳位置为地下室、车房、总配电箱旁等,并要求有足够的照明、电源插座和维护空间。安装方式可以固定于墙上、布背板上或嵌入式安装。

2)通讯中心所需要的模块板、配件及用户插座的种类和数量。

3)在每一户住宅中的墙内预埋过线盒,采用 RG6U75Ω 同轴电缆从有线电视或卫星接收装置所提供的视频信号与每户的通讯中心端接。同时,采用非屏蔽双绞线从邮电部所提供的外线与每户的通讯中心端接。由用户插座至通讯中心的电缆数量,长度和路径,包括非屏蔽双绞线和同轴电缆等。

(4)智能系统的应用

1)视频应用,采用 SYV—75—5 同轴电缆,支持卫星电视、有线电视、天线、闭路电视和电缆调解器。如需进入一个以上的视频信号,如录音机、摄影机、卫星接收机等,宜安装第二根 75Ω 同轴电缆至用户插座。

2)通讯应用,采用五类水平电缆至每一个需要话音或数据服务的用户插座。通过ISDN、VDSL 或 ADSL 连上互联网和美国的网络电视,在无边的信息海洋中漫游。选用交互式影像,随时欣赏影片,检查银行户头中的余额。通过小区的内部局域网、查询服务项目、预定服务场馆、翻阅图书馆的存书。由家居自控系统协助管理的各种家用设施自动传送水、气、电读数,也可以在远方用电话遥控家中的设备。

3)利用安保系统确保室内防火、防盗的要求,在紧急情况时自动向管理处发送报警信号。通过连接到局域网的闭路电视系统观察室外环境,及时了解住宅附近的情况。甚至还可以连接传真的办公设备,配合正在逐渐兴起的家庭办公的需求。

(5)系统的优势

智能化住宅家居布线系统配合各种电子设备可以提供一个完美的在家工作和生活的环境,能带给用户即插即用的便利,支持多种介入,包括传真、电话、100Basc—T 高速数据网络、视讯会议系统、Internet 接入以及 XDSL 接入等。支持多种家庭娱乐,包括全方位有线电视、视频点播、交互式电子游戏、网上购物、远程医疗、远程教学等。并可提供音频视频设备,多房间共享,避免重复投资。加上先进的家庭保安系统,如遇火灾、煤气泄露及被盗等紧急情况时通过自动报案系统向管理处报警。此外还可通过监视系统对幼儿、老人远程监护,通过闭路电视监视住宅内外的安全情况。

家居自动控制系统可在远方用电话自动控制照明、空调等家电设备,自动传送水、电、气表的读数。总之智能家居布线系统可以提供一个面向现在和未来的高标准住宅,对于室内环境设计各方面的功能都会大大的延伸,满足人们越来越高的和复杂多样的需求。IT 业的发展是如此迅速,一个合理的布线系统,以最少的投资支持未来出现的任何新应用,管理与维护也非常简单。值得注意的是,在使用该家居布线方案时,还应提供必要的配套服务设施,在注重应用的同时享受增值服务,如通过共享设备,8 个电视机可以同时共享一台 VCD 机。

国际上把安全、健康、舒适和美作为安居装潢的四大概念,同时把符合生活需要,提高生活质量和充分显示个性作为家居装潢三大目标。伴随着不断暴露的问题和解决问题的过程，智能装饰电气必将日趋成熟和发展健全。

### 5.1.4 采暖与通风设备的选用与安装

科技的发展，使我们对居家质量要求越来越高，目前由于住宅面积增大，节能意识增强，家用中央空调正加倍受到人们青睐。家用中央空调的安装可以实现家居结构和装修设计完美结合，这样既能发挥功效又美观大方。我们主要介绍家用中央空调的基本知识。

(1)家用中央空调系统简介

1)分类

户式中央空调主要有风管式系统、冷、热水机组和VRV系统等3种形式。

(*a*)风管式系统

风冷管道分体式户式中央空调系统由容量较大的分体式机组组成，带有新风系统，通过风管和风口输送冷风或热风到各个用冷或用热的房间，适用的房间面积为100～300m$^2$，主要特点：

①通过管道和风口送冷风或热风，室内气流分布均匀，且风量大小、方向在一定程度可调节。同时，机组有完善的新风系统，通风换气效果好，室内空气品质(IAQ)及舒适性能指标较好。

②大室内机可以明装或暗装，不需专用的机房，冷风通过风管直接送到各个房间出风口，不再使用室内挂壁机或柜式机，风口可以暗装在顶棚上，或墙壁上，实现多种送风回风模式，提高了空间利用率。

③制冷剂回路设置在机组内部，制冷剂不易泄漏，有利于环保。同时，制冷剂管路缩短了，减少了管路中的压降，大大减少了对环境的冷量(或热量)损失。

④由于是风管送风，对制冷系统影响不大，因此系统便于扩展，对一些分阶段使用空调的场所较合适。相对于其他的家用小型中央空调形式，风管式系统初投资较小。若引进新风，其空气品质能得到较大的改善。但风管式系统的空气输配系统占用建筑物空间较大，一般要求住宅要有较大的层高。由于采用统一的送风方式，在没有变风量末端的情况下，难以满足不同房间不同的空调负荷要求；而变风量末端的引入将会使整个空调系统的初投资大大增加。

(*b*)冷、热水机组

冷、热水机组的输送介质通常为水或乙二醇溶液。它通过室外主机产生出空调冷、热水，由管路系统输送至室内的各末端装置。在末端装置处，冷、热水与室内空气进行热量交换，产生出冷、热风，从而消除房间空调负荷。室内机有多种选择。从挂壁式，落地式，悬吊式到暗藏式共5款20余种，制冷、制热速度都非常快，温度易实时控制，噪声低。MDV系统是智能变频集中式空调系统的简称，是数字化智能变频系统、冷量可变的一拖多空调系统，代表当今最尖端空调技术的户式中央空调系统，一台室外机最多可带动16台室内机，系统设计理念十分独特、新颖，其特点有：

①汇集了数字变频控制、总线控制、模块组合、制冷剂自由分配技术等多项领先科技于一体，室外机可以进行模块化组合，无限扩展；

②可以对室内机进行全功能的集中控制或每个房间进行独立控制，控制灵活；

③能根据房间环境的温度变化，采用智能网络控制，进行数字化的自动控制和调节，体

现了舒适性，实现高度的智能化；

④通过模糊控制的理论，模仿人的神经网络来改变压缩机的供电频率，使系统进行多级能量调节，极大的节省了电能，相对于传统中央空调，可以节能40%左右；

⑤设计、安装、维护简便；

⑥节约空间，适用性广泛，送液管容易布置，不会太多地影响房间的美观。这种小型中央空调新风量较小，机组余压较小，制冷剂在管路中的流程较长，压力损失较大，在制冷(或制热)时，由于制冷剂管路较长，不可避免地会造成冷量(或热量)损失，这就对管路的绝热性能提出了很高的要求，同时也对管路的设计安排提出了要求，在设计管路时，应尽量缩短管路，根据居室的实际情况去安排管路，优化设计。由于管路较长，制冷剂泄漏的可能性大大增加，对环境存在一种潜在的危险。另外这种形式的户式中央空调销售价格较高，使它在市场竞争中处于一种不利的地位。

2)户式中央空调设计选型

从20世纪90年代后期开始，我国逐渐开始对家用户式空调进行研究和应用。与美国和日本选择的户式中央空调发展道路不同，我国主要发展的是冷、热水机组的型式，目前其产量占我国户式中央空调总量的70%以上。此外也有风管式系统，但数量比冷、热水机组少得多。VRV系统的数量更少，国内各主要厂家基本上还处于研发阶段。这主要是因为：

(*a*)冷、热水机组的室外机主机实际上是一个风冷热泵装置，室内末端是风机盘管。经过多年的探索和研究，我国的风冷热泵技术目前已基本成熟，风机盘管技术已处于世界领先水平。因此我国发展冷、热水机组在技术上有保证。

(*b*)冷、热水机组不需要占用太多建筑层高，在住宅内布置较为方便，且施工简单，安装费用低。而风管式系统的设置需与建筑结构相配合，占用建筑空间大，且施工不便。而对于VRV系统，目前国内在此领域的技术尚不成熟，还存在流量控制、管道材质、现场焊接、管道施工等问题需进一步研究和完善。而且VRV系统的初投资太高，也限制了它的推广。

(*c*)从舒适的角度考虑，风管式系统由于调风、调温的问题解决得不好，无法同时满足多个空调房间不同的空调负荷需求。冷、热水机组则可以很方便地进行单个房间的独立控制和调节，同时也能节能。

3)有关系统设计的几个问题

(*a*)新风及加湿

室内$CO_2$气体量的增加对人体健康的影响参见表5-1。

**二氧化碳对人体的影响** 表5-1

| 二氧化碳浓度(%) | 人的感觉情况 | 二氧化碳浓度(%) | 人的感觉情况 |
|---|---|---|---|
| 0.08~0.04 | 正　常 | 3.0 | 肺部呼吸增加100%，易疲劳 |
| 0.5 | 呼吸稍有增加 | 4.0 | 点燃火柴会熄灭，引起头痛 |
| 1.0 | 呼吸急促 | 5.0 | 呼吸困难，肺部呼吸增加500%，耳鸣 |
| 2.0 | 肺部呼吸增加50% | 6.0 | 呼吸困难，耳鸣，发生昏迷，造成死亡 |

下面从人的正常感觉情况下允许的二氧化碳浓度推算新风量：

$$L = \frac{C_3}{C_1 - C_2}$$

式中　$C_1$——允许浓度,取0.1%

$C_2$——室外新风二氧化碳浓度,取0.03%

$C_3$——二氧化碳发生量 $0.0173m^3/(h\cdot人)$

$$L=\frac{0.0173}{0.1\%-0.03\%}=24.7(m^3)$$

我国规范规定最小新风量为 $17\sim30m^3/(h\cdot人)$,因此在户式中央空调的房间中,应设新风而不应取消新风。风机盘管系统房间的新风往往有以下几种形式:

①渗入新风。室内不设新风系统,靠厕所排风,造成负压新风渗透,易短路,新风难以到达室内。如果无排风系统,仅靠机组循环室内空气,那是无法进新风的,这种形式的新风在户式中央空调中不宜采用。

②墙洞引入新风。在靠近风机盘管机组的墙上开墙洞,用短风管引入新风接入机组回风箱,新风口设过滤网,这种形式初投资省,节约建筑空间,新风冷负荷由风机盘管承担,这种方式在户式中央空调中应用较好。

③独立新风系统。新风处理到室内空气焓再送到每个空调房间,这种方式冷量浪费大,也不宜采用。

冬季时,新风机组及空调机组只有加热设备,无加湿的手段,室内的风机盘管也是只能加热不能加湿,所以造成室内的相对湿度很低,北方在采暖期约在20%左右。冬季室内湿度小,时有静电产生,严重的家具表面油漆出现裂缝,居民易患上呼吸道感染,用户纷纷反映,室内太干燥。采用分散的小型加湿器,使室内湿度能维持在30%以上,但这只是权宜之计。

(*b*)厨房不宜采用风机盘管系统

住宅中,厨房是一个很重要得组成部分,但往往是设计的薄弱环节。厨房不宜采用风机盘管系统。因为厨房内的空气和设备中的表冷器接触,油雾很快会污染表冷器翅片并堵塞翅片间隙,使其传热效果大大下降,风量也大大减少,而且会出现"冒烟"现象。另外,油的存在会使凝水结成小颗粒聚集在翅片上,不能顺畅地流到节水盘中,同时降低制冷效果,使用不到一年效率大减。其改进措施是:将风机盘管在厨房内的回风口堵上,再用管道将餐厅的空气引作厨房风机盘管的回风,厨房采用抽油烟机。但厨房应设计为直流送风或直流空调系统。

(*c*)风机盘管的系统布置

风机盘管机组的选型及布置与空调房间的使用性质、建筑形式有关。一般布置在门口过道顶棚内,采用卧式暗装形式。这种布置形式美观,不占用房间有效面积,噪声小。送风口采用双层百叶,可调风口,避免气流扩散不到房间的边角处。若顶棚无安装位置,采用立式机组布置在外墙窗下较好。

立式明装风机盘管的安装应很好地与装修配合,不少工程都因装修使回风口堵塞,造成室内温度较高。同时出风口一般总是直接斜送,坐在出风口会感觉后脑勺过凉(热)且不舒服。因此建议用一连接管使其上出风,保证制冷(热)效果。

(2)家用中央空调系统的选购与安装

1)选购家用中央空调需考虑的因素

(*a*)选择消费者满意或售后服务信得过的家居市场。

(*b*)要货比三家,对同一款式、同一品牌的商品,要从质量、价格、服务等方面综合考虑。

(*c*)功能选择

购买中央空调时需考虑空调系统的功能，如系统同时兼备供暖、增加新风和加湿功能、增加过滤和除尘功能、增加清新空气和杀菌功能等。

(*d*)装饰

由于安装家用中央空调在先，装修工作在后，安装家用中央空调时必须确定装修方案，在保证空调效果的基础上，把空调室内机的安装位置和风管走向确定下来。一般室内机安装在过道外的局部吊顶内，风管可采用局部吊顶的方法隐藏起来，然后把外露的送风口，回风口的大小和位置定下来。

由于一般住宅的层高较低，一般多采用侧送风口。为了保证送风效果，一般采用双层百叶风口，安装在墙面或隔断上。风口一般是平面的，顶送风一般采用方形散流器，散流器底面贴在顶棚上。

家用中央空调的室内主机厚度仅为23cm，安装后主机下沿与房顶距离为25cm；风道厚度为8～18cm；由室内主机引向卫生间的冷凝水管的折变处距房顶26cm。家庭装修所有的龙骨和石膏板的厚度为3cm，因此中央空调的最大吊顶厚度为28～29cm。

采用有线温控器和无线遥控器进行控制。主机线控器安装在室内主机下方的墙壁上，直接控制主机的开关，还可以设定温度定时，选择运行模式——制冷、制热、除湿、送风、睡眠等；遥控器用来在5m左右的距离内遥控主机线控器，同样能达到控制主机的目的。每个房间内的出风口也可以控制，在房间内的墙壁上安装风口开关或者温控器，控制出风口内部电子风阀的开关，调节送风量大小，实现不同用途房间的调温效果。

(*e*)供暖

家用中央空调一年四季都可以使用，夏季制冷，过渡期供热，冬季采暖(需增加辅助加热装置)，还能引入自然风，使您的居室四季如春。一般条件下，对单用户住宅来讲，不建议将供暖和空调放在一起。原因有二：一是供暖要保持整个供暖期的连续，不能中断，使用空调系统功能要求不能断电、断水，否则会造成系统停机。即使在无人居住时，也要保证低限度的供暖，以防止室内结冻；二是一家一户的供暖对设备要求较高，一旦有故障要求尽快排除，只有用户自身或物业部门有维修能力的情况下才能保证供暖不致中断。因此，最好的情况是由物业统一供暖或提供暖热水，这样才能保证不中断供暖，以免造成不良后果。在室外温度低于摄氏零下10度时，宜在中央空调组的风机盘管前加一套辅助加热装置(电热盘管或热水盘管)，即使在低温的情况下，中央空调还能保证供热。

(*f*)安装授权

为保证安装质量和今后的使用效果，只有获得厂家安装授权的公司才有权安装相应的家用中央调系统。特别注意系统保修和主机保修不是一回事，空调生产厂家保证的是空调的机器的性能，而系统效果则是由正确设计和正确安装保证的。因此，选择家用中央空调最重要的一条是选择有实力有经验的公司签订合同。

(*g*)系统验收

系统功能30%在于设计合理，20%在于空调机组质量，50%在于安装质量。由于机组多是暗装，因此安装完毕后必须进行系统验收，以保证使用效果。

(*h*)安装完成后，不要忘记索要保修单。

(*i*)发票、合同上必须注明家用中央空调的品牌、规格、数量、价格、金额。

(*j*)了解主办单位及厂家的名称、地址、联系人、电话，以便发生质量问题能及时联系解决。

2)家用中央空调机组的安装

(*a*)安装前检查与准备

①根据设备装箱清单说明书、合格证、检验记录和必要的装配图和其他技术文件,核对型号、规格以及全部零件、部件、附属材料和专用工具。进口设备还必须具有商检部门的检验文件。

②设备安装前应开箱检查,并建立验收文字记录。参加人员为用户、监理、施工和厂商(或经销商)等方的代表。

③设备开箱后要认真检查机组情况,主机和零、部件等表面有无缺损和锈蚀等情况;设备内充填的保护气体有无泄露,油封是否完好;开箱检查后,设备应采取保护措施,不宜过早或任意拆除,以免设备受损;如发现设备有任何损伤,请保持原状,并立即通知销售厂商处理。

④检查供电电压与机组电压是否一致,电流应能满足机组的要求。

⑤在检查并确认混凝土基础达到养护强度,表面平整,位置、尺寸、标高、预留孔洞及预埋件等均符合设计要求后,方可安装。

⑥设备的搬运和吊装,应符合下列规定:

一是安装前放置设备,应用衬垫把设备垫衬稳妥;二是吊运前应核对设备重量,吊运捆扎应稳固,主要承力点应高于设备重心;三是吊装具有公共底座的机组,其受力点不得使机组底座产生扭曲和变形;四是吊索的转折处与设备接触部位,应采用软质材料衬垫,予以保护。

(*b*)室内机安装

①室内机安装前必须检查型号。名称与设计图纸是否一致;检查风机叶轮与机壳间的间隙和风扇转动是否符合要求;机组应清理干净,箱体内应无杂物。

②室内机安装位置应正确,并保持水平。安装时,室内机吊杆螺母必须有防松措施,保证安装安全牢固。在室内机电器盒及铜管接头下方,必须留有检修口,室内机安装位置必须便于安装与维修。

③落地机组应放置在平整的基础上,基础应高于机房地平面。

④室内机吊挂安装时,如安装的顶棚为水泥现浇板,则可采用埋头栓或膨胀螺栓等安装悬吊螺栓来吊装室内机。如顶棚为预制板,则必须采用"T"字吊杆螺栓来吊装室内机。当顶棚强度不够时,则应在安装室内机之前采取措施进行加固,确保安装的可靠、安全性。

(*c*)风机盘管机组安装

①安装前要仔细检查外观,宜进行单机试运转试验,试听声音是否正常、运转是否平稳。安装完毕后机组应进行水压试验,试验压力为系统工作压力的 1.5 倍。试验观察时间为 2min,以不渗漏为合格。

②机组应设独立支、吊架,安装的位置、高度及坡度应正确,固定牢固。

③机组的下方吊顶应预留检查口,以便进行维修工作。

④机组与冷热水管、冷凝水管、风管、回风箱或风口的柔性接管的连接,应严密、可靠。

⑤此外在安装过程中,还应必须注意以下几点:*A*. 为确保排水通畅、运转正常,机组安装必须水平。*B*. 凝结水盘中不能有异物存积,所有异物均要从水盘中清除,保证排水路径通畅。*C*. 风机盘管电源线的零线一定要接在指定的零线接位,否则会烧毁电机。*D*. 不允许一个温控器来控制多台不同型号的风机盘管机组。*E*. 在拧紧连接管道时,应采用正确的方法。*F*. 安装完毕后在向盘管加水前必须打开盘管集管上的放气阀,待盘管内的空气排尽

后再关闭阀门。

(*d*)室外机安装

①室外机的安装、固定应牢固、可靠,除应满足冷却风循环空间的要求外,还应符合环境卫生保护有关法规的规定。

②室外机搬运、吊装时应注意保持垂直,需倾斜时,倾斜角应小于45°,并注意在搬运、吊装过程中的安全。

③室外机的安装位置必须符合如下要求:

一是安装位置周围如有强热源和其他设备排气口、蒸汽与可燃烧气体时,应与设计人员及时联系予以调整。二是室外机在安装位置的运转噪声对邻居的影响应小于规定噪声标准,排出的热气应对邻居无影响。三是室外机应安装在通风良好的位置,若有气流短路的情况,安装时应采取措施解决。四是悬挂在外墙上的室外机,机架与墙体之间、室外机与机架之间的连接应紧密,必须保证质量和承载能力。五是室外机安装在屋顶平台或阳台上,应用钢筋混凝土浇筑一个高出地面200~300mm的机座平台,也可用型钢制成钢托架。在室外机周围或机座周围都必须设有排水槽,尤其是安装在屋顶平台上,必须注意防水施工,保证屋顶不漏。六是室外机与机座之间应加不少于10mm厚的减振橡胶垫减振。七是室外机的进出口必须用软接头连接,且不允许室外机内管路受到较大扭力。八是室外机就位后,应测量机组的水平度,确保水平度控制在±1mm之内。

### 5.1.5 住宅建筑设备在安装过程中与室内装修工程协调配合的有关要求

住宅建筑设备不管是水电也好,空调也好,在装修中都是交叉作业进行的,因此装修工程必须协调。建筑设备大多是隐蔽工程,所以必须进行验收。

在住宅室内装饰装修中,要保证施工质量,必须注意以下问题:隐蔽工程验收;与各工种的协调;装修施工期间的监察。

(1)隐蔽工程验收

家用电器的布线、穿管、接线盒固定埋设等必须在饰面装饰之前进行,家用管道如给排水管、燃气管等也必须适当的隐藏,这些都在装饰饰面之前进行,所以在封饰面板前必须进行隐蔽工程验收。

家用中央空调要在室内装修之前进行安装,安装结束后再进行装修。在装修时室内机、制冷剂配管、冷凝水排管、风管、电线等隐蔽在吊顶夹层内、装饰内、墙壁内,使外表只露出送风和回风口。装修结束后再进行空调系统调试。因此,在空调安装结束后,装修工程刚开始施工时,应进行一次隐蔽工程验收。

1)参加验收的人员:业主、装修施工负责人(最好是全体施工人员)、空调安装负责人。

2)验收目的

(*a*)再次认真地检查水电、空调、燃气安装的施工质量,让业主验收认可。

(*b*)明确责任。向业主展示本水电、空调、燃气安装工程目前的质量是合格的,气密性能和保温都是符合要求的,要求各施工人员提高责任心,在装修施工过程中不要损坏水电、空调、燃气安装系统。

3)验收内容

(*a*)室内机、送风箱、回风箱、风管的安装情况及保温情况,是否影响吊顶高度。

(*b*)制冷剂铜管的布线情况是否影响装修施工。检查铜管及分支组件的保温情况。

(c)冷凝水排管的布线情况。保温、倾斜度是否符合要求，是否有存水弯，布线是否影响装修施工。

(d)共同检查临时安装在室外机处的制冷剂配管系统压力表，并书面记录当时的室外气温和压力，如果系统在装修施工过程中没有受到损坏，压力应该保持恒定。

(e)室内布线穿管的位置是否正确，管线是否满足有关要求。

(f)室内的水实验是否满足规定，包括管线连接及其坡度等。

(2)住宅设备与装修及各设备之间的协调

在住宅设备中，由于中央空调自身设备多、管道多且大，同时牵涉电路和水管。因此，设备协调的重点一贯是空调的协调。其他设备协调参照空调执行。

1)与装修工程的协调

(a)在隐蔽工程验收时，向装修施工人员介绍本空调系统的特点及注意事项，在今后的装修施工中注意不要损坏。同时向他们明确指出：若空调安装确实影响装修，使装修很难施工，也不要自作主张，随意移动空调装置，使空调系统受损，而应找空调安装负责人，协商解决。

(b)告诫装修施工人员：制冷剂铜管和冷凝水排管经过的地方装修时，一定要注意不要损坏保温，更不要损坏管子本身，注意钉子不要钉到管子上。尤其埋入墙内的制冷剂铜管和冷凝水排管，一定要以图纸形式标明位置及走向，交给装修施工负责人，并提醒该位置附近不准打洞或钉钉子。

(c)室内机机房的吊顶高度，按设计时协调好的高度吊，不要紧贴室内机。若冷凝水排管装有存水弯，则吊顶必须低于存水弯。

(d)了解机房间吊顶是固定的，还是可拆的。若固定的，则需要开检修孔，并书面给出检修孔的大小及位置。

(e)以书面形式给出送风口、回风口的大小、位置及要求，提交给装修施工负责人。

2)与水电工程的协调

(a)冷凝水排水排到何处，与何种排水管相连，如何连接，需与水电工协调。

(b)进户电源的配电箱一般由装修电工统一布局。由装修电工将电源送到室外机的电源的上接线端。因此空调安装负责人，应该以书面形式向装修电工提出室内、外机的总功率，配线要求(三相五线制或单相三线制，单独穿管不得与其他电源线混穿，线的颜色要求)，配件要求(漏电保护器、熔丝、手动开关)。若室内、外机分别供电，则要求应分别提出。

(3)装修施工期间的监察

装修施工期间，设备安装负责人应经常到现场检查。发现问题，及时查出原因，及时纠正补救。检查内容如下：

1)检查压力表有无变化。

2)检查吊顶高度是否符合要求。

3)检查制冷剂铜管和冷凝水排管处的装修有否损坏管子。

4)检查墙壁内埋管处有否打洞或钉钉子。

5)检查送风口、回风口、检修孔开的大小及位置有否问题。

5.1.6　常用设备的特点、性能、具体尺寸、使用方法等

由于住宅设备众多，具体规格和性能不一，因此，在选择时应先调查市场再做决定。

我们列举部分设备尺寸如下(长×宽×高　单位：mm)

连体式坐便器：500×715～800×505～535

分体式坐便器：360～420×680～800×675～810

净　身　器：380～420×600～750×495

电子式净身器：636×500×675～810495

立式洗面盆：520～660×430～550×820

台式洗面盆：440～500×440～500×170～240

浴　　缸：1500～1800×800～1500×370～650

淋　浴　房：900～1000×900～1500×1850～2240

洗　碗　机：570×450×450

饮　水　机：320×320×970

微　波　炉：510×400×306

电　视　机：800～1036×100～600×600～1336

空　　调：500×300×1755

洗　衣　机：600×550×850

冰　　箱：500～560×550～630×1150～1600

## 案例分析

住宅建筑装饰装修的设备工程是一个系统工程，是住宅功能得以实现的支撑。

**家居装修简明工序流程表**　　**表 5-2**

| 施工阶段 | | | | | | | | |
|---|---|---|---|---|---|---|---|---|
| 一 | 二 | 三 | 四 | 五 | 六 | 七 | 八 | 九 |
| 拆改非承重墙 | | | | | | | | |
| 改水改电改空调口 | | | | | 安装灯具五金 | | | |
| | 客餐厅卧室铺地砖 | | | | | | | |
| | 顶棚吊顶、做窗套门套 | | | | | | | |
| | 现场制固定/移动家具 | | | | | | | |
| | | 木器油漆 | 处理墙面、刷墙漆 | | | | | |
| | | | | 铺实木/复合地板、地脚线 | | | | |
| 厨 | 贴厨卫墙 | 厨房吊顶 | 安装马桶、浴缸 | | | | | |
| 卫防水 | 地　砖 | | 橱柜、水龙头 | | | | | |
| | | | | | | 安装灯具电器 | | |
| | | | | 简单清洁 | | 验收 | | |

续表

| 施工阶段 | | | | | | | | |
|---|---|---|---|---|---|---|---|---|
| 一 | 二 | 三 | 四 | 五 | 六 | 七 | 八 | 九 |
| | | | | | | 安装外购家具 | | |
| | | | | | | | 清洁卫生 | 通风两周以上方可入住 |

说明：以行列为界，同列可以同时施工，但不得跨列。同行者必须按步骤施工。本流程仅供参考，不作为施工的惟一条件。

从家装的施工程序来看(见表5-2)，设备的施工和饰面的装饰是交叉进行的，不存在先做完什么，再接着做什么。因而，家装的过程始终是一个矛盾的过程，是一个需要协调与配合的过程。我们仍然以那个幼儿园老师家装为实例进行引导讲述。

案例分析一

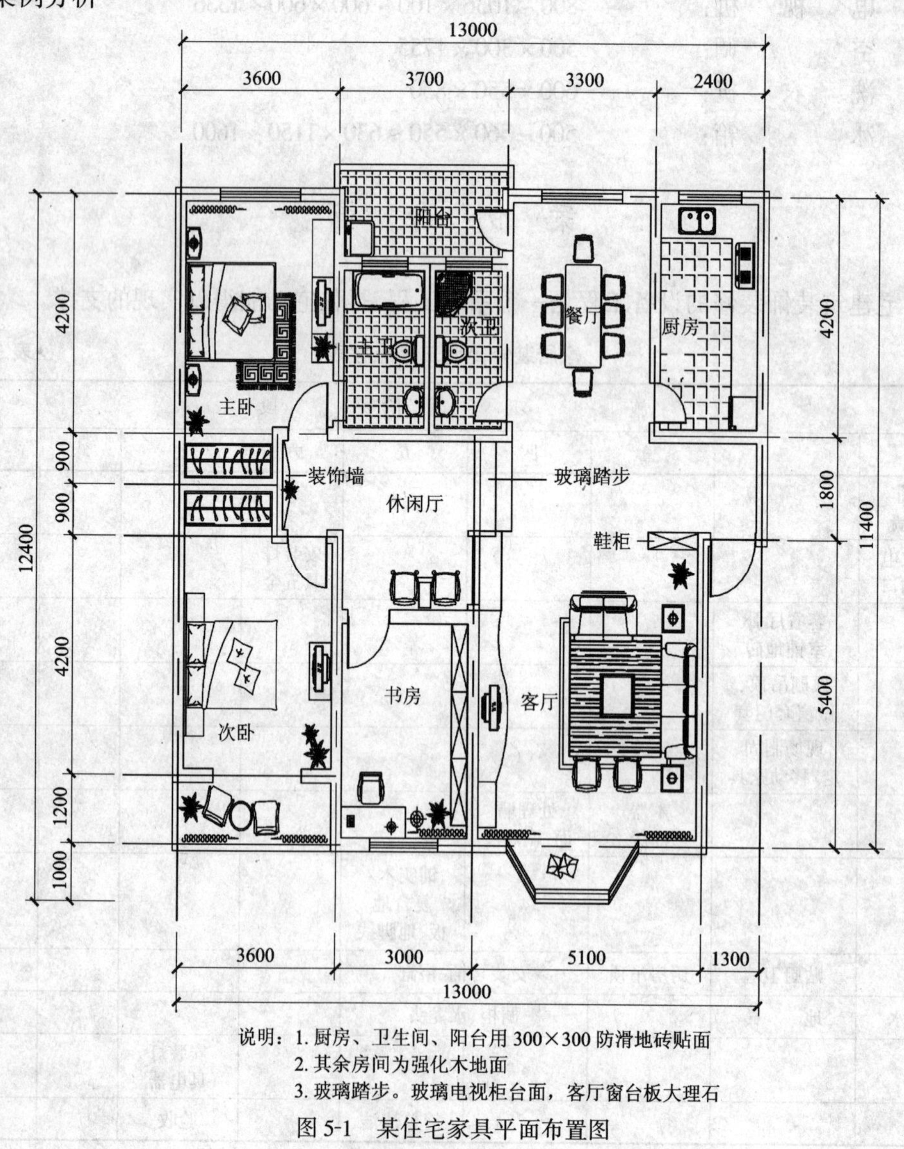


图5-1　某住宅家具平面布置图

图 5-1 是该幼儿园老师家装的平面布置图,知道该住宅为三室三厅双卫一厨,错层砖混结构。其设备有厨卫设备、照明设备、通讯设备及空调设备。

## 5.2 住宅装饰装修工程的设备安装

### 5.2.1 案例一:厨卫设备的安装方法

该住宅的采用防火板橱柜、人造石台面板、嵌入式灶台、不锈钢洗涤盆、配有抽油烟机和微波炉。下部橱柜高 800mm、宽 600mm,上部吊柜高 600mm、宽 300mm。

橱柜安装前先对整个厨房进行规划设计,画出构造结构图,协调管道预留开孔的位置。然后检验设备,走管道到接口位置,安装底柜,调平,安装侧板、面板开洞并安装、修饰面板。这一切完成后,接下来是固定设备并密封,连接设备管件。

卫生间的安装业主采用了购货包安的方式,在此不再讲述。具体做法参看本单元第一节。

在居室装修中,室内设计师们通常会将重点放在室内布局和装饰上,而作为居所“血脉”的管道则极少受到关注。家庭装修,对于每个家庭来说都是一个不小的投入。家装的质量怎样,自然是消费者关心的头等大事。一般装修的使用期约为 5 ~ 10 年,有的甚至更长,如果装修的质量不如意,会给消费者带来无穷无尽的烦恼。而家庭装修中的给水管道,所占装修费用甚少,往往容易被忽视。在此我们了解一下管材的一些知识。

(1)管道类型

1)镀锌铁管

镀锌铁管是目前使用量最多的一种材料,由于镀锌铁管的锈蚀造成水中重金属含量过高,影响人体健康,许多发达国家和地区的政府部门已开始明令禁止使用镀锌铁管。目前我国正在逐渐淘汰这种类型的管道。

2)铜管

一种比较传统但价格比较昂贵的管道材料,耐用而且施工较为方便。在很多进口卫浴产品中,铜管都是首位之选。价格是影响其使用量的最主要原因,另外铜蚀也是一方面的因素。

3)不锈钢管

不锈钢管是一种较为耐用的管道材料。但其价格较高,且施工工艺要求比较高,尤其是材质强度较硬,现场加工非常困难。所以,在装修工程中被选择的机率较低。

4)铝塑复合管

铝塑复合管是目前市面上较为流行的一种管材,这是由于其质轻、耐用而且施工方便,其可弯曲性更适合在家装中使用。主要缺点是在作热水管使用时,由于长期的热胀冷缩会造成管壁错位以致造成渗漏。

5)不锈钢复合管

不锈钢复合管与铝塑复合管在结构上差不多,在一定程度上,性能也比较相近。同样,由于钢的强度问题,施工工艺仍然是一个问题。

6)PVC 管

PVC(聚氯乙烯)塑料管是一种现代合成材料管材。但近年内科技界发现,能使 PVC 变得更为柔软的化学添加剂酞,对人体内肾、肝影响甚大,会导致癌症、肾损坏,破坏人体功能再造系统,影响发育。一般来说,由于其强度远远不能适用于水管的承压要求,所以极少使用于自来水管。大部分情况下,PVC 管适用于电线管道和排污管道。

7)PP管

PP(Poly Propylene)管分为多种,分别有:

(*a*)PP-B(嵌段共聚聚丙烯)管由于在施工中采用熔接技术,所以也俗称热熔管。由于其无毒、质轻、耐压、耐腐蚀,正在成为一种推广的材料,但目前装修工程中选用的还比较少。一般来说,这种材质不但适合用于冷水管道,也适合用于热水管道,甚至纯净饮用水管道。

(*b*)PP-C(改性共聚聚丙烯)管,性能基本同上。

(*c*)PP-R(无规共聚聚丙烯)管,性能基本同上。

PP-C(B)与PP-R的物理特性基本相似,应用范围基本相同,工程中可替换使用。主要差别为PP-C(B)材料耐低温脆性优于PP-R;PP-R材料耐高温性好于PP-C(B)。在实际应用中,当液体介质温度≤5℃时,优先选用PP-C(B)管;当液体介质温度≥65℃时,优先选用PP-R管;当液体介质温度5℃~65℃之间区域时,PP-C(B)与PP-R的使用性能基本一致。

(2)管道安装注意事项

在装修中,防水往往比任何一样话题更为重要。在管道安装和使用过程中需要注意哪些事项呢?

1)安装管道一定要找专业技工。

2)安装后一定要进行增压测试。增压测试一般是在1.5倍水压的情况下进行,在测试中应没有漏水现象。

3)在没有加压条件下的测试办法:

(*a*)关闭水管总阀(即水表前面的水管开关)。

(*b*)打开房间里面的水龙头20min,确保没水再滴后关闭所有的水龙头。

(*c*)关闭马桶水箱和洗衣机等具蓄水功能的设备进水开关。

(*d*)打开水管总阀。

(*e*)打开总阀后20min查看水表是否走动,包括缓慢的走动。如果有走动,即为漏水了。反之,正常。

4)在日常使用中,如果发现如下情况,尽快检查有关管道:

(*a*)墙漆表面发霉出泡。

(*b*)踢脚线或者木地板发黑及表面出现细泡。

(3)热水器——安装端正保温防锈

热水器安装应端正,进水口与进气口应安装阀门,煤气阀门应用铜制球阀。所有管道在试压检查后都应进行防锈处理。热水管道应设保温层,以防水管表面有结水现象。

### 5.2.2 案例二:照明设备的安装方法

如图5-2所示。结合本案中的平面图,知道灯具有吸顶灯、筒灯、露明筒灯、双孔筒灯、吸顶灯、床头灯等多种形式。实际上在客厅的电视墙、沙发墙上都还有灯。我们的电器安装就是保证每个灯亮并实现其分组控制;把家电的插座安装在指定位置并形成有效的回路。安装时先规划灯具、插座、开关的位置及其开关的控制,设置回路,决定电线走向,然后剔槽、埋管、穿线。在最后一道墙体或顶棚饰面施工前安装灯具和上盖插座面板。

我们简单了解下电力线路:

电力线路主要是用于人工照明和电器使用,一般家装的线路标准为:

(1)主线用2.5mm$^2$铜线。

(2)空调线要用 $4mm^2$ 的,且要每台空调都单独走线。

(3)电话线、电视线等信号线不能跟电线平行走线。

(4)电线要用保护胶盒,埋入墙体的要用胶管(包括 PVC 管),接口一定要用直弯头,如果在不能使用胶管的地方,得使用金属软管加以保护。

(5)购买电线、开关等一定要买符合国家标准的。

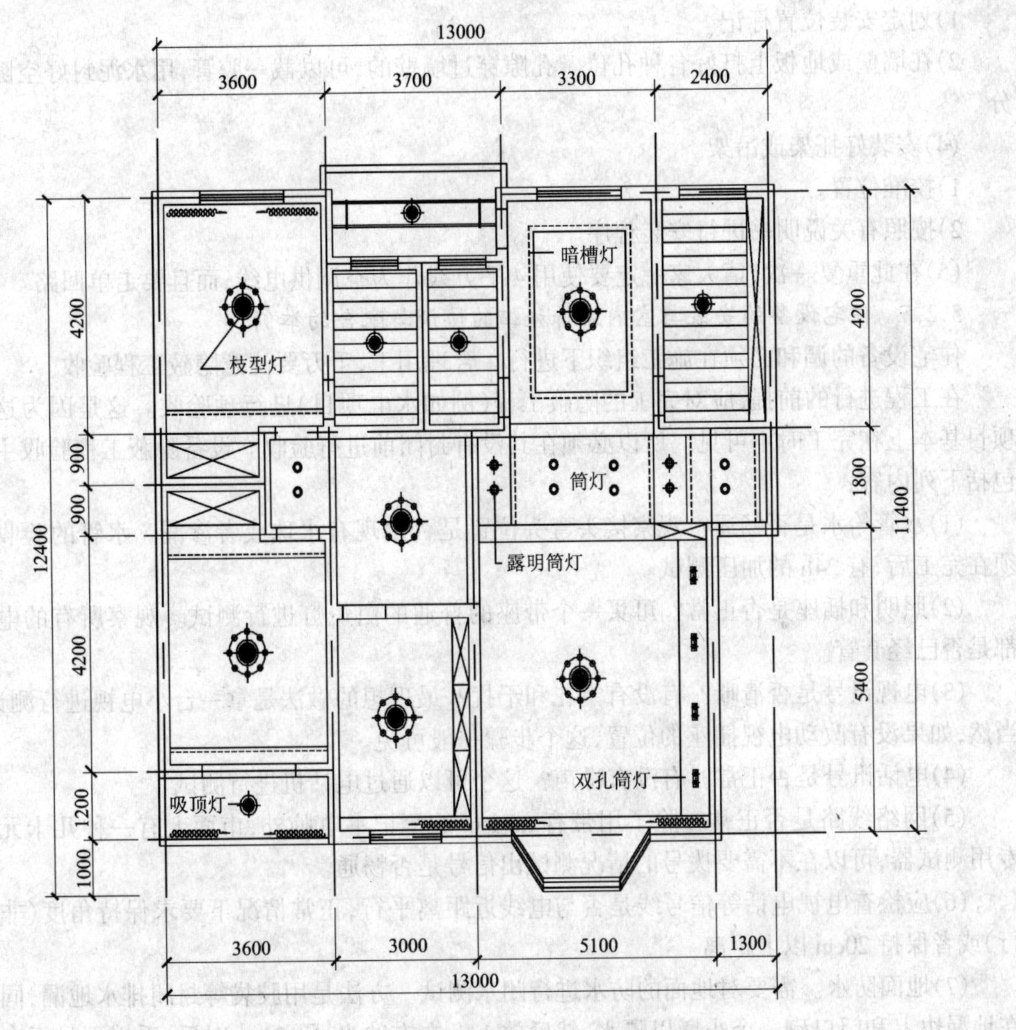


图 5-2　某住宅顶棚平面布置图

### 5.2.3　案例三:通讯设备的安装方法

本例中客厅、卧室都有电话线,书房留有宽带网接口。在此不予说明。如果要安装,可以参照电器安装的相关步骤。

### 5.2.4　案例四:采暖与通风设备的安装方法

本例位于四川,采用分体式空调机采暖和通风。这种采暖方式主要用于一些温度并不低的南方地区。它的最主要好处加温速度快,而且还可以冷热两用。类似的方法还有暖风机、辐射式采暖机等等。这种采暖方式是针对特定居室,一般很难兼顾全户的采暖问题。

装空调系统厂家或供销商都有提供安装的。这里是讲述有关的注意事项。

(1)空调机的选购。尽量选用大品牌产品。记住保留好保修卡和有关发票。

(2)匹数要适当。匹数关乎制冷的力度。客厅的空调匹数要稍大一点,以便留有功率余地。卧房有1~1.5匹就够了,客厅则最好有2匹或2匹以上。每匹约负担$40m^3$体积。

(3)简单程序。

1)划定安装位置标记。

2)在墙壁或地板上打好各种孔位。孔隙穿过墙壁的,可以截一胶管,用水泥封好空隙部分。

(4)安装好托架或吊架。

1)校准位置。

2)按照有关说明书进行安装程序。

(5)在此重复一次,请大家一定要使用4平方线作为空调供电线,而且要走单回路。

### 5.2.5 住宅设备的安装与室内装饰施工的协调与配合的举例

住宅设备的调和必须在施工组织下进行。合理用工,千万要注意隐蔽工程验收。

在工程进行的前提,应对完工的隐蔽工程(例如水电项目)进行预验收。这是因为这些项目基本上在完工时不可见。所以必须在其没有封闭前进行验收。设备隐蔽工程验收主要包括下列内容:

(1)水管给水是否畅通?观察接头弯头位置是否出现有水珠或者渗漏。水管的验收必须在完工后,有24h的加压测试。

(2)照明和插座是否正常?可买一个带座的普通的白炽灯进行测试。观察所有的电线都是否已经套管。

(3)电视讯号是否清晰?有没有雪花和干扰?最理想的做法是拿一台小电视进行测试。当然,如果没有改动电视插座的位置,这个步骤一般可免。

(4)电话讯号是否正常?有没有噪声?这个可以通过电话机进行测试。

(5)网络线路是否正常?除了用带有modem的笔记本电脑外,市面上有一种几十元的专用测试器,可以在不需要拨号的情况测试出信号是否畅通。

(6)应检查电视电话等信号线是否与电线近距离平行,正常情况下要求保持角度(非平行)或者保持20cm以上距离。

(7)地面防水。需要对地面的防水进行闭水测试。方法是用胶袋等封闭排水地漏,同时在地漏边上和门口砌一个小墩以隔水,然后放1cm左右的水,隔24小时后,看楼下是否有水渗漏。要注意的是这种测试的前提是已经做了防水,而且在贴瓷砖前进行测试。

## 实训课题

橱卫设备、电器设备的安装与室内装饰施工的协调与配合案例分析

1. 实训目的

掌握各种电器的产地、规格、特性、适用范围等,了解各种电器设备的安装方法,掌握电气设备在安装时如何和装饰施工的配合问题。

2. 实训条件

(1)教师带领学生到电器设备材料市场参观调研。

(2)教师带领学生到某住宅装饰装修现场参观调研。其内容包括：橱卫设备的安装；照明设备的安装；通讯设备的安装；采暖与通风设备的安装。

3. 实训内容及要求

(1)记录各种电器设备(住宅建筑常用)的名称、产地、使用要求等，要整理成册。

(2)画出厨房或卫生间某处的设备或电器的安装详图(3号图纸)。

## 思考题与习题

1. 厨房设备的安装程序是怎样的？
2. 卫生间各部件的安装要点有哪些？
3. 住宅装饰中照明灯具如何选择？
4. 室内智能化的基本概念。
5. 家用中央空调冷热水机组的安装要点有哪些？
6. 如何在家装中体现各设备的协调性？

# 单元6　住宅建筑装饰装修饰面防水与厨卫防水技术

一套住宅装修好了,所有与之有关的人都会兴奋不已。为什么呢?对于装饰设计与施工人员来讲,自己的作品终于演化成现实,自己的辛劳终于没有白费。对于业主来讲,终于可以入住新家。尽管家装的过程有那么多的遗憾……望着崭新的一切,我们往往会想:这效果能维持多久?因为新的装饰也惧怕外界的侵蚀。在家装的自然侵蚀伤害中,最重要的就是水了:水使装饰的材料慢慢改变属性;水留下的浸痕像一块心痛的伤疤,久久不能抚去;水会改变材料的色彩,严重时使装饰材料剥离……住宅是置身于一栋楼宇之中的,建筑的外防水已通过建筑的营造要素进行了解决,比如屋面、外墙。住宅建筑装饰装修的防水主要是解决住宅套型内部的防水,包括阳台防水、厨卫防水、室内景观防水等。

## 课题　住宅装修的饰面防水与厨卫防水技术

住宅建筑装饰装修防水是一项技术性很强的工作,也是一项隐蔽性很强的工作,工作完成以后必须做蓄水试验。有了好的装饰防水,住宅就有了好的实用性保障,舒坦的心情就会持久。住宅装饰装修是在住宅建筑原有的建构载体上进行的,因此住宅建筑的装饰装修防水大多是饰面防水。在住宅中,防水的重点是厨房与卫生间,加之它们设备复杂,管道众多,因而技术操作上有其特殊要求。

### 6.1　住宅装修的饰面防水与厨卫防水技术

住宅建筑装饰装修中的防水是一个统一系统,不能把它从设计中割裂开来,它包括两个方面的含义:一方面,防水是家装中的一个不可缺少的内容,在家装设计中必须精心策划、统筹安排;另一方面,我们必须针对家装的特性,有针对性的进行防水。

#### 6.1.1　住宅建筑装饰装修中室内防水的基本概念以及防水的目的

住宅建筑装饰装修中的室内防水是为实现住宅装饰功能及其效果,保护装饰界面,在原有建筑构造的基础上,在科学技术和防水材料的支持下,对住宅建筑内部界面包含顶棚、墙面、地面,所进行的排水、蓄水、堵水、疏水等防水技术做法。

住宅建筑装饰装修防水的目的就是保障住宅界面的适用性、装饰性不受破坏,从而正常实现家装的和谐和可持续发展。

住宅建筑装饰装修中的防水不仅针对于液态的可视的水,还包括游离的气态的水。在住宅建筑装饰装修中,真正的易于寻找的漏水的机会并不多,防水的重点主要是防因渗水而形成的漏水。下面我们介绍防水的几个基本概念。

(1)水的特性

水是无孔不入的,它借助风压、对流、冲击、附着、毛细等力量,逐渐渗入建筑内部,而且渗透的过程不易从表面发觉。换言之,找寻漏水原因必须深入“内脏”研判,才能对症下药。

(2)水与水蒸气的压力变化

水一旦渗透到建筑物里面,在有限的空间内,等太阳一晒,产生热能,就形成水蒸气,这些水蒸气产生大量的压力足以破坏原有的防水层,甚至于表面的装潢及饰材(譬如,油漆脱落、壁纸发黑、瓷砖鼓起、木质地板膨鼓)。这中间的变化是:1 mole 的水 18g 体积为 18cc; 1 mole 的水蒸气,体积为 22.4L = 22400cc。换句话说,一单位的水,如果全部变成水蒸气,在建筑物内部有限度的空间里面,就产生了 1240 倍的压力,这个压力的破坏性实在太可怕了(所以我们时常发现防水胶施工在含水的泡沫水泥上,不久就整个鼓起剥落了)。

(3)防水必须做在坚实的基体上面

与防水材料接触的界面不可有膨鼓、起砂、蜂巢、木头、纸屑、污泥、小石块,也不能做在松动不牢固的表体上,原因是附着性不良,再加上太阳紫外线破坏,建筑物本身热胀冷缩,以及水蒸气压力破坏,容易造成防水层老化、失效。

(4)正面防水优于负面防水

如屋顶防水,直接做在屋顶表面;墙壁防水应直接做在外墙;水箱防水直接做在水箱内层;浴室渗水就要将浴缸、瓷砖打除,重新做防水,为什么呢? 水有压力会往他处扩散,房子里死角的地方也不容易施工。这里所讲的“优于”是相对比较的,而非绝对性的。因为随着科技的发达,市面上陆续推出负面施工的防水材料——抗负水压的硅酸质系列渗透性粉末,以及高低压注入合成树脂产生膨胀结晶体,亦可防水,但是并非所有的场合都可成功的施工,所以非不得已,应该采取正面防水施工。

(5)围堵式的防水容易失败

防水应该从根源治起,不宜用围堵方法,水是无孔不入的,也会产生压力破坏,根源不治焉能持久。

(6)防水止漏的定义

不管水压的大小,不管下几天的雨,也不管屋内有没有积水,都不可以漏水,这才叫做防水止漏。

(7)没有一种材料是万能的

任何一种防水材料都有它的独特性、适用性。“一剂治百病”的观念是错误的。所以,如何选择材料是重要的课题,良好的医生是在主导用药而不是被药剂牵着鼻子走。

(8)选用防水材料优劣的判断标准(如何适材适地使用材料)

1)与基体的粘接性。

2)弹性伸长率。

3)透水性。

4)抗压、撕裂强度。

5)耐候性、抗老化性。

6)表面涂饰材料粘接性。

### 6.1.2 住宅室内装饰装修中防水的分类及其构造层次的基本组成

(1)住宅室内装饰装修中防水的分类

住宅室内装修防水按照不同的标准有不同的分类方法。

1)按照部位分:主要有景观玄关、景观阳台、厨房、卫生间等。

2)按照装修界面分:主要有顶棚防水、墙面防水、地面防水。

3)按防水做法:分为正面防水和负面防水。

(2)住宅室内装饰装修中各部位的防水要点

1)景观玄关

景观玄关是人类结合与向往自然的必然趋势。因为其与自然联系紧密,所以不完全封闭;因为在其中布置花草、水景等,所以必须做防水。水的来源是雨水和水景中的水,防水的重点是地面以及管道的介入处。墙面必须做高于溢水口 30cm 以上的防水。如果有喷泉、壁泉、挂瀑等,整个墙面必须做防水。

2)景观阳台

景观阳台包含阳台,其水的来源有天然雨水、衣服滴水、景观蓄水。阳台的防水包括 3 个方面:第一道防水指的是阳台推拉门的防水。在南方,阳台推拉门的施工技术,往往是家居能否安然度过台风季节的关键所在。阳台推拉门的防水,第一要重视门的质量,密封性要好,其次是防水框的里外方向不要搞错。如果阳台根本没有窗,或者阳台窗的防水不好,那么就轮到第二道防水线了。第二道防水指的是阳台地面的防水。阳台地面的防水,第一就是要确保地面有坡度,低的一边为排水口。第二就是要确保阳台和客厅至少要有 2~3cm 的高度差。第三道防水是保持阳台地漏的通畅。在大雨天和刮台风时,当雨量大于地漏的排水能力时,就有可能在阳台地面形成积水,当水量太大时,就有可能漫过推拉门的防水框从而进入室内。这种情况虽然发生的可能性不大,但的确是存在的,所以不得不防,尤其室内地面是实木地板时。阳台防水同样包括墙面和地面。

3)厨房与卫生间

在新交付使用的楼房中,卫生间、浴室和厨房的地面都有按照相关规范做的防水层,只要不破坏原有的防水层,一般不会渗漏。但现在普遍存在的问题为:装修中会增加一些洗浴设施和对多种上下水管线进行重新布局或移动,本身已经破坏了原有的防水层,而且没有及时做修补或重新做防水施工,这样极容易发生渗漏现象。

重铺地砖要做地面防水。如果需要更换卫生间原有地砖,将原有地砖凿去后,一定要先用水泥砂浆将地面找平,再做防水处理,这样就可以避免防水涂料因厚薄不均而造成渗漏。在做防水前,一定要将地面清理干净,用聚氨酸防水涂料反复涂刷 2~3 遍。

一定要做墙面防水。卫生间洗浴时会溅水到邻近的墙上,如没有防水层的保护,隔壁墙和对顶角墙易潮湿发生霉变,所以一定要在铺墙面瓷砖之前,做好墙面防水。一般防水处理中墙面要做 30cm 高的防水处理,但是非承重的轻体墙,就要将整面墙做防水,至少也要做到 1.8m 高。

墙内水管凹槽也要做防水。施工过程中在管道、地漏等穿越楼板时,其孔洞周边的防水层必须认真施工。墙体内埋水管,做到合理布局,铺设水管一律做大于管径的凹槽,槽内抹灰圆滑,然后凹槽内刷聚氨酸防水涂料。

有条件的话,顶板也做防水涂层,以避免上层的渗漏水下滴。

用 24h“蓄水试验”验收防水。在防水工程做完后,封好门口及下水口,在卫生间地面蓄满水达到一定液面高度,并做上记号,24h 内液面若无明显下降,防水就做合格了,如验收不合格,防水工程必须整体重做后,重新进行验收。

(3)住宅室内装饰装修中各部位的防水构造层次的基本组成

1)顶棚和墙面防水的构造层次

顶棚和墙面的构造层次由里及外分别为：

(a)结构基层：一般是整体现浇钢筋混凝土板、预制整块开间钢筋混凝土板或预制圆孔板、砖或砌块墙面。

(b)水泥砂浆找平层。

(c)顶棚及墙面防水层：多采用防水涂料或聚合物水泥防水砂浆。

(d)顶棚及墙面面层。

在上列构造层中基层处理即找平层最易让人忽略。

从狭义上讲，防水层的基层是指在结构层上或保温层上起到了找平作用的基层，俗称找平层。找平层是防水层依附的一个层次，质量优劣直接影响防水层的质量和防水效果，有时还成为防水工程质量的关键，如果找平层排水坡度不足，强度不够，表面起砂、起皮、开裂，会造成防水层长期积水、脱皮、鼓泡、拉裂等现象而渗漏，此类事例屡见不鲜。所以找平层的质量非常重要，必须引起设计和施工的充分重视。

防水层要求找平层应有足够的排水坡度，使水迅速排走，并要有足够的刚度和强度，表面应平整、干净、干燥、不起皮、不起砂、不开裂。结构层直接作为防水层的基层时，也应该满足上述要求。但是由于防水层的种类繁多，不同防水层对找平层的各种性能要求就不尽相同，有侧重、有差异。

家装中常见找平层做法有：

水泥砂浆找平层：一般以1:2～1:5水泥砂浆抹20～30mm厚，在结构层或保护层上做找平层，目前这类找平层质量问题多，不受人们重视，因而导致防水层质量事故较多。

纤维增强砂浆找平层：在水泥砂浆中掺入聚丙烯纤维以增强它的抗裂性，减少找平层的开裂。水泥砂浆中聚丙烯纤维的掺量为0.7～1kg/m$^3$。

聚合物水泥砂浆找平层：在水泥砂浆中掺入一定量的聚合物，提高找平层的强度，减少开裂，使表面不起砂、起皮，一般掺量聚灰比控制在10%～15%。

2)地面防水的构造层次(以厨房、卫生间为例)

厨房、卫生间是建筑物中最能体现一个国家居住文明和建设水平的部位。随着我国人民生活水平的日益提高，厨房、卫生间的使用功能日趋多样，集卫生间、浴室、洗衣等多种功能于一体，其特点为：穿过楼地面或墙体的管道多，用水量大且使用频繁集中，空间虽小形状却较为复杂，阴阳角多，管道周围缝隙多，加之工种复杂，交叉施工，互相干扰，防水施工难度较大。厨房、卫生间防水工程既要解决地面防水，防止水渗漏到下层结构内，又要解决墙面防水，以防止水渗漏到同一墙体的另外一侧。厨房、卫生间的典型防水构造层次如图6-1所示。

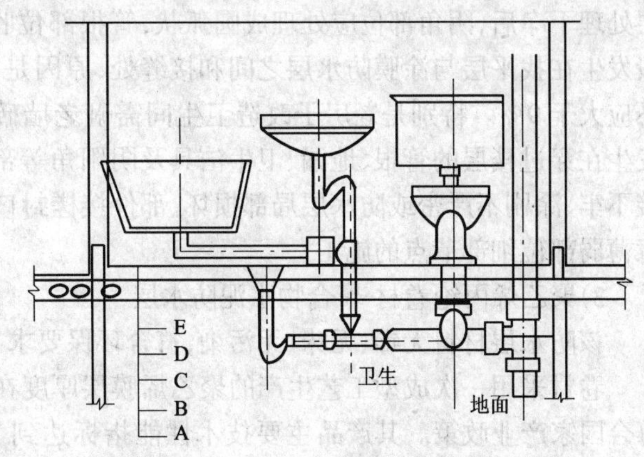

图6-1 卫生间的地面防水构造

(a)结构基层：一般是整体现浇钢筋混凝土板、预制整块开间钢筋混凝土板或预制圆孔板。

(*b*)找坡层:一般采用水泥焦渣垫层向地漏处找出排水坡度。

(*c*)水泥砂浆找平层。

(*d*)楼地面及墙面防水层:多采用防水涂料或聚合物水泥防水砂浆。

(*e*)楼地面面层。

6.1.3 住宅建筑中常用厨房、卫生间防水的防水材料及其做法

现在家庭装修厨房、卫生间防水是其中一个重要的施工项目,质量不合格会有很多隐患。现代家装厨房、卫生间防水所用的材料主要有卷材防水、涂料防水、复合防水等多种。

(1)卷材防水

卷材防水层应选用高聚物改性沥青类或合成高分子类防水卷材,并符合下列规定:卷材外观质量、品种规格应符合现行国家标准或行业标准;卷材及其胶粘剂应具有良好的耐水性、耐久性、耐刺穿性、耐腐蚀性和耐菌性。

1)目前适用于厨房、卫生间防水工程的高聚物改性沥青类防水卷材的主要品种有:

(*a*)弹性体改性沥青防水卷材,是用苯乙烯-丁二烯-苯乙烯嵌段共聚物(简称 SBS)改性沥青和聚酯毡或玻纤毡胎体制成。

(*b*)塑性体改性沥青防水卷材是用无规则聚丙烯(APP)等改性沥青和聚酯毡或玻纤毡胎体制成。

(*c*)改进沥青聚乙烯胎防水卷材 JC/T 633—96 是以改性沥青为基料、高密度聚乙烯膜为胎体制成的卷材。

目前,适用于厨房、卫生间防水工程的合成高分子卷材的类型有:

硫化橡胶卷材,主要有 JL1 三元乙丙橡(EPPM)和 JL2 氯化聚乙烯-橡胶共混等产品。

非硫化橡胶类卷材主要有 JF3 氯化聚乙烯(CPE)等产品。

合成树脂类卷材,主要有 JS1 聚氯乙烯(PVC)等产品。

纤维胎增强类卷材,主要有丁基、氯丁橡胶、聚氯乙烯、聚乙烯等产品。

2)家装前期主要施工工艺是 SBS 橡胶改性沥青涂料防水层或氯丁胶乳沥青涂料防水层。

SBS 橡胶改性沥青涂料防水层或氯丁胶乳沥青涂料防水层通常由沥青涂料和玻璃丝布搭配使用,一般是三油两布,玻璃丝布搭接长度不小于 5cm,接头应相互错开,聚氨酯涂膜防水层无需用玻璃丝布,施工较简便。因为防水施工漏水部位通常是阴角和管根部位,所以基层处理干净后,阴角部位应处理成圆弧状,管根部位收头要圆滑,要做附加层处理。空鼓一般发生在找平层与涂膜防水层之间和接缝处,原因是基层含水率过大,应控制含水率,一般不应大于 9%。特别是老房子改造卫生间需砸老墙砖,重做防水的过程中需注意。渗漏多发生在穿过楼层的管根、地漏、卫生洁具及阴阳角等部位,原因是管根、地漏等部位松动、粘接不牢、涂刷不严密或防水层局部损坏、部件接槎封口处搭接长度不够所造成的。所以要注意薄弱部位细部节点的施工。

3)聚乙烯丙纶卷材-聚合物水泥防水层

该防水层材料无毒、无味、无污染,符合环保要求。

卷材采用一次成型工艺生产的聚乙烯膜层厚度在 0.5mm 以上的聚乙烯丙纶防水卷材,符合国家产业政策。其产品主要技术性能指标达到了国际《高分子卷材,第一部分·片材》GB 18173.1—2000FS2 的检验指标,尤其拉伸强度较好,可以满足工程使用要求。

选用配套专用的聚合物水泥防水粘结料，粘贴卷材牢固。根据不同工程和不同部位，采用多层复合做法。卷材搭接缝用聚合物水泥防水粘结料密封不开裂。

潮湿基面可以施工，冬期采取保暖措施施工，质量不受影响。

卷材柔软性好，对阴阳角、圆弧或直角部位均可弯曲粘贴牢固。

4)基橡胶防水密封胶粘带

基橡胶防水密封胶粘带具有密封性能优异，耐久性强，使用寿命长，用途广泛的特点。丁基橡胶密封胶粘带是由耐老化性能优异的聚异丁烯与耐老化优良的丁基橡胶混合而成。在三元乙丙防水卷材搭接部位使用，寿命可与三元乙丙同步。环保型，无公害；丁基胶粘带本身不含有挥发性有机化合物，无毒、无味、不易燃、不易爆、无污染、安全方便，是溶剂型胶粘剂理想的更新换代产品。水密性、气密性能优异；胶粘带的粘结力长期保持不变，并能随着使用周期的增加而增长。故可放心长期使用。所以，胶粘带使用性和适用性强。

(*a*)胶粘带为定型产品，厚薄与宽度可以做到均匀一致，稳定性强且便于施工。

(*b*)连接方便、快捷，有效地解决卷材搭接口之间的粘结及卷材与其他建筑材料之间的过渡密封处理。

(*c*)冷施工，粘结快，易于操作。

(*d*)具有优异的弹塑性及高延伸率，对于基层变形及开裂适应性强。

(*e*)可在负温度环境条件下直接粘结，解决了高分子防水卷材冬期不能施工的问题。

(2)涂料防水

涂料防水层包括无机防水涂料和有机防水涂料。无机防水涂料可选用水泥基防水涂料、水泥基渗透结晶型涂料。有机涂料可选用反应型、水乳型、聚合物水泥防水涂料。

1)双组分高分子防水涂料系具有五大优点：

(*a*)不含有机溶剂，无毒、无味，系绿色环保产品。

(*b*)具有刚柔双重特性，实现了刚性防水与柔性防水的完美结合。

(*c*)可在潮湿基面上施工、施工环境适应性好。

(*d*)与各种基材粘接牢固，特别适用于工程修补及粘贴瓷砖和保温泡沫板。

(*e*)耐老化性能好，使用寿命在30年以上。

2)水泥基渗透结晶型防水材料在厨卫防水工程上的应用：

水泥基渗透结晶型防水材料是以硅酸盐水泥或普通硅酸盐水泥、石英砂等为基材，掺入活性化学物质组成的一种新型刚性防水材料。可以用作涂层或直接作防水剂掺入混凝土中以增强其抗渗性能。其作用机理是材料中含有的活性化学物质通过载体向混凝土内部渗透，在混凝土中形成不溶于水的结晶体，堵塞毛细孔道，从而使混凝土致密、防水。

由于其抗渗性能与自愈性能好、粘结力强、防钢筋锈蚀以及对人体无害、易于施工等特点，广泛应用于地下工程、水利工程、蓄水池、污水处理等结构防水中，获得良好的防水效果。在厨房、卫生间等建筑内部的防水施工中，目前使用比较多的还是JS复合防水涂料和聚氨酯防水涂料等。随着人们对渗透结晶型防水材料的认识不断深入，人们会感受和体会到此类材料在厨房、卫生间防水工程上的优势。至今，各大中城市的民用建筑厨房、卫生间工程已经使用此类材料的不在少数，如北京、上海、浙江等地。

(3)复合防水

复合防水是指采用不同材性的防水材料，利用各自的特点组成能独立承担防水能力的层次,复合防水因使用的防水材料性质不同,材料形态也不同,如采用一道涂膜防水层与一道卷材防水层复合使用,则能取长补短,更有利于抵抗自然侵蚀,弥补施工中出现的缺陷,提高防水工程质量,质量保证程度也更可靠。

复合防水的材料选择:复合防水选材时需充分考虑各方面因素影响,如相容性、可操作性等,以充分发挥其各自特点,取得良好效果。

1)两种材料能够相容

两种材料复合在一起,取长补短获得功能互补,提高防水能力,但如果两种材料相遇后进行化学反应,则导致两败俱伤,如聚氯乙烯卷材与沥青涂料不能复合;或者在聚氨酯涂膜上粘结高分子卷材,若采用溶剂型粘结剂,则易将聚氨酯涂膜溶胀,影响防水功能。

2)施工操作的可能性

虽然两种材料可以相容、能够互补,但可能施工操作不方便或有困难,如两道设防,底层用高分子卷材或聚氨酯涂料,上层用高聚物改性沥青卷材,热熔法施工,喷枪的高温火焰会将下层的卷材或涂膜灼伤,这是不能复合的。

3)材料特性

复合防水的上道防水层宜选用耐老化、耐穿刺的材料,如防水砂浆、聚氯乙烯防水卷材、高聚物改性沥青卷材等,在发挥自身防水功能的同时起保护作用;下道防水层宜选用与基层粘结好、延伸率大的材料,如聚氨酯涂料,高聚物改性沥青涂料等,可以更好地适应基层开裂,防止串水。

复合防水施工工艺:基层要求——干净、平顺、坚固。

施工工艺及流程

基层处理→节点细部处理→涂刷聚氨酯防水涂膜层→粘铺三元乙丙卷材防水层→防水层收头处理→验收。

### 6.1.4 住宅建筑中厨房、卫生间聚氨酯涂膜防水施工工艺及控制要点

(1)施工准备

1)作业条件

(*a*)厨房、卫生间楼地面垫层已完成,穿过厨房、卫生间地面及楼面的所有立管、套管已完成,并已固定牢固,经过验收。管周围缝隙用1:2:4豆石混凝土填塞密实(楼板底需吊模板)。

(*b*)厨房、卫生间楼地面找平层已完成,标高符合要求,表面应抹平压光、坚实、平整、无空鼓、裂缝、起砂等缺陷,含水率不大于9%。

(*c*)找平层的泛水坡度应在2%(即1:50),以上不得局部积水,与墙交接处及转角处、管根部位,均要抹成半径为100mm的均匀一致、平整光滑的小圆角,施工时要用专用抹子。凡是靠墙的管根处均要抹出5%(1:20)坡度,避免此处积水。

(*d*)涂刷防水层的基层表面,应将尘土、杂物清扫干净,表面残留灰浆硬块及高出部分应刮平、扫净。对管根周围不易清扫的部位,应用毛刷将灰尘等清除,如有坑洼不平处或阴阳角未抹成圆弧处,可用众霸胶:水泥:砂=1:1.5:2.5砂浆修补。

(*e*)基层做防水涂料之前,在突出地面和墙面的管根、地漏、排水口、阴阳角等易发生渗漏的部位,应做附加层增补。

(*f*)厨房、卫生间墙面按设计要求及施工规定(四周至少上卷300mm)有防水的部位,墙

面基层抹灰要压光,要求平整,无空鼓、裂缝、起砂等缺陷。穿过防水层的管道及固定卡具应提前安装,并在距管 50mm 范围内凹进表层 5mm,管根做成半径为 10mm 的圆弧。

(*g*)根据墙上的 50cm 标高线,弹出墙面防水高度线,标出立管与标准地面的交界线,涂料涂刷时要与此线平。

(*h*)厨房、卫生间做防水之前必须设置足够的照明设备(安全低压灯等)和通风设备。

(*i*)防水材料一般为易燃有毒物品,储存、保管和使用要远离火源,施工现场要备有足够的灭火器材,施工人员要着工作服,穿软底鞋,并设专业工长监管。

(*j*)环境温度保持在 5℃以上。

操作人员应经过专业培训持证上岗,先做样板间,经检查验收合格,方可全面施工。

2)材质要求

单组分聚氨酯防水涂料(由于双组分、多组分聚氨酯防水涂料含有大量有机溶剂,对环境污染严重,重庆地区已禁止此类材料使用于建筑物内部厕浴间等防水工程)。单组分聚氨酯防水涂料是以异氰酸酯、聚醚为主要原料,配以各种助剂制成,属于无有机溶剂挥发的单组分柔性防水涂料。其性能指标如下:

单组分聚氨酯防水涂料性能技术指标

指标、项目　LH

固体含量%　≥　80

拉伸强度　MPa　≥1.9　2.45

断裂伸长率%　≥350　450

不透水性　0.3MPa,30min　不透水

低温柔性　℃　－40℃弯折无裂纹

干燥时间:表干时间 h≤12,实干时间 h≤24

注:L 指低强度高延伸率型

H 指高强度低延伸率型

3)工器具

主要机具:电动搅拌器、搅拌捅、小漆桶、塑料刮板、铁皮小刮板、橡胶刮板、弹簧秤、毛刷、滚刷、小抹子、油工铲刀、笤帚、消防器材、风机等。

(2)质量要求

1)主控项目

(*a*)防水材料符合设计要求和现行有关标准的规定。

(*b*)排水坡度、预埋管道、设备、固定螺栓的密封符合设计要求。

(*c*)地漏顶应为地面最低处,易于排水,系统畅通。

2)一般项目

(*a*)排水坡、地漏排水设备周边节点应密封严密,无渗漏现象。

(*b*)密封材料应使用柔性材料,嵌填密实,粘结牢固。

(*c*)防水涂层均匀,不龟裂,不鼓泡。

(*d*)防水层厚度符合设计要求。

(3)工艺流程

聚氨酯防水涂膜施工工艺流程:

基层清理→细部附加层施工→第一层涂膜→第二层涂膜→第三层涂膜→第一次试水→保护层施工→第二次试水→工程质量验收。

(4)操作工艺

1)基层清理

涂膜防水层施工前,先将基层表面上的灰皮用铲刀除掉,用笤帚将尘土、砂粒等杂物清扫干净,尤其是管根、地漏和排水口等部位要仔细清理。如有油污时,应用钢丝刷和砂纸刷掉。基层表面必须平整,凹陷处要用水泥腻子补平。

2)细部附加层施工

(*a*)打开包装桶后先搅拌均匀。严禁用水或其他材料稀释产品。

(*b*)细部附加层施工:用油漆刷蘸搅拌好的涂料在管根、地漏、阴阳角等容易漏水的薄弱部位均匀涂刷,不得漏涂(地面与墙角交接处,涂膜防水上卷墙上 250mm 高)。常温 4h 表干后,再刷第二道涂膜防水涂料,24h 实干后,即可进行大面积涂膜防水层施工,每层附加层厚度宜为 0.6mm。

3)涂膜防水层施工

聚氨酯防水涂膜一般厚度为 1.1、1.5、2.0mm,根据设计厚度不同,可分成两遍或三遍进行涂膜施工。

(*a*)打开包装桶先搅拌均匀。

(*b*)第一层涂膜:将已搅拌好的聚氨酯涂膜防水涂料用塑料或橡胶刮板均匀涂刮在已涂好底胶的基层表面上,厚度为 0.6mm,要均匀一致,刮涂量以 0.6~0.8kg/m$^2$ 为宜,操作时先墙面后地面,从内向外退着操作。

(*c*)第二道涂膜:第一层涂膜固化到不黏手时,按第一遍材料施工方法,进行第二道涂膜防水施工。为使涂膜厚度均匀,刮涂方向必须与第一遍刮涂方向垂直,刮涂量比第一遍略少,厚度为 0.5mm 为宜。

(*d*)第三层涂膜:第二层涂膜固化后,按前述两遍的施工方法,进行第三遍刮涂,刮涂量以 0.4~0.5k/m$^2$ 为宜(如设计厚度为 1.5mm 以上时,可进行第四次涂刷)。

(*e*)撒粗砂结合层:为了保护防水层,地面的防水层可不撒石渣结合层,其结合层可用 1∶1的 108 胶或众霸胶水泥浆进行扫毛处理,地面防水保护层施工后,在墙面防水层滚涂一遍防水涂料,未固化时,在其表面上撒干净的 2~3mm 砂粒,以增加其与面层的粘结力。

(*f*)保护层或饰面层施工

4)涂膜防水层的验收

根据防水涂膜施工工艺流程,对每道工序进行认真检查验收,做好记录,须合格方可进行下道工序施工。防水层完成并实干后,对涂膜质量进行全面验收,要求满涂,厚度均匀一致,封闭严密,厚度达到设计要求(做切片检查)。防水层无起鼓、开裂、翘边等缺陷,并且表面光滑。经检查验收合格后可进行蓄水试验(水面高出标准地 20mm),24h 无渗漏,做好记录,可进行保护层施工。

5)成品保护

(*a*)涂膜防水层操作过程中,操作人员要穿平底鞋作业,穿墙面等处的管件和套管、地漏、固定卡子等,不得碰损、变位。涂防水涂膜施工时,不得污染其他部位的墙地面、门窗、电气线盒、暖卫管道、卫生器具等。

($b$)涂膜防水层每层施工后，要严格加以保护，在厨房、卫生间门口要设醒目的禁入标志，在保护层施工之前，任何人不得进入，也不得在上面堆放杂物，以免损坏防水层。

($c$)地漏或排水口在防水施工之前，应采取保护措施，以防杂物进入，确保排水畅通，蓄水合格，将地漏内清理干净。

($d$)防水保护层施工时，不得在防水层上拌砂浆，铺砂浆时铁锨不得触及防水层，要精工细做，不得损坏防水层。

6)应注意的质量问题

($a$)涂膜防水层空鼓、有气泡：主要是基层清理不干净，涂刷不匀或者找平层潮湿，含水率高于9%；涂刷之前未进行含水率检验，造成空鼓，严重者造成大面积鼓包。因此，在涂刷防水层之前，必须将基层清理干净，并保证含水率合适。

($b$)地面面层施工后，进行蓄水试验，有渗漏现象：主要原因是穿过地面和墙面的管件、地漏等松动，烟、风道下沉，撕裂防水层；其他部位由于管根松动或粘结不牢、接触面清理不干净产生空隙，接槎、封口处搭接长度不够，粘贴不紧密；做防水保护层时可能损坏防水层，第一次蓄水试验蓄水深度不够。因此，要求在施工过程中，对相关工序认真操作，加强责任心，严格按工艺标准和施工规范进行操作。涂膜防水层施工后，进行第一次蓄水试验，蓄水深度必须高于标准地面20mm，24h不渗漏为止，如有渗漏现象，可根据渗漏具体部位进行修补，严重者全部返工。地面面层施工后，再进行第二遍蓄水试验，24h无渗漏为最终合格，填写蓄水检查记录。

($c$)地面排水不畅：主要原因是地面面层及找平层施工时未按设计要求找坡，造成倒坡或凹凸不平而存水。因此在涂膜防水层施工之前，先检查基层坡度是否符合要求，与设计不符时，应进行处理再做防水，面层施工时也要按设计要求找坡。

($d$)地面二次蓄水试验后，已验收合格，但在竣工使用后仍发现渗漏现象，主要原因是卫生器具排水口与管道承插口处未连接严密，连接后未用建筑密封膏封密实，或者是后装安卫生器具的固定螺钉穿透防水层而未进行处理。在卫生器具安装后，必须仔细检查各接口处是否符合要求，再进行下道工序。在卫生器具安装后，注意成品保护。

#### 6.1.5 住宅建筑中厨房、卫生间聚合物水泥防水涂膜防水施工工艺及控制要点

JS丙烯酸酯复合防水涂料，又称聚合物水泥防水涂料（简称JS复合防水涂料），是近年来发展很快，应用广泛的新型建筑防水涂料。聚合物水泥防水涂料系水性涂料，无毒、无害、无污染，属于环保型产品，使用安全，对四周环境和人员无任何伤害。产品能在潮湿（无明水）或干燥的多种材质基面上直接进行施工。涂层坚韧高强，耐水性、耐侯性、耐久性优异。产品能在立面、斜面和顶面上直接施工，不流淌。施工简便，便于操作，工期短，在常温条件下涂料可以自行干燥，便于维修。

厕浴间、厨房间的特点是节点多、管道多且潮湿，如采用卷材防水层既不科学又不经济，因而采用涂膜防水层是十分适宜的。但传统的一些防水涂料施工时要求基层干燥，而且其涂层易剥落或污染。针对厕浴间、厨房间的特点，选择聚合物水泥防水涂料做涂膜防水层，是一种很理想的防水材料。厕浴间、厨房间墙面涂层厚1.0mm就足够满足Ⅱ级防水设防要求，厚1.2mm则可达到Ⅰ级防水设防要求；地面涂层厚1.2mm就足够满足Ⅱ级防水设防要求，厚1.5mm可以达到Ⅰ级防水设防要求。

施工工艺：清理基层→配料→涂刷底层防水层→细部附加层→底层玻纤布→涂刷中、面

防水层→保护层与装饰层施工→工程验收

(1)操作要点

1)清理基层

清除基层的浮灰、油污或疏松物等杂质。基面要求必须牢固、平整,对于凹凸不平或有裂缝的基面应先做找平层后再施工;基面必须清除干净,不得有浮尘、杂物、明水等。渗漏处先进行堵漏处理,阴阳角应做成圆弧角。

2)配料

各层配料由专人负责称取材料配制,先按工法提供的配合比(按基材干湿状况和不同材料的吸水率对加水量进行调整)分别称出配料所用的液料、粉料、水,先将水加入液料,用手提电动搅拌器搅拌,在搅拌过程中再将粉料缓慢加入,搅拌均匀使其不含有未分散的粉料。已拌合好的涂料必须在3h内用完,各层涂料应分别配制。搅拌约5min左右,最好不用手工搅拌。

3)涂刷底层防水层

用滚刷或油漆刷均匀地涂刷底层,不得漏底,使其填充混凝土或水泥砂浆的毛细孔,同时结成一层致密的膜,以便下层涂膜充分的水合反应时间。待涂层表干后,才能进行下一道工序。

4)细部附加层

对水落口、穿墙管道、泛水、阴阳角等易发生渗漏的部位做细部附加增强处理。

5)底层玻纤布

JS复合防水涂料只能满沾,这是涂膜防水的一个特点。为对付基层裂缝,不至于将涂膜拉断裂,造成渗漏,可使用抗拉强度的加筋材料,使防水涂膜的抗拉强度大于粘接强度,使涂膜在基层裂缝处出现剥离,再配合JS复合防水涂膜的高弹性和高强度,可以做到万无一失。同时,网格增强材料好似一把厚度标尺,控制现场人工施涂造成的厚薄不均的缺陷。

6)涂刷中、面防水层

按设计要求JS复合防水涂料均匀涂刷在基层表面。每遍涂刷量以0.8~1.00kg/m$^2$为宜,多遍涂刷,直到达到设计规定的涂膜厚度要求。

7)装饰层施工

8)工程验收

涂料防水层所用材料及配合比必须符合设计要求。涂料防水层及其转角处、变形缝、穿墙管道等细部做法均须符合设计要求。防水涂料和胎体增强材料必须符合设计要求。涂膜防水层不得有渗漏或积水现象。涂膜防水层的平均厚度应符合设计要求,最小厚度不应小于设计厚度的80%。涂膜防水层与基层应粘结牢固,表面平整,涂刷均匀,无流淌、皱折、鼓泡、露胎体和翘边等缺陷。蓄水试验需等涂层完全干透后方可进行,厕浴间防水做完后,蓄水24h不渗漏为合格。

厕浴间、厨房间如果不做防水设防,一旦发生渗漏水,则对高档装饰(如水泥漆面、木地板等)的损坏将是十分严重的。

(2)总要求

1)以排为主,以防为辅。

2)防水层须做在楼地面面层下面。

3)卫生间地面标高,应低于门口地面标高,地漏标高则更低。

(3)排水坡度要求

1)地面向地漏处排水坡度一般为2%。

2)地漏处排水坡度,以地漏边缘向外50mm,排水坡度为3%~5%。

3)地漏标高应根据门口至地漏的坡度确定,必要时设门槛。

4)厨房、卫生间如设有浴盆,浴盆地面排水至地漏坡度为3%~5%。

(4)找平层要求

1)10~20mm厚1:2.5水泥砂浆找平层,抹平压光,套管根部抹成"八"字角,宽10mm、高15mm,阴阳角抹成小圆角,收头应圆滑。

2)对高低不平部位或凹坑处,用1:2.5的水泥砂浆抹平。

(5)注意事项

1)在交叉作业时要配合好穿墙管道或凹眼打孔,在防水施工前,抹平压光做收头处理。

2)防水施工前,严禁管道、水嘴、接头漏水和滴水。

**厕、浴、厨房间的防水设防标准** 表6-1

| 项目 | 设防标准 | | |
|---|---|---|---|
| | Ⅰ | Ⅱ | Ⅲ |
| 建筑物类别 | 重要的工业建筑与民用建筑、高层建筑 | 一般的工业与民用建筑 | 非永久性建筑 |
| 地面防水选材要求 | 聚合物水泥复合防水涂料厚1.5mm或硅橡胶防水涂料厚1.0mm | 聚合物水泥复合防水涂料厚1.5mm或硅橡胶防水涂料厚0.8mm或合成树脂乳液防水涂料1.5mm或喷涂一道混凝土封闭剂或聚合物水泥砂浆10mm或无机刚性防水涂料1~3mm | 密实性细石混凝土厚40mm或防水砂浆厚20mm |
| 墙面防水选材要求 | 聚合物水泥复合防水涂料厚1.2mm或硅橡胶防水涂料厚0.8mm | 聚合物水泥复合防水涂料厚1.0mm或硅橡胶防水涂料厚0.6mm或合成树脂乳液防水涂料厚1.2mm或聚合物水泥砂浆厚5mm或无机刚性防水涂料厚1~2mm | 防水砂浆厚20mm |

注:1)住宅厨房内墙面可不设防水层,公共厨房则应按表中做法一直做到墙顶。
2)摘自DBJ 13—39—2001。

### 6.1.6 住宅建筑装修中厨房、卫生间渗漏原因及对策

(1)造成厨卫间楼地面渗漏原因

1)设计原因

(*a*)现浇混凝土楼板,未设计防水层。

(*b*)管道预留孔位置设计不准确,与楼板孔洞贯通。

(*c*)楼地面排水坡度过小,不足2%,排水方向不准确,地漏、阴阳角、浴缸下地坪的标高设计不合理或无详图,造成地面积水,排水不畅。

2)材料原因

(*a*)选材不当,选择不适用于厕浴间的防水卷材,卷材接头粘结强度不够,节点包封不

严，引起渗漏。

(*b*)选用了耐水性能、耐腐蚀性能不良的防水材料，材料出现腐烂、软化、溶胀、破坏现象，或固化后出现收缩、开裂、孔洞、杂质、强度及延伸率低、耐水能力差等现象，涂料与基层粘结强度低或不能粘结。

3)施工原因

(*a*)找平层施工质量不好，出现裂缝，产生渗漏。

(*b*)楼地面与墙面交接部位出现裂缝。

(*c*)找平层施工质量不好，引起起砂、酥松、掉灰等，楼地面与墙面交接部位出现渗漏。

(*d*)楼地面因找平层施工质量不好，原防水层粘结不牢，涂膜、防水层厚度不够，涂膜施工工艺不合理，引起收缩开裂等，出现多点渗漏、串流渗漏等。

4)管理原因

(*a*)缺乏管理，年久失修，渗漏日趋严重。

(*b*)二次装修时，将原防水层破坏。

(2)治理方法

1)对于厨房、卫生间地面出现裂缝而渗漏水的情况，要视裂缝大小而采取不同的处理方法。一般是沿裂缝局部剔除面层，暴露出防水层裂缝部位，若裂缝较宽，则沿裂缝剔凿宽度和深度均不小于10mm的沟槽，清除浮灰杂物后，在沟槽内嵌填密封材料，后铺设带胎体增强材料的涂膜防水层与原防水层搭接封严，试水不漏后修复面层。若裂缝细微，则可不铲除地面面层，清理裂缝表面后，沿裂缝涂刷一定宽度的与地面色泽相近的合成高分子涂膜即可。

2)对于穿过楼地面管道根部渗漏水的问题，一般采用沿管根或管根与楼地面间的裂缝剔出一定宽度和深度的环形沟槽(>10mm)，清理浮灰杂物后，槽内嵌填密封材料，并在管道与地面交接处，涂刷管道高度及地面水平宽度均不小于100mm、厚度不小于1mm的与地面颜色相近的合成高分子涂膜即可。

3)对于穿过楼地面的套管损坏而引起的渗漏，在更换套管后(套管要高出楼面20mm以上)，套管根部用嵌缝材料密封。

4)楼地面与墙面交接缝、阴阳角处发生渗漏时，将酥松，损坏部位凿除后，用1:2.5水泥砂浆修补基层，然后涂刷带胎体增强材料的涂膜防水层，厚度不小于1.5mm。新旧防水层要顺水流方向搭接压茬，且搭接宽度不小于80mm。

5)当原楼地面没有防水层或原防水层已老化或大面积破损失去防水功能时，则需要进行全面翻修，即凿除全部面层并清理干净后，基层达到坚实、平整、干燥，在平立面相交及转角处做成圆角，卫生洁具、设备、管道安装牢固并做好接口及节点的密封，然后按规定做涂膜防水层或聚合物水泥砂浆防水层。

6)当地面倒泛水或地漏安装过高造成地面积水而且渗漏时，凿除相应部位的面层，修复防水层，再铺设面层并重新安装地漏。地漏接口与翻口边沿做好嵌缝密封处理。

## 案 例 分 析

住宅的积水和多余的水蒸气会对装饰装修产生破坏，同时会影响邻里关系，因而住宅的防水显得特别重要。

住宅建筑装饰装修中的室内防水是为实现住宅装饰功能及其效果，保护装饰界面，在原有建筑构造的基础上，在科学技术和防水材料的支配下，对住宅建筑内部界面包含顶棚、墙面、地面，所进行的排水、蓄水、堵水、疏水等正面和负面防水技术做法。

住宅建筑装饰装修防水的目的就是保障住宅界面的适用性、装饰性不受破坏，从而正常实现家装的和谐和可持续发展。

住宅建筑装饰装修中的室内防水按照部位分：主要有景观玄关、景观阳台、厨房、卫生间等的防水。我们仍以前述幼儿园老师的家装为例来谈谈防水处理过程。

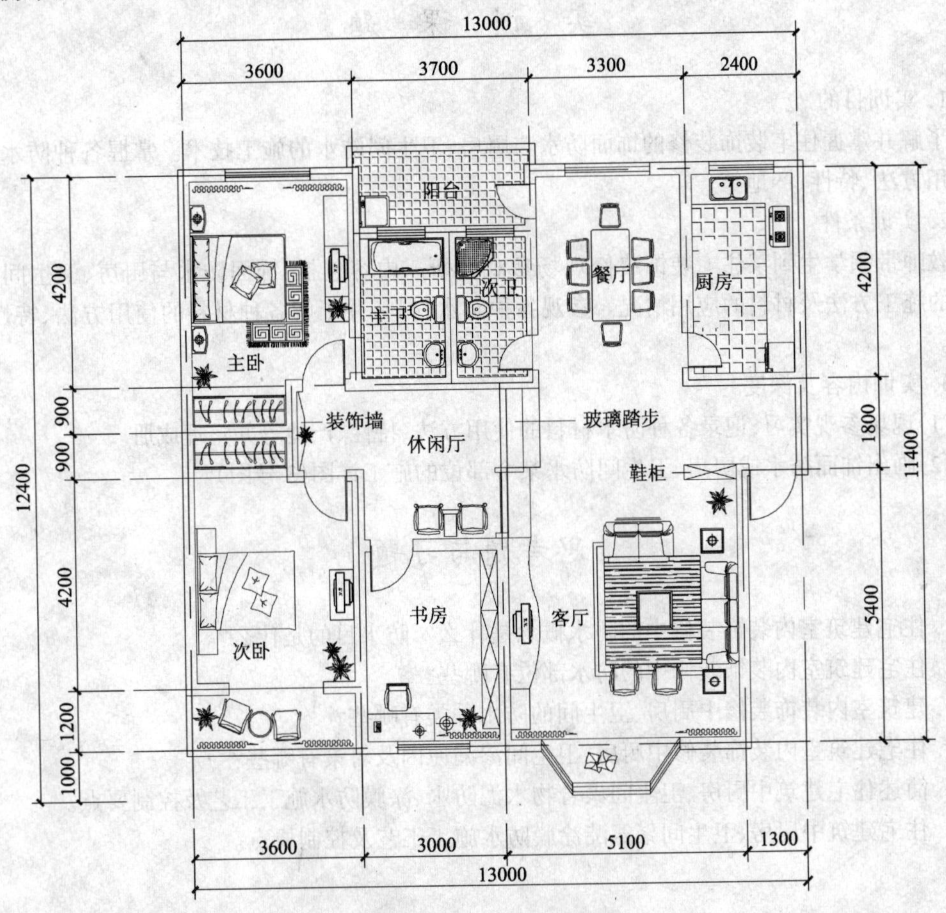


说明：1. 厨房、卫生间、阳台用300×300防滑地砖贴面。
2. 其余房间为强化木地面。
3. 玻璃踏步。玻璃电视柜台面，客厅窗台板大理石。

图6-2 室内家具布置图

## 6.2 住宅装饰装修工程的防水

### 6.2.1 室内装饰装修各分项工程中防水部位的施工方法举例

从上图我们可以知道该套住宅装饰装修的防水处理重点有以下几个房间：主卫生间、次卫生间、厨房、生活阳台。

我们知道家装防水主要有三种方法：卷材防水、涂料防水、复合防水。在装修的事后防水中，宜优先选用涂料防水。本例中采用聚氨酯涂膜防水。

### 6.2.2 住宅建筑中厨房、卫生间等需要防水的部位举例

在该住宅中,厨房、卫生间须防水的位置包括以下一些:

(1)重铺地砖要做地面防水。

(2)一定要做墙面防水。

(3)墙内水管凹槽要做防水。

(4)顶板做防水涂层。

## 实 训 课 题

1. 实训目的

了解并掌握住宅装饰装修的饰面防水与厨房、卫生间防水的施工技术。掌握各种防水材料的使用方法、特性、产地等。

2. 实训条件

教师带领学生到某住宅装饰装修现场参观调研。内容包括:饰面防水与厨房、卫生间防水部位的施工方法及材料的应用情况。参观各种防水材料,并了解各种材料的使用方法、特性、产地等。

3. 实训内容及深度

(1)现场参观实习,记录各种防水材料的使用方法、特性、产地等并整理成册。

(2)画出饰面防水或厨房、卫生间防水某个部位的施工详图(3号图)。

## 思考题与习题

1. 住宅建筑室内装饰装修中的防水概念是什么? 防水目的是什么?
2. 住宅建筑室内装饰装修中的防水部位有哪些?
3. 建筑室内装饰装修中厨房、卫生间的防水种类有哪些?
4. 住宅建筑室内装饰装修中厨房、卫生间渗漏原因及对策有哪些?
5. 简述住宅建筑中厨房、卫生间聚合物水泥防水、涂膜防水施工工艺及控制要点。
6. 住宅建筑中厨房、卫生间聚氨酯涂膜防水施工工艺及控制要点。

# 单元7 住宅建筑装饰装修施工图纸

**知 识 点**:住宅建筑装饰装修中施工图的种类、概念、作用;住宅建筑装饰装修施工图画法的基本原理及要求;计算机制图概述;住宅建筑装饰装修施工图的识图方法。

**教学目标**:要求学生掌握住宅建筑装饰装修中施工图的种类、概念、作用。能熟练运用计算机制图;要求学生掌握住宅建筑装饰装修施工图的识图方法及技巧。

## 课题 住宅建筑装饰装修施工图纸

### 7.1 住宅建筑装饰装修的施工图

现代住宅建筑装饰装修设计都要通过规划、方案论证再进行施工图设计,并且在装饰装修过程中,还要按图进行施工和监理。因此,施工图是装饰设计的结果,也是住宅进行装饰装修的依据。

7.1.1 住宅建筑装饰装修施工图画法的基本原理及要求

(1)住宅建筑装饰装修施工图的主要内容

1)装饰设计文件或说明。

2)室内装饰设计基本图样:

(*a*)平面图:平面布置图、顶棚平面图、地坪装饰图。

(*b*)立面图:墙面立面图、装饰立面图。

(*c*)剖面图:整体剖面图、局部剖面图。

(*d*)构造详图:装饰构造详图、大样图。

3)专业配合装饰设计图:

(*a*)结构专业:根据装饰设计对原建筑结构加固,局部改造等施工图。

(*b*)水、暖、通风及空调专业:水、暖、通风及空调设备管线布置施工图。

(*c*)电气专业:电路布置施工图。强电有照明、家用设施设备控制系统施工图。弱电有电话、电视、音响、网线、安全控制系统施工图。

(*d*)园林专业:庭院花园、室内绿化、水体设计等施工图。

(2)住宅建筑装饰装修施工图画法的特点

住宅建筑装饰装修施工图属于建筑装饰设计施工图的范畴,因此画法、要求及规定理应与建筑工程图相同,然而住宅建筑装饰装修有着自己的特点,施工图的绘制追求美观,反映出设计理念,对设计细节有更深入的表现。

1)省略原有的建筑结构材料及构造

住宅室内装饰装修是在已建房屋中进行二次设计,在装饰设计和施工中只要不更改原有建筑结构,画图时可以省略原建筑结构的材质和构造。

2)装饰施工图平面图、立面图中可以画出阴影和配景

住宅室内装饰设计施工图为了增强装饰效果的艺术感受或感染力,在平面、立面图中允许加画阴影和配景,如花草、植物等配景。如图 7-1、图 7-2 所示。

图 7-1　某客厅立面图

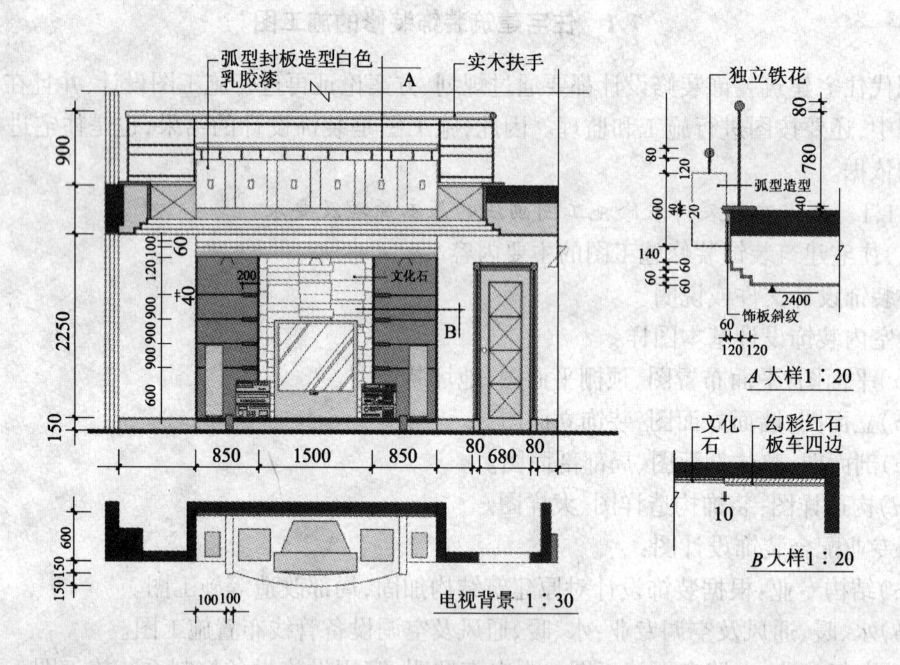


图 7-2　某室内装饰装修设计施工图

3)施工图中尺寸的灵活性

住宅室内装饰设计即使在图纸上已详尽地表现出来,但到施工时常常会有变化,因此施工图可以只标注影响施工的控制尺寸,对有些不影响工程施工的细部尺寸,图中也可以不细标,允许施工过程中按图的比例量取或依据施工现场实情确定。

4)施工图中图示内容的不确定性

住宅建筑室内除了界面的装饰外,家具、摆设等也是组成住宅空间形象的内容之一,但设计师只提供家具、电器、摆设的大致构想,以使室内氛围和谐,因此在装饰施工图中的家具、电器图示只是示意,业主可根据情况自行确定。

5)施工图中常附以效果图与直观图

为了保证住宅装饰装修施工能准确地再现设计效果，在住宅室内装饰装修施工图中常常附以效果图、直观图或彩色的平面、立面图，有助于表达设计思想，帮助施工人员理解设计意图并更好地进行工程施工，如图 7-3 ~ 图 7-6 所示。

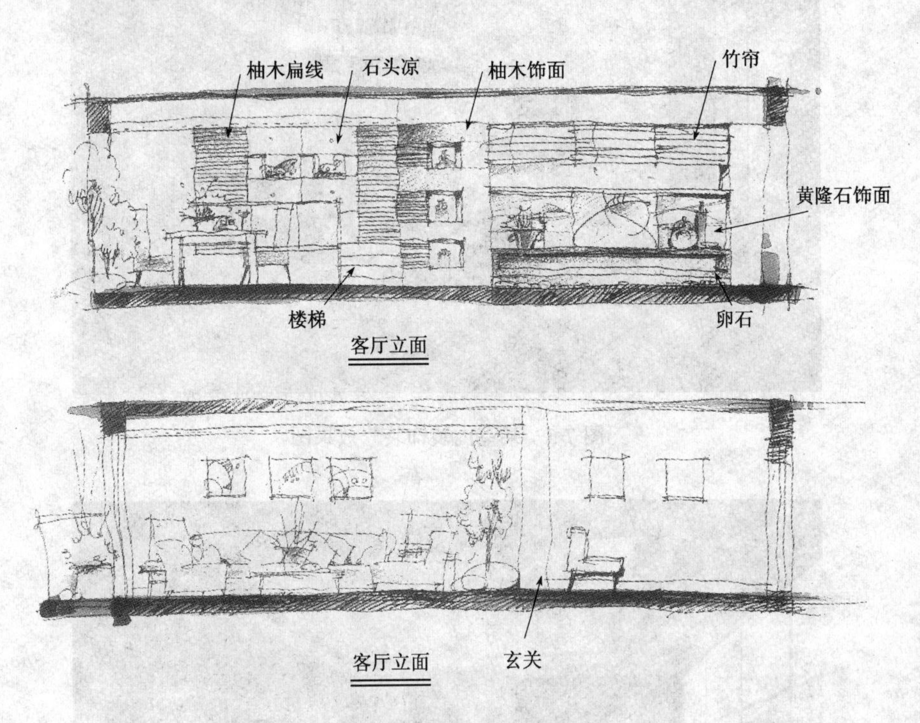


图 7-3 某客厅立面图

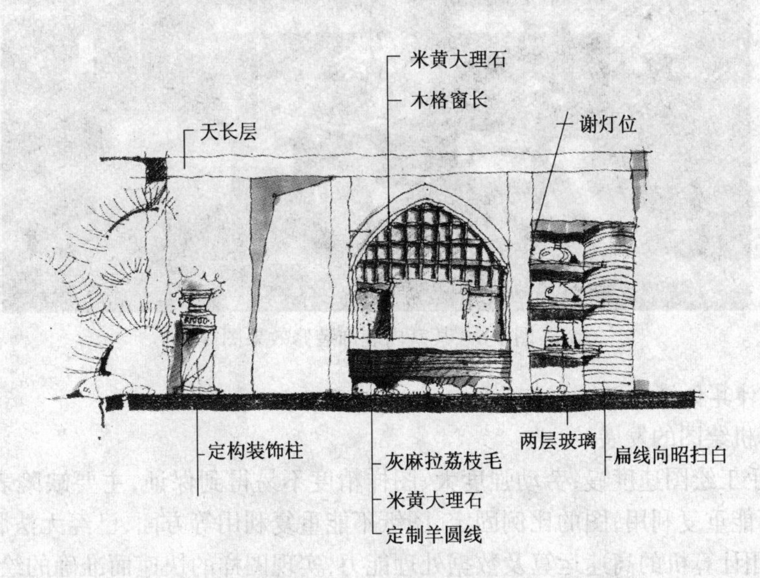


图 7-4 某室内立面图

图 7-5　某室内装饰装修效果图

图 7-6　某室内装饰装修效果图

7.1.2　计算机绘图概述

(1)计算机绘图的发展

传统的手工绘图速度慢,劳动强度大,图样精度不易得到保证,主要缺陷表现在修改不方便,实体不能重复利用,图的比例固定,图纸不能重复利用等方面,已经无法胜任现代图样的绘制。利用计算机的高速运算及数据处理能力,实现图样的快速而准确的绘制,就成为现代科学技术发展的必然趋势,计算机绘图便应运而生。

计算机绘图是计算机辅助设计(Computer Aided Design,简称 CAD)和计算机辅助制造(Computer Aided Manufacturing,简称 CAM)的重要组成部分,并且随着 CAD 和 CAM 日益广泛的应用而形成一门学科——计算机图形学(Computer graphics,简称 CG)。计算机绘图是应用计算机及图形输入输出设备,实现图形显示、辅助绘图及设计的一门新兴学科。计算机绘图的基本原理,就是将空间物体的几何特性用一定的数学模型来描述,然后通过计算机绘图系统将其显示在屏幕上或绘制在图纸上。计算机绘图已经进入普及化与实用阶段,并沿着以下几个方向发展。

1)由静态绘图向动态绘图方向发展。

2)由二维图形软件向三维实体造型软件方向发展。

3)向 CAD/CCG/CAM 三者一体化方向发展。

4)向分布式高档微机工作站方向发展。

(2)计算机绘图的应用

计算机绘图应用极为广泛,凡是用到图形、图表的部门都可以使用计算机绘图。因此,计算机绘图的应用几乎遍及工业、农业、国防和科研各方面,特别是在航天、航空、造船、机械制造、电子、轻纺、建筑、测绘等部门成果更加明显,它使得一些过去难以绘制,无法及时绘制或无法精确绘制的图形,得以圆满的解决。

在住宅建筑室内装饰装修过程中,常常对设计方案反复斟酌,又多次地修改,同时需要绘制不同角度的透视图来比较设计方案的真实效果,经常性的修改是难以避免的,计算机绘图提供了修改的便利。近几年,研制出版了各种居室装饰 CAD 施工图图块,为施工图的绘制提供了可供直接选用的模块,大大地加快了绘图速度,减轻了繁重的工作量。计算机绘制还能在方案施工图上做多种效果处理,即使是给人印象很古板、机械的施工图,也可以绘制得富有艺术感染力和反映出设计思想来。

(3)计算机绘图的应用软件

计算机绘图应用软件是在基本绘图软件基础上针对不同的专门用途编制的,是专业性很强的软件,适用面相对较窄,不同专业通常难以共享。

AutoCAD 是目前国内外最流行的计算机辅助设计软件包,是美国 Autodesk 公司研制开发的通用的交互式计算机辅助设计软件包。该软件具有功能强、灵活可靠、易于使用等特点,该软件一诞生就显示了极强的生命力,在过去的十几年里,AutoCAD 已渐渐成为流行的 CAD 绘图软件。用 AutoCAD 绘图没有任何限制,凡是手工能绘制的,AutoCAD 都能做到。AutoCAD 广泛应用于建筑、电子、化工、机械、汽车制造、航空航天及服装设计等领域,住宅建筑装饰设计绘图同样使用 AutoCAD 绘图软件和在 AutoCAD 软件平台上开发的天正建筑软件、圆方设计软件、德赛设计软件等。

AutoCAD 软件具有如下特点:

1)具有完善的图形绘制功能。

2)具有强大的图形编辑功能。

3)可以采用多种方式进行二次开发或用户定制。

4)可以进行多种图形格式的转换,具有较强的数据交换能力。

5)支持多种硬件设备。

6)支持多种操作平台。

7)具有通用性、易用性,适用于各类用户。

如图 7-19 ~ 图 7-25 所示。

7.1.3 住宅建筑装饰装修施工图的识图方法与技巧

(1)住宅建筑室内平面布置图的识读

住宅室内平面布置图是在住宅建筑平面图的基础上画出的。它用以表明住宅室内总体布局以及各装饰件、装饰面的平面形式、大小、位置情况及其与建筑构件之间的关系等。若地面装饰较为简单,可在本图一并表达,不必另作地面装饰平面图。

1)室内平面布置图的图示内容

(*a*)示出建筑结构与构造的平面形式和基本尺寸。

(*b*)示出室内装饰布局的平面形式和位置,室内装饰平面设计常用图例。

①地面的饰面材料名称、规格和颜色(较复杂的地面装饰应另绘地面装饰平面图)。

②家具、设备、花卉和陈设品的摆放位置及轮廓形状。

③室内装饰件和装饰面的平面形状尺寸(即长与宽或圆弧半径、直径等尺寸)、定位尺寸(即与最邻近的建筑构件之间的水平距离)。

④卫生间和厨房的主要洁具、橱柜、操作台以及其他固定设备的位置和轮廓形状(较复杂的内容应另绘详图)。

(*c*)标注有关符号,如立面图的索引符号,剖面图的剖切符号和详图索引符号等。

(*d*)对材料、工艺必要的文字说明。

(*e*)标注房名、图名和比例,其比例为 1:100~1:50。图 7-7 为上述室内平面布置图内容示意。

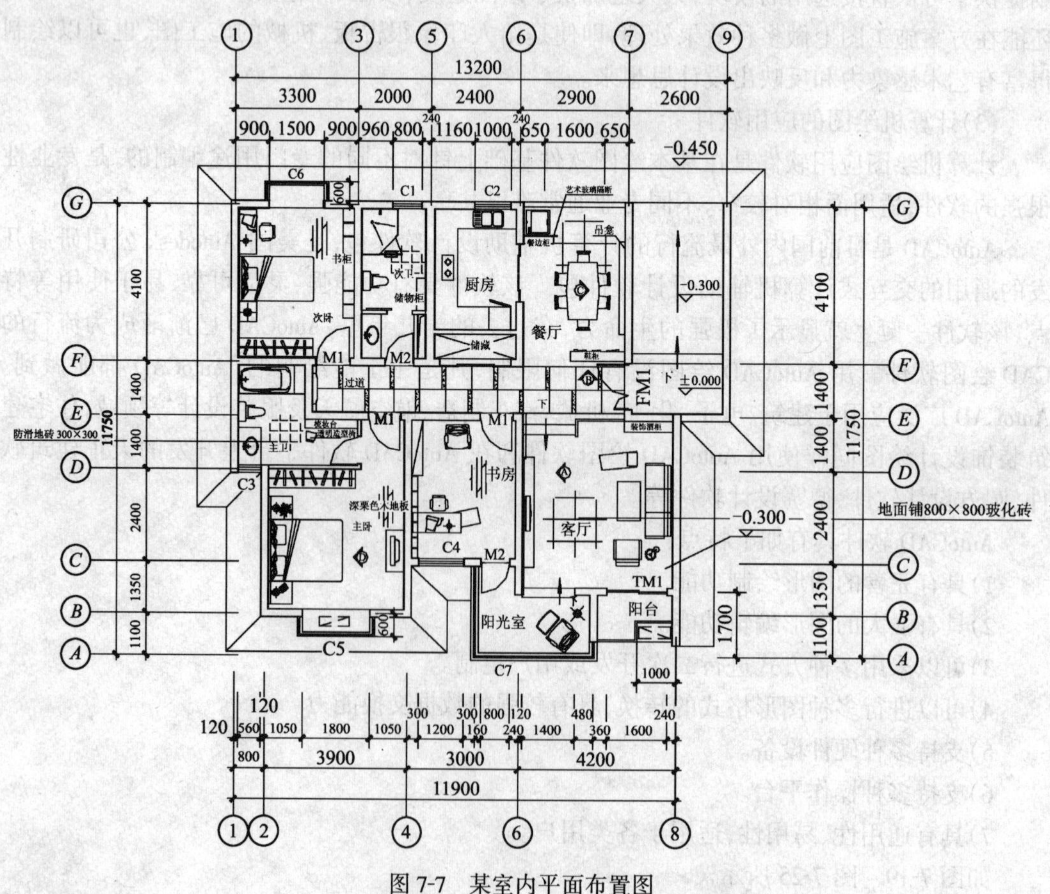


图 7-7 某室内平面布置图

2)室内平面布置图的识读要点

(*a*)读图名、房名,了解装饰空间的功能和用途。

(*b*)读轴线编号,了解装饰空间在整个建筑物中的位置;从承重构件的布局了解装饰空间的建筑结构类型。

(*c*)读建筑构造图例、图形和注字,了解装饰空间有关联的建筑构、配件形状和尺寸。

(*d*)读装饰平面图例、图形和注字,了解整个装饰空间有多少处装饰件(面),它们的名称、材料、形状和尺寸及其与建筑构、配件之间的关系。

(*e*)读图中符号(标高符号、立面图投视向符号、剖切符号和详图索引符号),了解装饰空间内各位置的高差变化,立面图投向方向命名,剖切位置与投视方向,详图索引部位,并与有关图纸进行核对。

(*f*)读图中文字说明,了解设计者的意图。

(2)住宅建筑室内地面装饰平面图的识读

住宅建筑地面装饰平面图也是在住宅建筑平面图的基础上绘制出来的,用以表示块材地面铺贴方式和拼花、造型的形状与尺寸等,如图 7-8 所示。

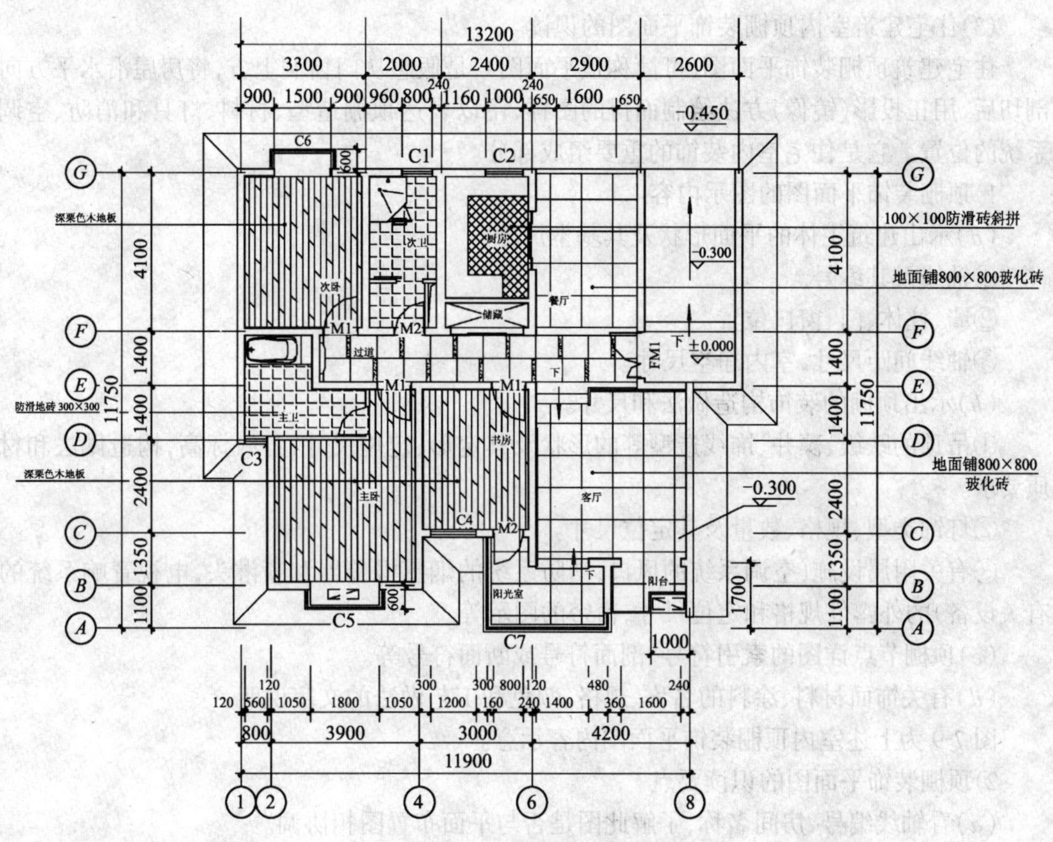

图 7-8 某室内地面装饰平面图

1)地面装饰平面图的图示内容

(*a*)定位轴线、墙、柱、门口、室内固定设备和地漏等。

(*b*)地面装饰面层材料的名称、规格与颜色。

(*c*)块材砌式、拼花图形、铺贴施工方向顺序,复杂图形应绘制详图,并在平面图中标注索引符号。

($d$)标注室内净尺寸和轴线间距。

($e$)注写标高、坡度方向和坡度值。

($f$)对材料和施工工艺的文字说明。

($g$)图名和比例。

2)地面装饰平面图的识读要点

($a$)从轴线编号了解装饰地面在建筑物中的位置。

($b$)从房间名称和饰面材料的注写了解不同部位所铺设的材料、规格和颜色。

($c$)从块材分格线和铺贴方向符号确定施工顺序。

($d$)从标高和坡度符号了解地面高差及坡度要求。

($e$)从尺寸标注和固定设施了解实际地面装饰的面积大小。

($f$)从详图索引符号查找详图,详细了解地面的局部做法。

($g$)从文字说明了解施工工艺的要求。

($h$)地面装饰平面图的比例与平面布置图相同。

(3)住宅建筑室内顶棚装饰平面图的识读

住宅建筑顶棚装饰平面图(可简称顶平面图),是假想从门窗洞上方,将房屋沿水平方向剖切后,用正投影(镜像)方法绘制而得的图样,用以表达顶棚造型、材料、灯具和消防、空调系统的位置。它是住宅室内装饰的重要组成部分。

1)顶棚装饰平面图的图示内容

($a$)示出建筑主体的平面形状及其基本尺寸。

①轴线及其编号。

②墙、柱体、门、窗口位置。

③轴线间距尺寸,室内净空尺寸。

($b$)示出顶棚的装饰构造做法和尺寸。

①吊顶的跌级、藻井、饰线造型等的形状及其定形、定位尺寸,各级标高,构造做法和材质要求。

②灯饰类型、规格、数量及其定位尺寸。

③有关附属设施(空调系统的风口,消防系统的烟感报警器和喷淋头,电视音响系统的有关设备)的外露件规格和定位尺寸,窗帘的图示等。

($c$)顶棚节点详图的索引符号、剖面符号或断面符号等。

($d$)有关饰面材料、涂料的名称、规格、颜色和工艺做法的文字说明。

图 7-9 为上述室内顶棚装饰平面图内容示意。

2)顶棚装饰平面图的识读要点

($a$)看轴线编号、房间名称,了解此图是否与平面布置图相协调。

($b$)看顶棚装饰的平面图形和标高的变化,了解顶棚的装饰造型式样。

($c$)看顶面净空尺寸,了解顶棚面积的大小。

($d$)看顶棚的造型形状尺寸,了解灯池、藻井等大小。

($e$)看装饰造型中心(或边线)到墙边的垂直和水平距离,了解其确定位置。

($f$)看文字说明,了解顶面、灯池、藻井的材料规格、品种、色彩和施工工艺要求等。

(*g*)看设备图示和注字,了解灯具式样、规格、数量,空调风口,消防和音响系统的外露部件在顶棚的具体位置。

(*h*)看剖切符号,以便从立面剖面图中了解跌级造型构造做法。

(*i*)看详图索引符号,查阅详图,进一步了解索引部位的细部构造做法。

(*j*)顶棚装饰平面图的比例与平面布置图相同。

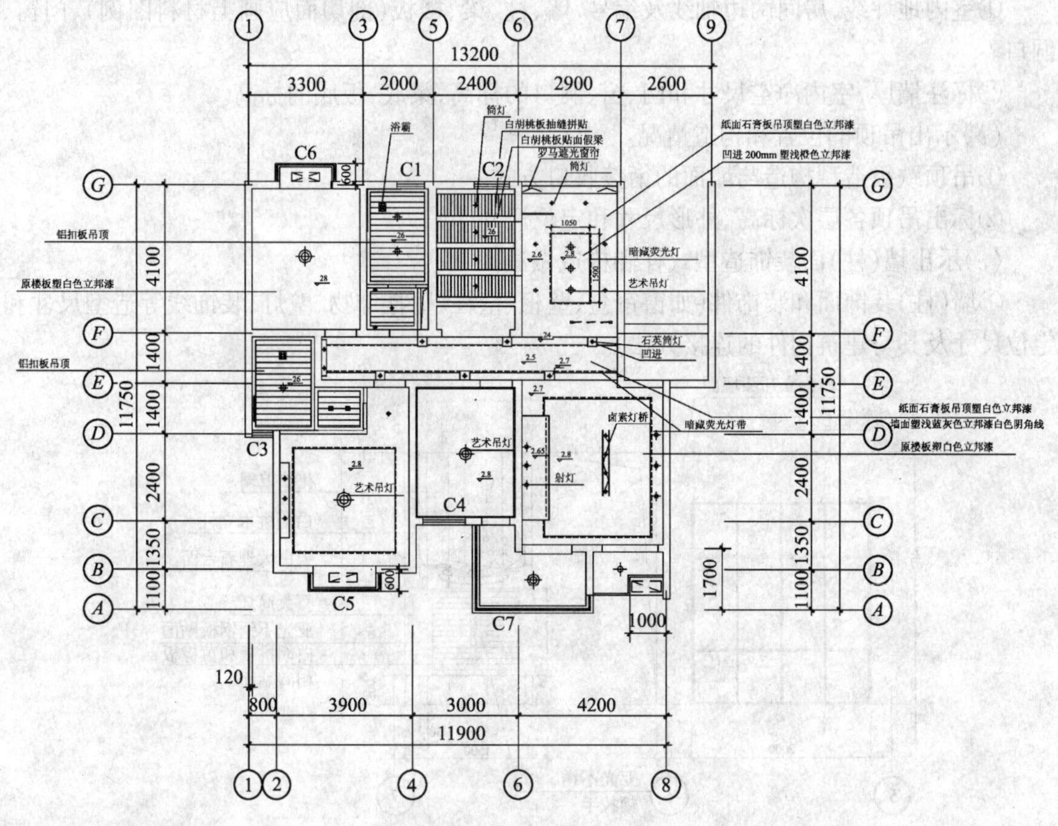


图 7-9　某室内顶棚平面图

(4)住宅建筑室内装饰立面图的识读

1)住宅建筑室内装饰立面图的图示方法

住宅建筑室内装饰立面图(简称室内立面图),是将房间从竖向剖切后作正投影而得到的,用来反映室内墙、柱面的装饰造型、材料规格、色彩和工艺,以及反映墙、柱与顶棚之间相互联系的图样。

室内立面图也可以仅对地面以上,吊顶以下的墙、柱面作正投影而得。这种立面图画法简单,能重点突出立面装饰的内容,但不能反映墙、柱面装饰与顶联系的全貌,适用于平顶的空间。

住宅室内立面图应按不同室内空间的不同方向作图。同一房间的各向立面图宜画在同一图纸上,甚至把相邻的立面图连起来,以便展示室内空间立面的整体布局。立面图是以投视方向命名的,其投视方向编号应与平面布置图上的立面图索引符号一致。如:*A* 立面图、*B* 立面图等。

为了便于墙面的装饰施工,立面图上一般不画出可移动家具(如床、沙发、成品柜和陈设物等)的布置情况,以免遮挡墙面装饰做法。但住宅建筑室内装饰方案图中为了表现整体效果和艺术氛围,常常画出家具、陈设品和绿色植物。

如图 7-10 ~ 图 7-13 所示。

2)住宅建筑室内装饰立面图的图示内容

($a$)示出室内建筑主体的立、剖形状和基本尺寸。

①室内地坪线,房间两边轴线及编号,墙、柱、梁、楼板(剖切面应画上材料图例)、门窗、洞口。

②标注墙厚,室内净空尺寸和门、窗、洞口的标高,梁底、板底的标高。

($b$)示出吊顶的位置和构造情况。

①吊顶跌级造型构造与墙面的衔接收口方式。

②标出吊顶各层次标高、外形尺寸和定位尺寸。

($c$)示出墙(柱)面装饰造型式样和构造做法。

①墙(柱)装饰面和装饰件(如窗帘盒、壁柜、壁柱、壁挂饰物、壁灯、装饰线等造型尺寸和定位尺寸及其与建筑构件的连接方法)。

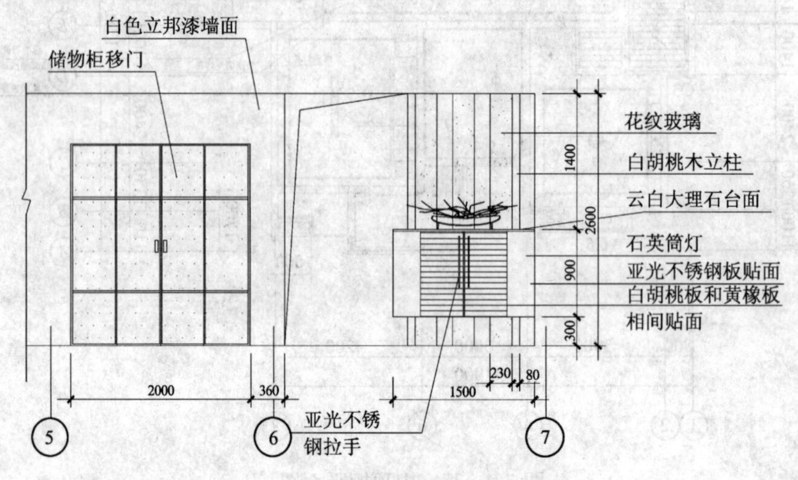


图 7-10　某室内玄关立面图

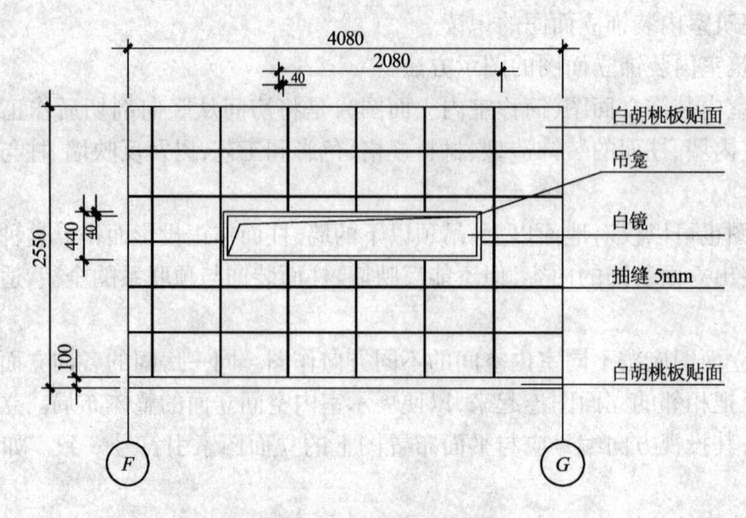


图 7-11　某室内立面图

②门、窗、墙裙(腰线)、踢脚的装饰构造及尺寸。

③剖面图的剖切符号、详图索引符号,文字说明。

④图名和比例。

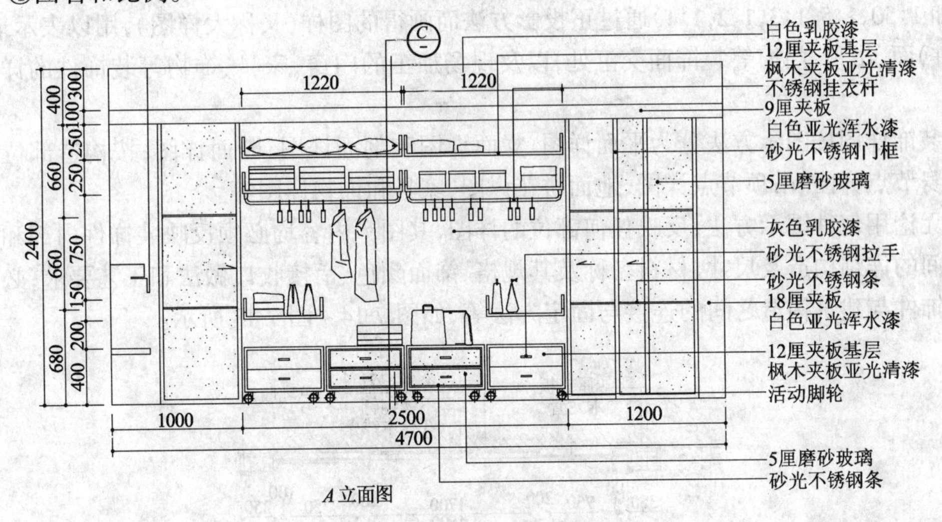


图 7-12 某室内立面图

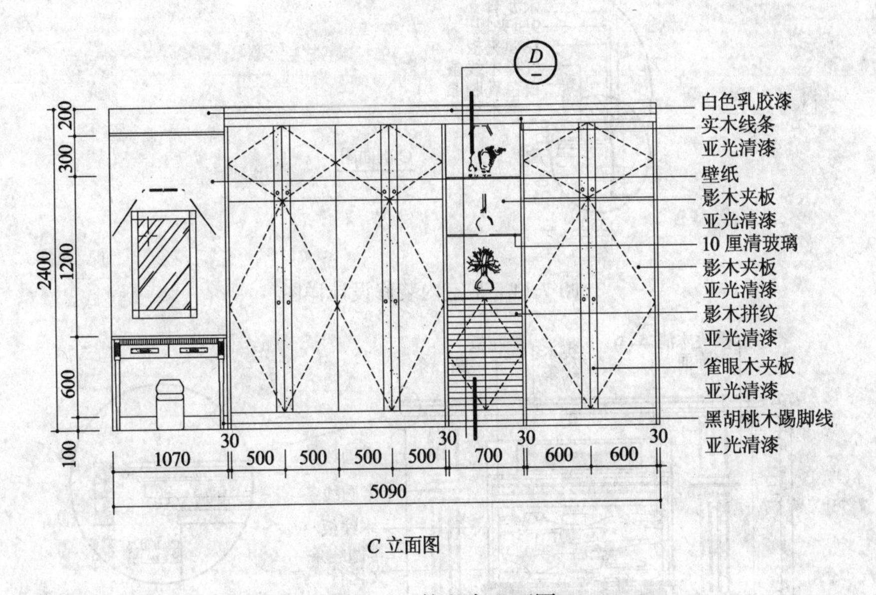


图 7-13 某室内立面图

3)住宅建筑室内装饰立面图的识读要点

(*a*)看图名和平面布置图的立面索引符号,明确该向立面图所示的墙面。

(*b*)看墙(柱)面上的装饰造型,了解该向立面包含哪些装饰面和装饰件,以及它们的材料规格、构造做法、饰面颜色等。

(*c*)看吊顶构造和尺寸,了解顶部与墙身的关系。

(*d*)看尺寸标注和标高,了解装饰立面的总宽、总高,计算总面积;了解各装饰件(面)的形状尺寸和定位尺寸。

(*e*)看详图索引符号、剖切符号,查阅有关图纸,了解细部构造做法。

(5)住宅建筑室内装饰详图的识读

住宅建筑室内装饰详图就是对造型和构造做法较为复杂的装饰部位或装饰件,用大比例(如1:50,1:5,1:3,1:2,1:1)通过正投影方法而画得的图样(又称大样图),用以表示地面、墙(柱)面、吊顶、门窗等装饰面交汇处,以及现场加工的门窗、家具、饰物等装饰件的详细构造。

装饰详图按图示方法分为平面详图、立面详图和剖面详图、断面详图;按构造部位可分为墙身节点详图、吊顶节点详图、地面拼花详图、家具和饰物详图等。

无论用何种图示方法,反映任何部位的详图,其图示内容均必须反映装饰件内部和装饰件之间的详细构造及尺寸、材料名称及其规格、饰面颜色、衔接收口做法和工艺要求,必须反映装饰件与建筑构造之间的连接与固定方法等,如图7-14~图7-18所示。

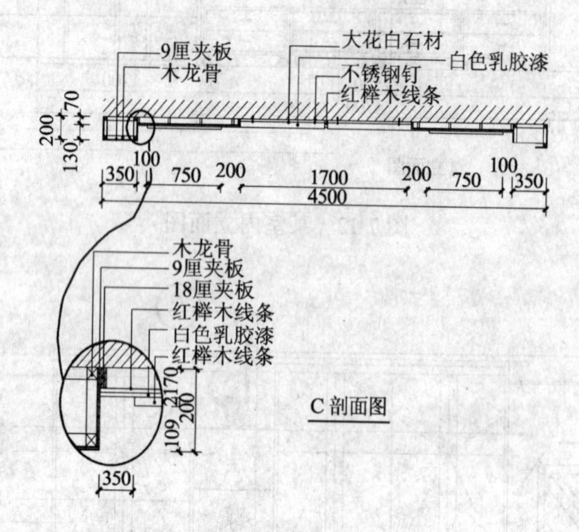


图7-14 某室内装修设计详图

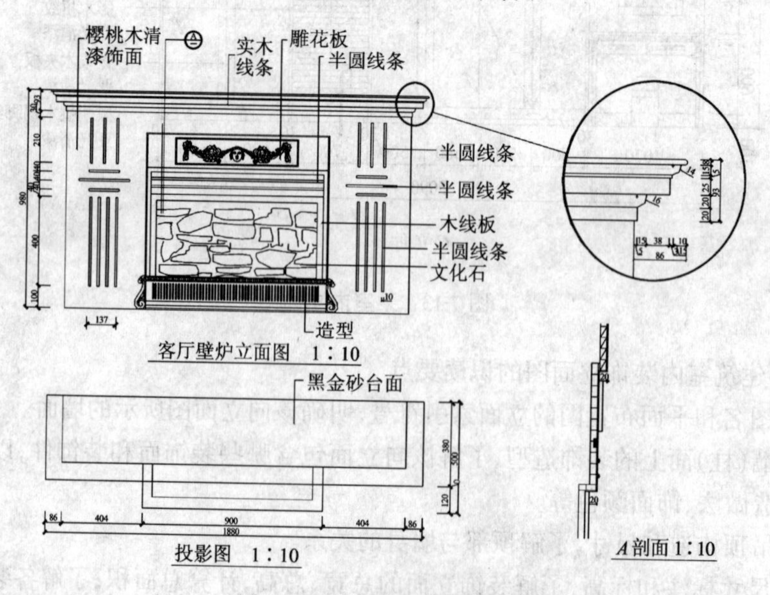


图7-15 某室内装修设计图

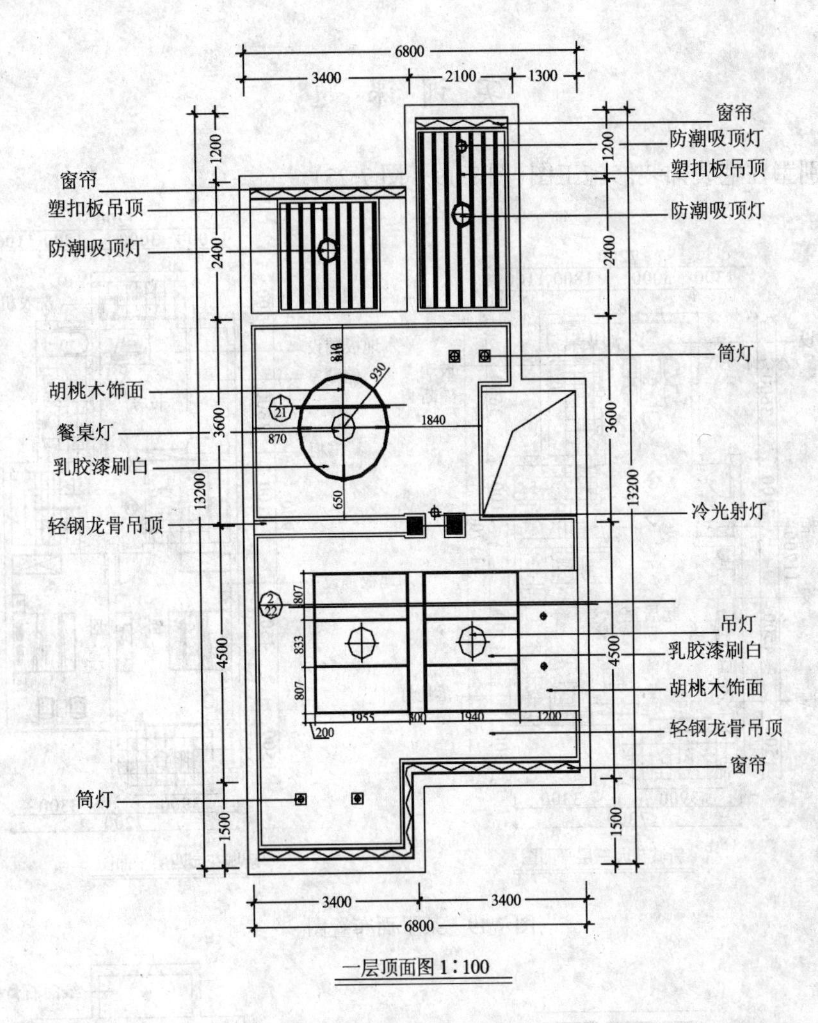


图 7-16　某室内装修设计图

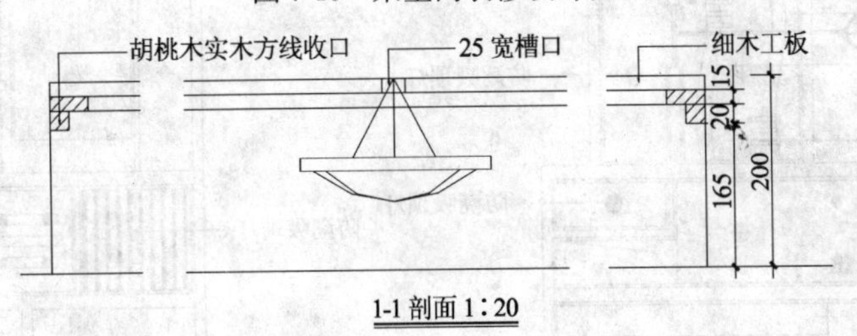


图 7-17　某室内装修设计图

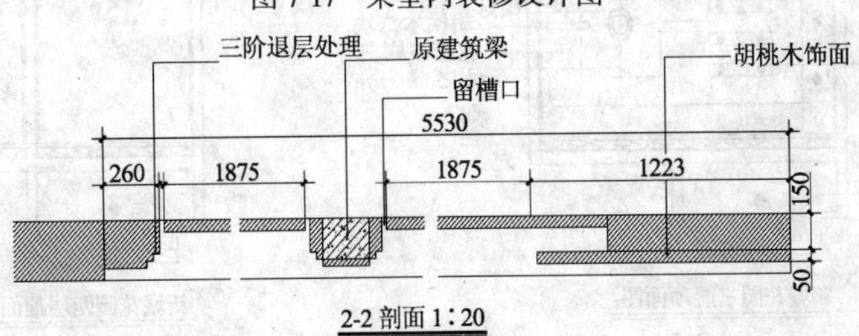


图 7-18　某室内装修设计图

# 实 训 课 题

1. 某别墅住宅装饰装修施工图(图 7-19 ~ 图 7-25)

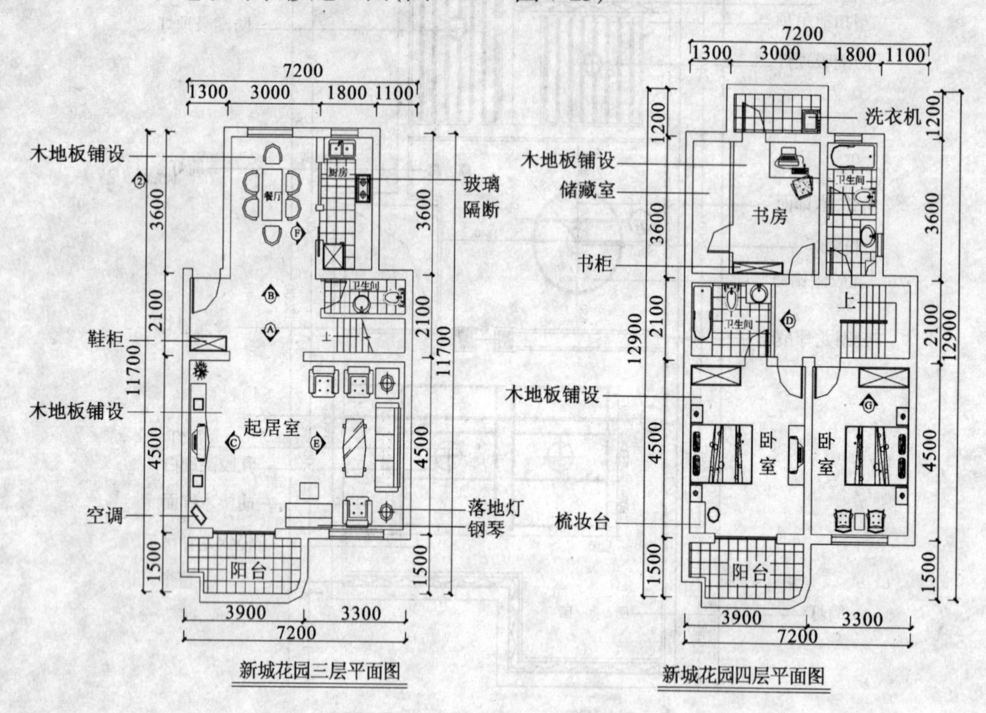


图 7-19　某平面布置图

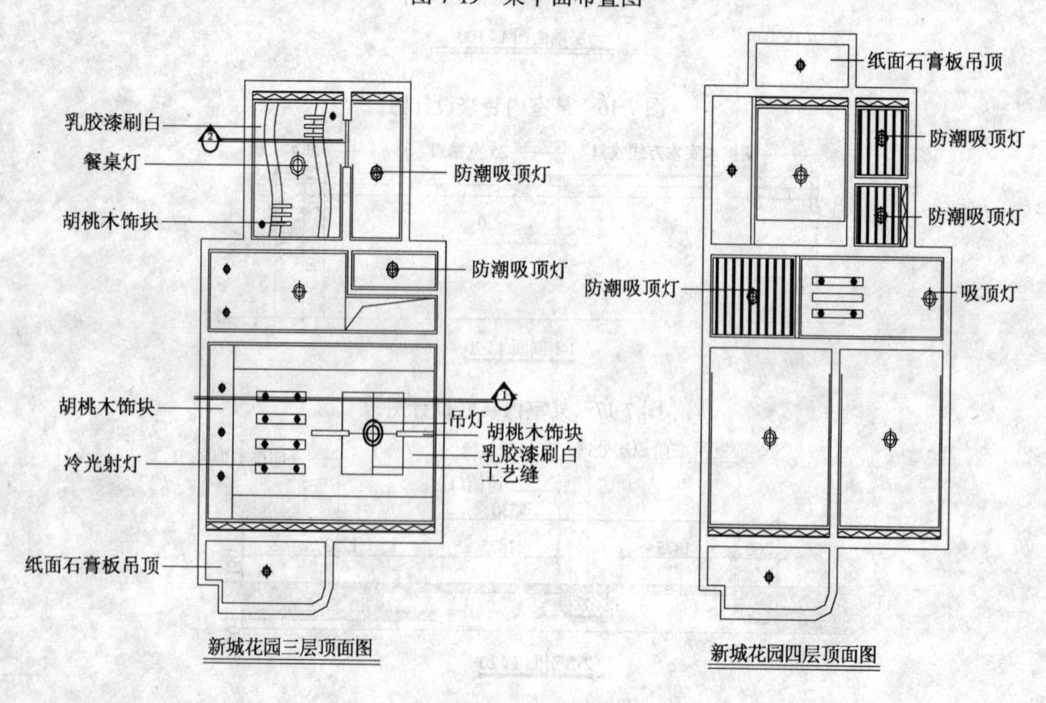


图 7-20　顶棚平面图

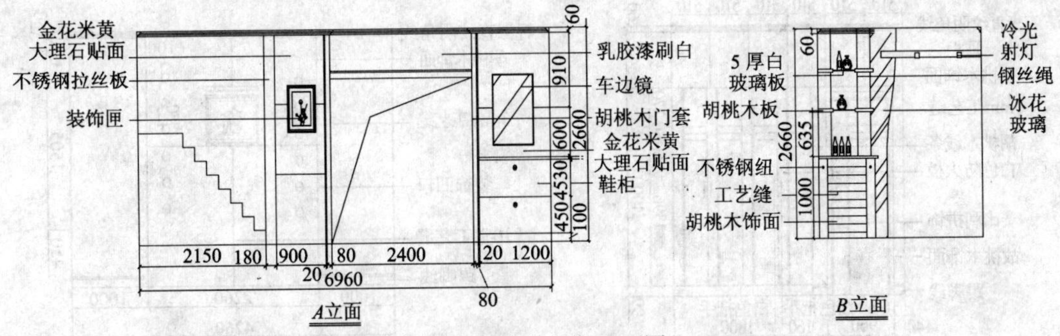


图 7-21　装修局部立面图

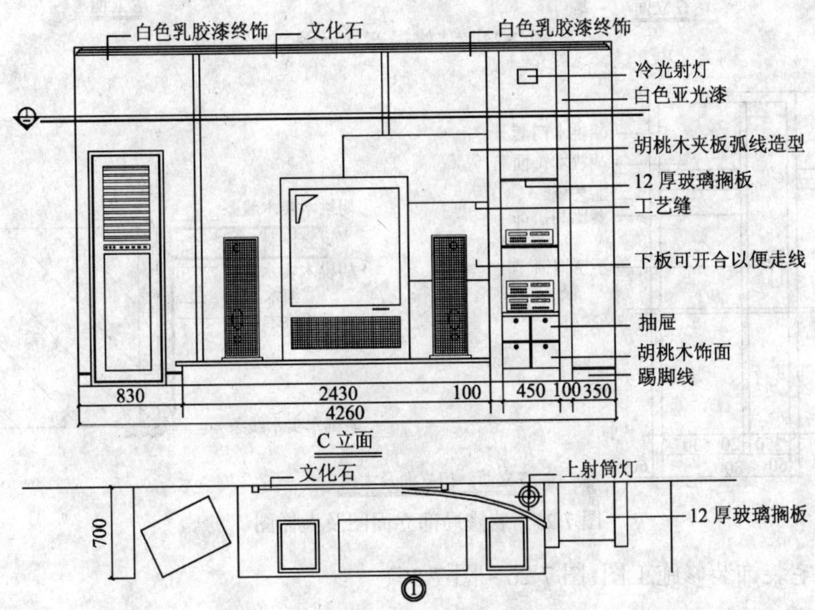


图 7-22　装修局部立面图

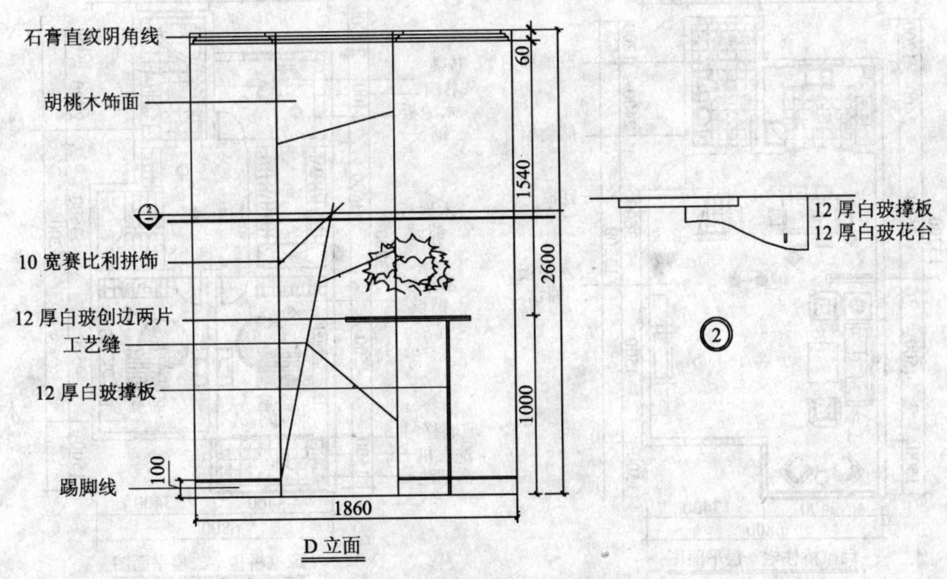


图 7-23　装修局部立面图

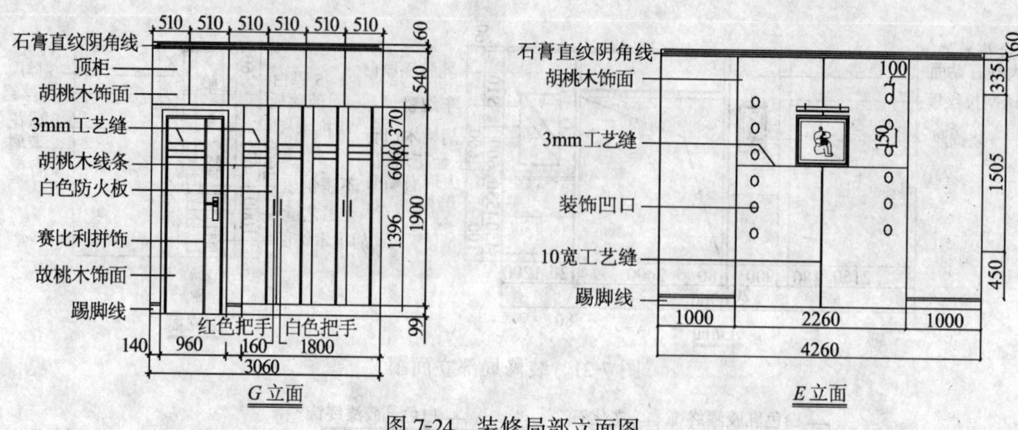


图 7-24　装修局部立面图

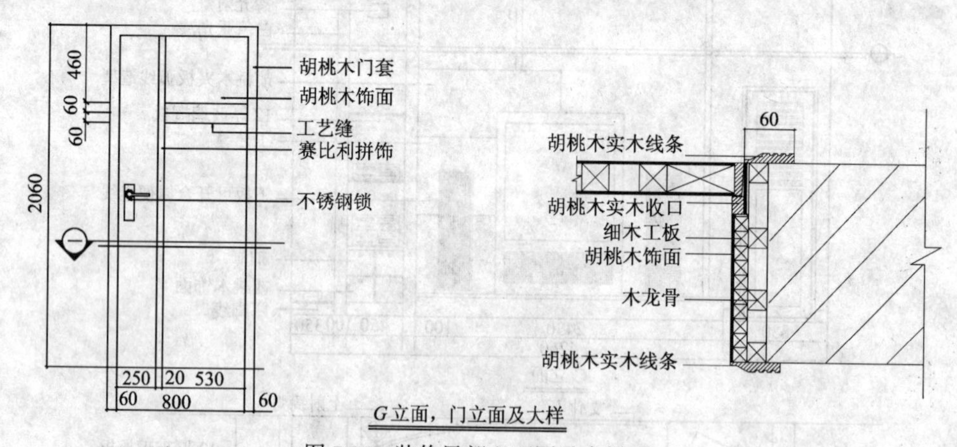


图 7-25　装修局部立面图及大样图

2. 某住宅装饰装修施工图(图 7-26 ~ 图 7-36)

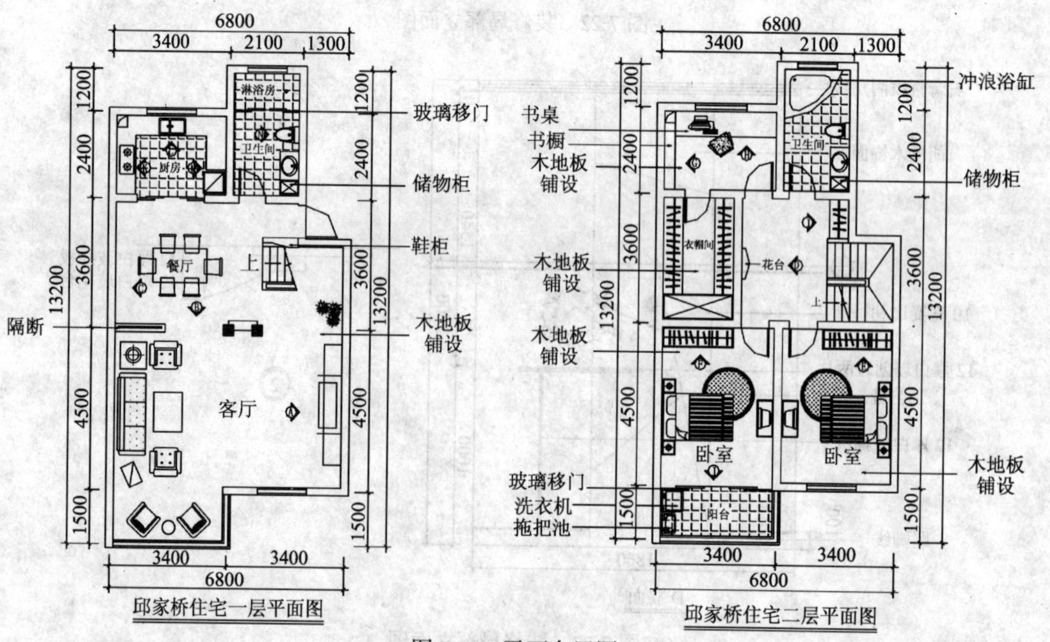


图 7-26　平面布置图

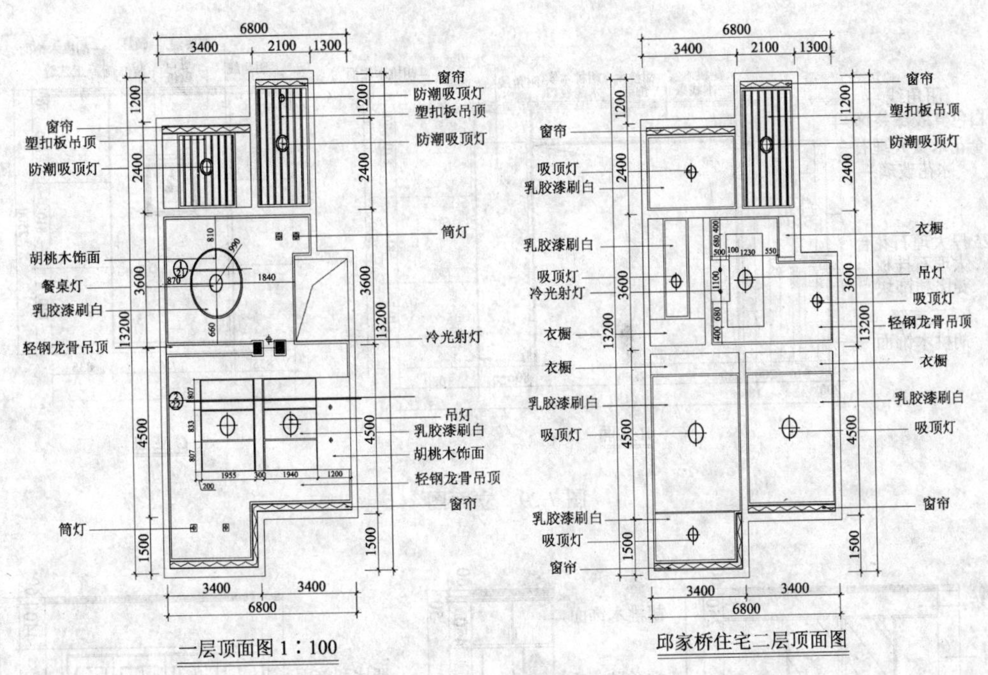


图 7-27 顶棚平面图

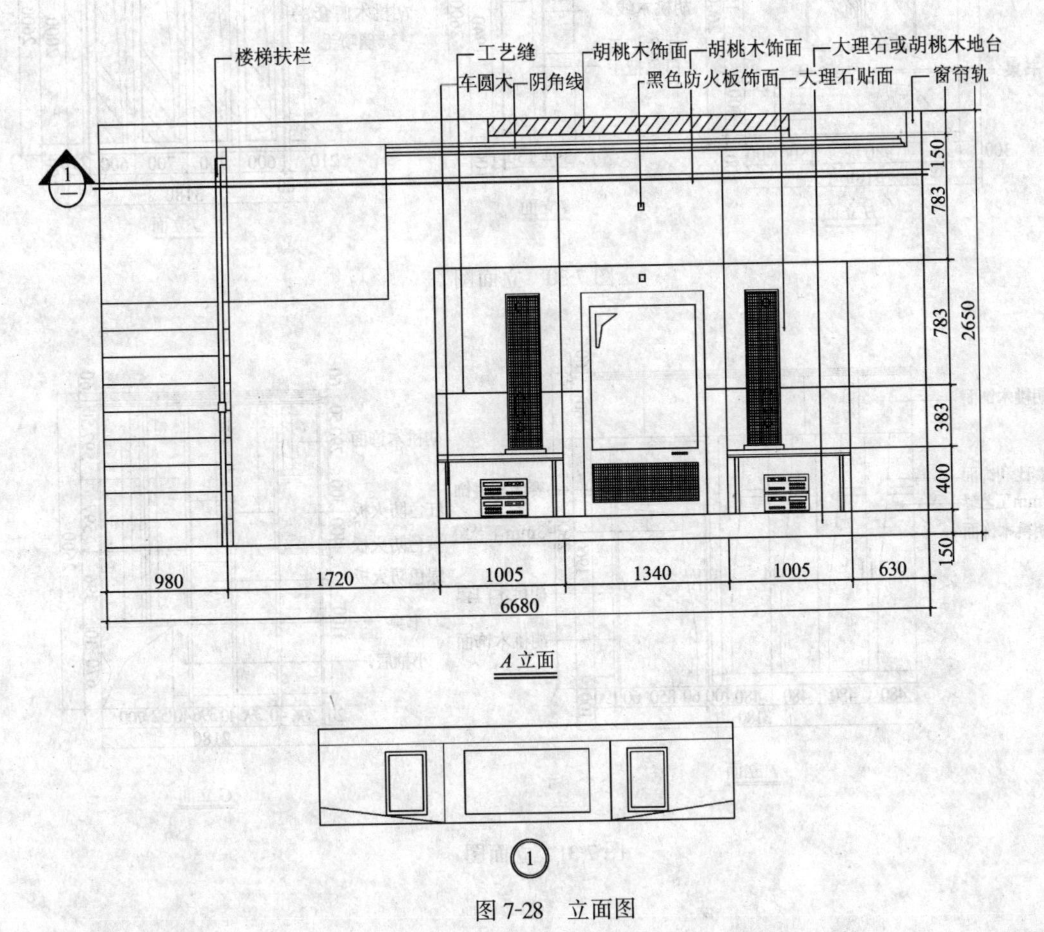


图 7-28 立面图

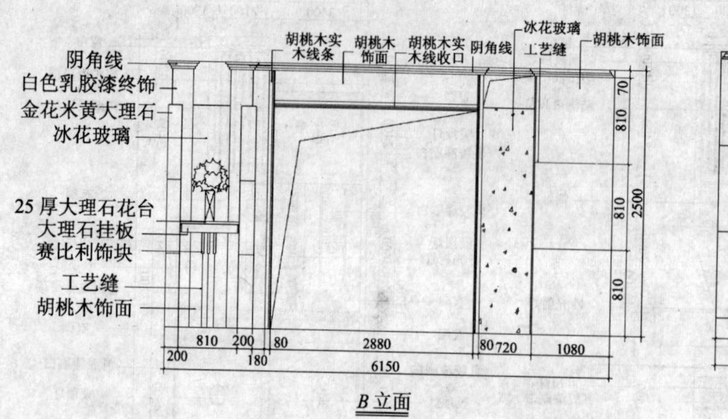


*B*立面

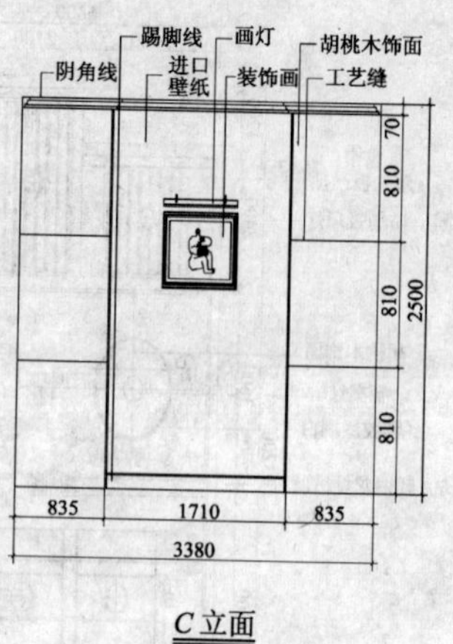


*C*立面

图 7-29 立面图

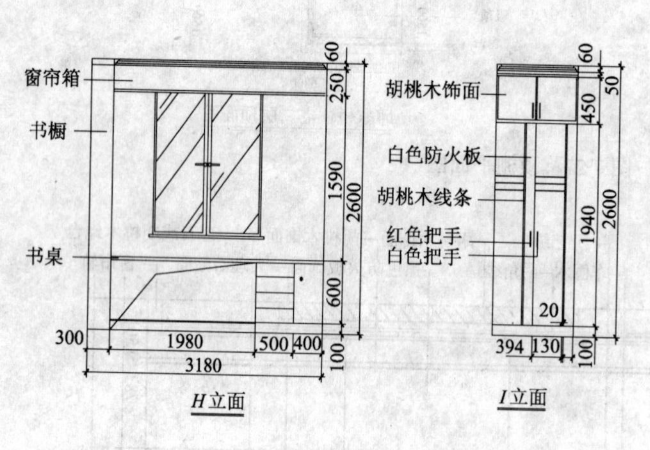


*H*立面

*I*立面

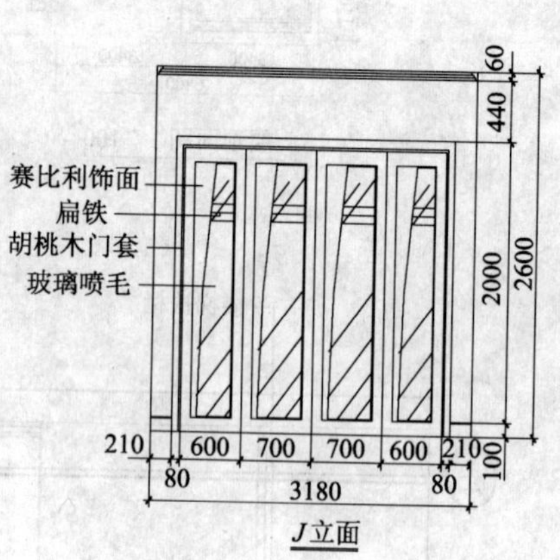


*J*立面

图 7-30 立面图

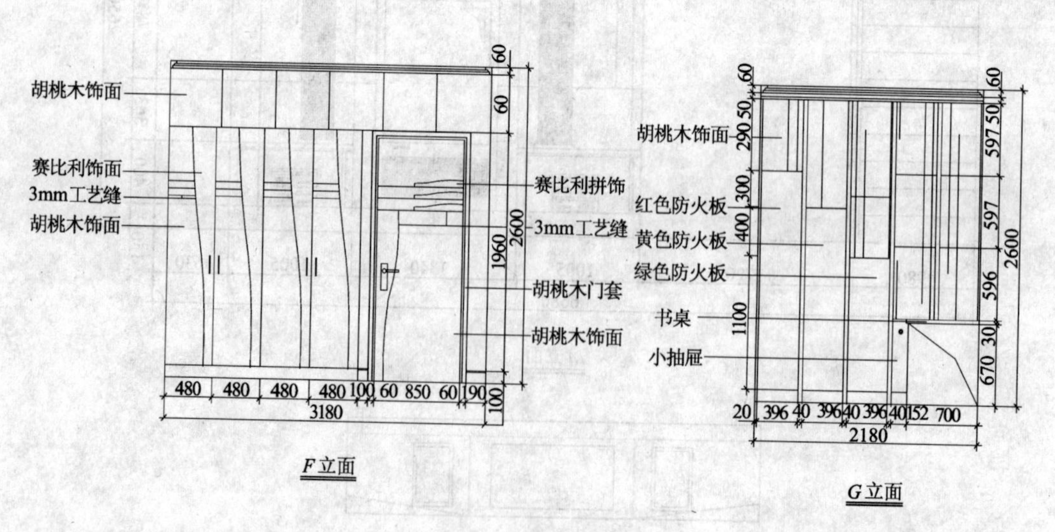


*F*立面

*G*立面

图 7-31 立面图

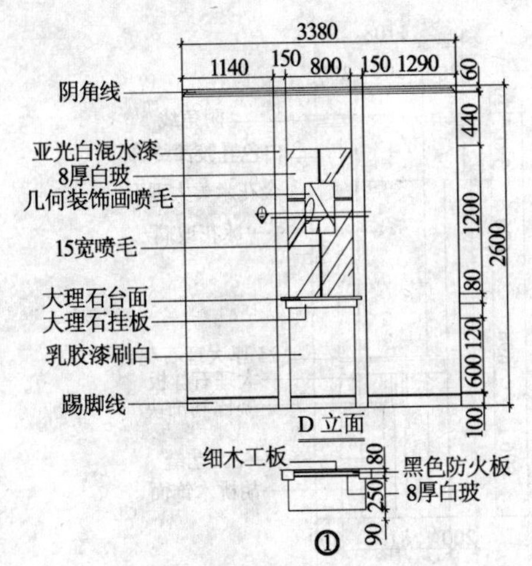


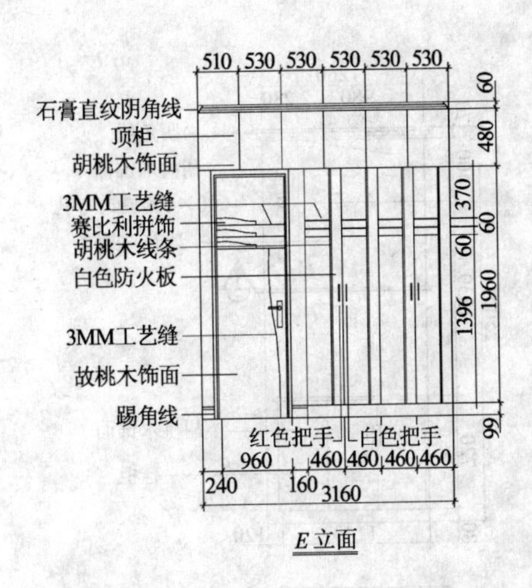


图 7-32　立面图

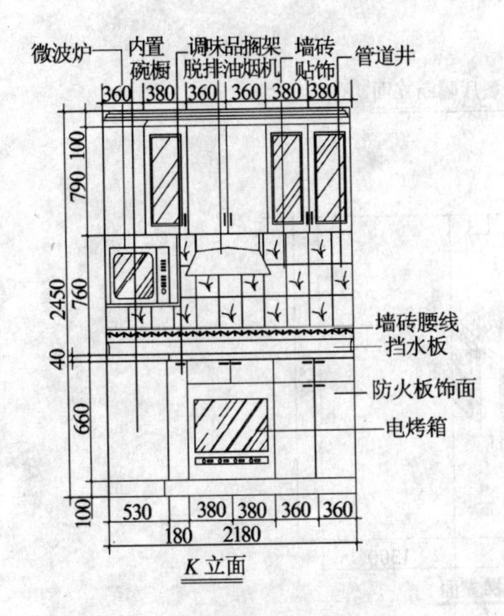


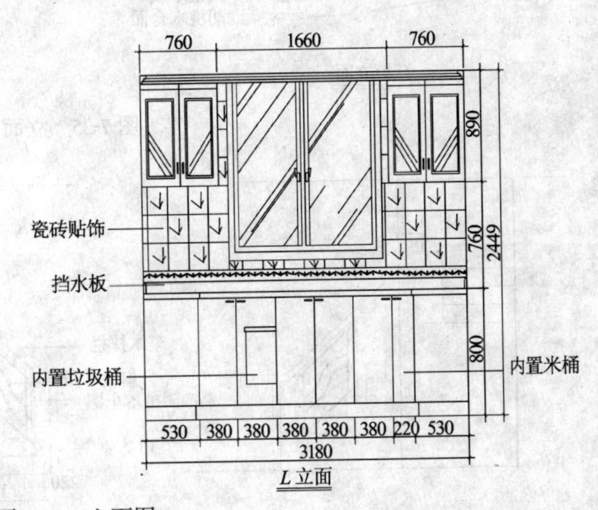


图 7-33　立面图

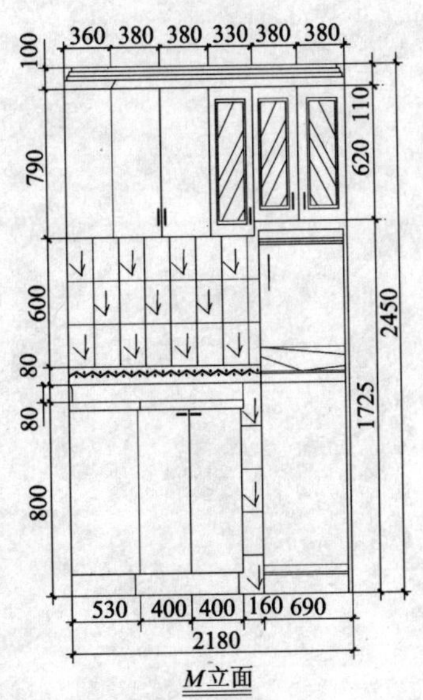


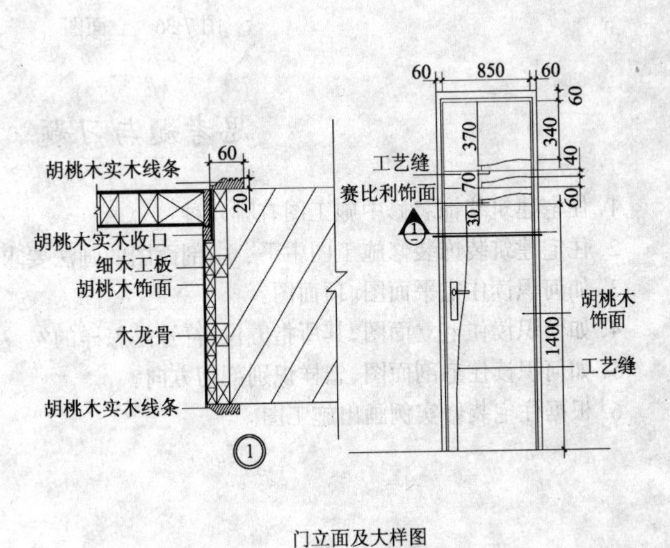


图 7-34　立面图

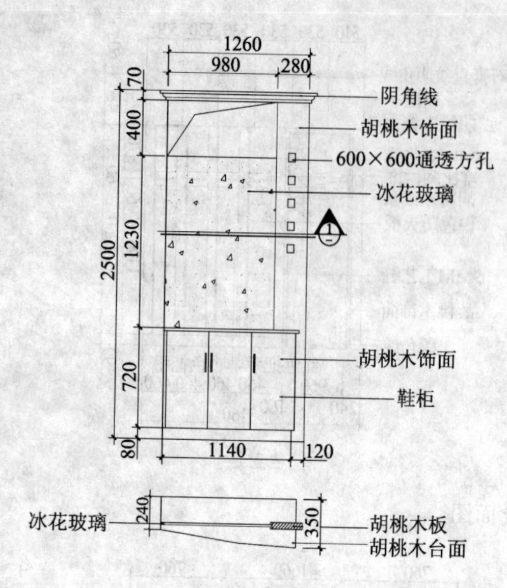


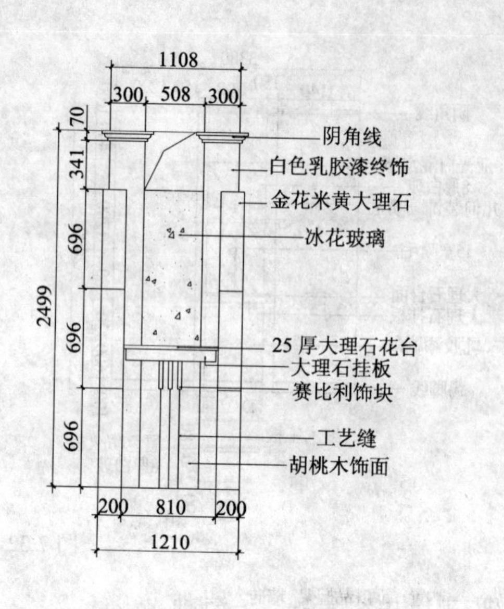


图 7-35　立面图

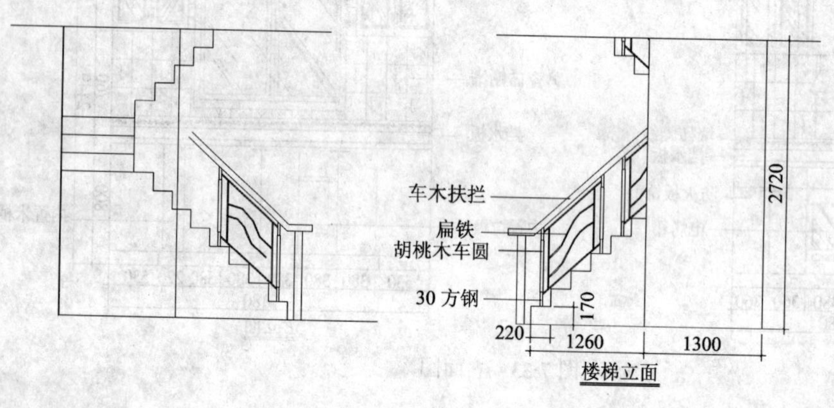


图 7-36　立面图

## 思考题与习题

1. 住宅建筑装饰装修中施工图有哪几种?
2. 住宅建筑装饰装修施工图中平、立、剖面图的画法要求。
3. 如何识读住宅平面图、顶面图?
4. 如何识读住宅立面图,其所指方位、符号是怎样的?
5. 如何识读住宅剖面图,怎样识别剖切方向?
6. 根据住宅装修实例画出施工图。

# 单元8　住宅建筑装饰装修的合同管理

**知 识 点**：着重介绍《中华人民共和国合同法》中有关的建筑工程合同部分和《建筑工程施工合同示范文本》的有关内容。

**教学目标**：要求学生掌握《中华人民共和国合同法》和《建筑工程施工合同示范文本》中与住宅建筑装饰装修有关的各种法律法规的内容。

## 课题　概　述

### 8.1　概　述

住宅建筑装饰装修施工合同管理是指各级工商行政管理机关、建设行政主管机关，以及建设单位(户主)、监理单位、承包单位依据法律法规，采取法律的、行政的手段，对施工合同关系进行组织、指导、协调及监督，保护施工合同当事人的合法权益，处理施工合同纠纷，防止和制裁违法行为，保证施工合同贯彻实施的一系列活动。各级工商行政管理机关、建设行政主管机关对施工合同进行宏观管理，建设单位(户主)、监理单位、承包单位对施工合同进行微观管理。合同管理贯穿招标投标、合同谈判与签约、工程实施、交工验收及保修阶段的全过程。本章重点介绍承包商的合同管理。

8.1.1　住宅建筑装饰装修施工合同管理的特点

住宅建筑装饰装修施工合同管理的特点是由工程项目的特点、环境和合同的性质、作用和地位所决定的。

(1)装饰装修施工合同管理的周期较长

因为现代住宅建筑装饰装修工程面积较大、构造复杂、技术和质量标准高、周期长，施工合同管理不仅包括施工阶段，而且包括招标投标阶段和保修阶段。所以，合同管理是一项长期的、循序渐进的工作。

(2)住宅建筑装饰装修施工合同管理与经济效益、经营风险密切相关

在住宅建筑装饰装修工程实际中，由于工程价值量较大，合同价格较高，合同实施时间较长、涉及面广，受有关的法律、法规、社会和自然条件等的影响较大，合同管理水平的高低直接影响双方当事人的经济效益。同时，合同本身常常隐藏着许多难以预测(或无法预测)的风险。

(3)装饰装修施工合同管理的变量多

在住宅建筑装饰装修工程的实施过程中内外干扰事件多且具有不可预见性，业主有时拿不定主意，导致合同变更非常频繁。常常一个稍大的工程，合同实施中的变更就能有几十项甚至上百项。

(4)住宅装饰装修施工合同管理是综合性的、全面的、高层次的管理工作

住宅建筑装饰装修工程合同管理是业主(或监理工程师)、承包商项目管理的核心,在现代住宅建筑装饰装修工程项目管理中已成为与项目的进度、质量、投资和信息等管理并列的一大管理职能,并有总控制和总协调的作用,是一项综合性的、全面的、高层次的管理活动。

8.1.2 住宅装饰装修施工合同管理的工作内容

对住宅建筑装饰装修工程项目的参加者以及与住宅建筑装饰装修工程项目有关部门的各方,其合同管理工作内容与其所处的角度、所处的阶段有关。

(1)建设行政主管部门在施工合同管理中的主要工作

各级建设行政主管部门主要从市场管理的角度对施工合同进行宏观管理,管理的主要内容为:

1)宣传贯彻国家有关经济合同方面的法律、法规和方针政策。

2)贯彻国家制订的施工合同示范文本,并组织推行和指导使用。

3)组织培训合同管理人员,指导合同管理工作,总结交流工作经验。

4)对施工合同签订进行审查,监督检查合同履行,依法处理存在的问题,查处违法行为。

5)制订签订和履行合同的考核指标,并组织考核,表彰先进的合同管理单位。

6)确定损失赔偿范围。

7)调解施工合同纠纷。

(2)户主(或监理工程师)在施工合同管理中的主要工作

1)业主的主要工作

业主的主要工作是对合同进行总体策划和总体控制,对授标及合同的签订进行决策,为承包商的合同实施提供必要的条件,并监督承包商履行合同。

2)监理工程师的主要工作

对实行监理的工程项目,监理工程师的主要工作由建设单位(户主)与监理单位双方约定。按照《建筑法》、《建设工程监理规范》的规定,监理工程师必须站在公正的第三者的立场上对施工合同进行管理,其工作内容可以涉及包括工程谈判阶段(或招投标阶段)和施工阶段、结算、进度管理、质量管理、投资控制和组织协调的全部或部分:

①协助业主进行工程谈判,为业主起草住宅建筑装饰装修工程合同的有关条款。

②对装修公司(或装修投标人的投标)资格进行预审。

③组织现场勘察和图纸答疑。

④合同谈判。

⑤起草合同文件和各种相关文件。

⑥解释合同,监督合同的执行,协调业主、承包商、供应商之间的合同关系,站在公正的立场上正确处理索赔与纠纷。

⑦在业主的授权范围内,对工程项目进行进度控制、质量控制和投资控制。

(3)承包商在施工合同管理中的主要工作

在我国,由于装饰装修市场竞争激烈、市场不规范以及施工管理水平低、合同意识淡薄等原因,承包单位(有的甚至是个体包工头)的合同管理的不足已严重影响到我国工程管理水平并对工程经济和工程质量产生了严重影响。因此,施工承包单位(或承包人)应将合同管理作为一项具体、细致的工作,作为施工项目管理的重点和难点加以对待。

1)确定工程项目合同管理组织

包括项目(或工程队)的组织形式、人员分工和职责等(或聘请专门的合同管理人员等)。

2)合同文件、资料的管理

为了防止合同在履行中发生纠纷,合同管理人员应加强合同文件的管理,及时填写并保存经有关方面签证的文件和单据,主要包括以下:

①工程开始时的谈判纪要,业主的签证、承包人的施工承诺文件、合同文本、设计文件、规范、标准以及经设计单位和建设单位(业主或业主代表)签证的设计变更通知等。

②建设单位(或业主)负责供应的设备、材料进场时间以及材料规格、数量和质量情况的备忘录。

③承包商负责的主要建筑材料、成品、半成品、构配件及设备。

④材料代用议定书。

⑤主控项目和一般项目的质量抽样检验报告,施工操作质量检查记录,检验批质量验收记录,分项工程质量验收记录,隐蔽工程检查验收记录,中间交工工程的验收文件分部工程质量控制资料。

⑥质量事故鉴定书及其采取的处理措施。

⑦合理化建议内容及节约分成协议书。

⑧赶工协议及提前竣工收益分享协议。

⑨与工程质量,预结算和工期等有关的资料和数据。

⑩与业主的定期会议的纪录,业主(或监理工程师)的书面指令,与业主(或监理工程师)的来往信函,工程照片及各种施工进度报表等。

3)建立合同管理系统(有条件的装修公司应该实行)

合同管理系统是目前国际上一种先进的合同管理技术,它借助于电子计算机的存贮事件,检索条款,分析手段迅速、可靠,为合同管理人员提供决策支持。随着建筑技术迅速发展、经济能力的不断扩大,工程项目的规模越来越庞大,涉及的方面越来越多,合同条款也日益复杂,组成合同文件的部分也越来越多。这样一来遇到合同履行中的问题时若还要像原来一样迅捷地处理纠纷就非借助于电子计算机不可。

### 8.1.3 住宅建筑装饰装修施工合同管理的作用

住宅建筑装饰装修施工合同是装饰装修工程施工阶段,发包人(户主)和施工总承包人(或专业工程施工承包人或劳务分包人)之间签订和履行的施工合同,由于本合同管理的特点决定了必须进行合同管理。

为进一步明确施工合同在施工阶段发包人和承包人的权利和义务,《合同法》规定:“依法成立的合同,对当事人具有法律约束力,受法律保护。”从上述规定可以认为,建设工程施工合同一经生效之后,即具有法律效力,工程发包人和承包人双方就产生了法律上的关系。所谓施工合同的法律效力有三层含义:即双方都应认真履行各自的义务;任何一方都无权擅自修改或废除合同;如果任何一方违反履行合同义务,就不能相应享受权利,还要承担违约责任。这三方面的具体内容表现在:

(1)施工合同是双方行为的准则

在建设工程承包过程中,不论是发包人还是承包人,其一切行为和工作都要以施工合同为依据。因为合同的订立,是双方的法律行为,因而双方都要受法律的约束,双方都必须按照合同规定的内容办事。

(2)施工合同制约发包人和承包人

由于施工合同对建设工程发包人和承包人约定了权利和义务,因而订立施工合同就使双方产生了一定权利和义务的相互关系。但双方这种权利和义务的相互关系,不是一种道义上的关系,而是法律关系。因为双方签订的合同,要受到国家法律的制约、保护和监督。就是说,双方的权利和义务均受到法律的保护和监督,双方都必须认真履行合同。

(3)签订施工合同明确双方权利和义务的相互关系

施工合同内容是极其丰富的,在双方一般责任、施工组织设计及工期、质量与验收施工安全、工程价款与支付、材料设备的供应、设计工程变更、竣工与结算、争议与违约、索赔和其他等方面都明确了建设工程发包人和承包人之间的权利和义务。施工合同双方之间的权利和义务关系又是相互补充、相互制约的。一方的权利就是另一方的义务;对方的权利,就是自己一方的义务。换言之,一方某种权利实现应是履行自己某种义务的结果,如某一方不履行自己的某种义务,就要失去从对方取得的相应的权利。例如,发包人为实现承包人能够按施工合同约定的开工日期如期开工这一权利,就要履行施工合同的约定为承包人提供开工条件的义务。再如,承包人为实现自己能按期如数从发包人那里收取工程款这一权利,就一定要履行施工合同约定的工程进度计划,按质按量完成一定工程的义务,其收取工程款的权利是其完成施工工程量的结果,若承包人不能按施工合同约定的工程进度按质按量履行完成工程量的义务,那么,就失去了按期如数收取工程款的权利。反之,也是一样。发包人若要实现其按施工合同的约定工期接收工程的权利,就一定要履行其按时如数向承包方付款的义务,发包人实现接收工程的权利,是其履行按时付款义务的结果。

综上所述,施工合同起着明确建设工程发包人和承包人在施工中权利和义务的重要作用。通过施工合同的签订,就使得发包人和承包人清楚地认识到自己一方和对方在施工合同中各自承担的义务和享有的权利,以及双方之间的权利和义务的相互关系。也使双方认识到施工合同的正确签订,只是履行合同的基础,而合同的最终实现,还需要发包人和承包人双方严格按照合同的各项条款和条件,全面履行各自的义务,才能享受其权利,最终完成工程任务。

### 8.1.4 建设工程施工合同示范文本(见附录)

《合同法》规定:当事人可以参照各类合同的示范文本订立合同。早在1990年国务院办公厅转发国家工商行政管理局《关于在全国逐步推行经济合同示范文本制度请示》的通知以后,各类经济合同示范文本纷纷出台,逐步推行。实践证明,推广合同示范文本制度,使当事人订立合同更加认真、更加规范,对于提示当事人在订立合同时更好地明确各自的权利义务,尽量减少合同约定缺款少项,防止合同纠纷,起到了积极的作用。

(1)合同示范文本的概念和特点

所谓合同示范文本是将各类合同的主要条款、式样等制定出规范的、指导性的文本,在全国范围内积极宣传和推广,引导当事人采用示范文本签订合同,以实现合同签订的规范化。

使用示范文本签订合同有两方面的优点:

1)有助于签订经济合同的当事人了解、掌握有关法律和行政法规,使经济合同签订规范化,避免缺款少项和当事人意思表示不真实、不确切,防止出现显失公平和违法条款。

2)有助于合同机关加强监督检查,有利于仲裁机关和人民法院及时解决合同纠纷,保护当事人的合法权益,保障国家和社会公共利益。

(2)合同示范文本的特点

合同示范文本是由一定的综合部门主持,在广泛听取各方面意见后,按一定程序形成的。它具有规范性、可靠性、完备性、适用性的特点。

1)规范性

合同示范文本格式是根据有关法律、行政法规和政策制定的,它具有相应的规范性。当事人使用这种文本格式,实际上把自己的签约行为纳入依法办事的轨道,接受这种规范性制度的制约。广泛推行合同示范文本,其规范性作用就会更加明显,因为是建立在当事人自愿的基础之上,而广大的当事人使用示范文本格式会在实践中受益,从而增加使用示范合同文本的自觉性。因此,合同示范文本的规范性具有鲜明的引导、督促的作用。

2)可靠性

由于合同示范文本是经过严格依据有关法律、行政法规,审慎推敲、反复优选制定的,因而它完全符合法律规范的要求。它可以使经济合同具有法律约束力,使合同当事人双方的合法权益得到法律的保护。同时,便于合同管理机关和业务主管部门加强监督检查,若当事人双方发生合同纠纷时,有助于仲裁机关和人民法院进行调解、仲裁和审理工作。因此,合同示范文本,可以得到当事人的信赖,自觉使用示范文本签订合同。

3)完备性

合同示范文本的制定,主要是明确当事人的权利和义务,按照法律要求,把涉及双方权利和义务的条款全部开列出来,确保合同达到条款完备、符合要求的目的,以避免签约时缺款漏项和出现不符合程序的情况。当然,条款完备也是相对的,由于各类合同都会出现一些特殊情况,因而在示范文本内,要分别采取不同形式,规定当事人双方根据特殊要求,经协商达成一致的条款签订的方法。

4)适用性

各类合同示范文本,是依据各行业特点,归纳了涉及该行业合同的法律、行政法规制定的。签订合同当事人可以以此作为协商、谈判合同的依据,避免当事人为起草合同条款费尽心机。合同示范文本,基本上可以满足当事人的需要,因此它具有广泛的适用性。

(3)施工合同示范文本的制定原则

施工合同示范文本,包括施工合同示范文本、施工专业分包合同示范文本和施工劳务分包合同示范文本。它是遵循《合同法》和《民法通则》所规定的原则制定的,主要制定原则如下:

1)依法原则

根据依法成立的合同具有法律效力特征,和订立、履行合同应当遵守法律、行政法规这一基本原则,在制定和修订施工合同示范文本过程中,从两个方面体现了依法原则:

(*a*)在施工合同示范文本制定和修订总体上,均依据了有关合同的基本法律。在制定第一版施工合同示范文本时,是依据了当时有关合同的基本法律。在修订时则依据了《合同法》、《仲裁法》、《担保法》、《保险法》、《建筑法》、《民事诉讼法》等有关合同的现行的基本法律。如涉及施工合同的主要内容,以及发包人和承包人之间发生合同纠纷后采取的调解、仲裁和诉讼程序等。

(*b*)施工合同示范文本的各项条款,除依据基本法律和行政法规外,还依据国家建设主管部门和相关部门发布的有关建设工程施工技术、经济等方面的规章和规范性文件等。如施工及验收规范、工程质量管理法规、工程价款管理办法、有关材料设备供应办法和工期管理办法等。

2)平等、公平和诚实信用原则

《合同法》规定了合同当事人的法律地位平等,当事人应遵循公平原则和诚实信用原则。新修订的施工合同示范文本完全遵循了这些原则。

平等。即合同当事人的法律地位平等。法律地位平等,是合同法律的一大特征。施工合同示范文本内,对签订合同的发包人和承包人,都规定了在法律上具有平等地位的含义。因而不论签订合同双方当事人是国家行政机关、社会团体、其他组织,还是国有企业、集体企业、私营企业或自然人,也不论他们之间是上下级关系还是平级关系,只要属于《合同法》调整范围内的合同,双方当事人的法律地位完全平等。所谓"平等"就是在享有权利的同时,还应承担相应的义务,也就是平等地享有经济权利和平等地承担经济义务。贯彻平等原则,还表现在谈判和签订施工合同示范文本时应当通过充分协商,使双方当事人意思表示一致。为此,施工合同示范文本及专业分包示范文本除设置了通用于各类建设工程的条款外,还专门设置了供双方当事人结合具体工程的具体情况,充分协商后的约定条款部分。这就为贯彻平等原则,提供了充分条件。

公平。指处理事情合情合理,特别是处理涉及双方的事情要体现"一碗水端平"的原则。在修订和制定施工合同示范文本时,为了充分体现公平原则,合同修订制定曾多次征求各方意见,使合同当事人之间的权利义务公平合理。不仅合同一般条款做到公平合理,在合同风险分担和确定违约责任等方面的条款上,也充分体现合情合理的原则。以防止合同任何一方当事人滥用权力,有力地保护了合同当事人的合法权益,维护和平衡当事人之间的利益。

诚实信用。这是订立合同的一项基本原则。修订施工合同示范文本也不例外,必须遵循这一原则。如要求签订施工合同的发包人和承包人必须具备主体资格。特别强调发包人要具有支付工程价款能力,防止因建设资金不到位,造成合同履行中的拖欠工程款;也特别强调承包人的资质等级必须与所承包的建设工程等级相适应,以防止因资质等级不符,越级承包,给工程施工和质量带来严重后患。不论是发包人的资金不到位,或承包人的越级承包,都是一种欺诈行为,必须在合同文本内严格加以限制,以体现施工合同示范文本的诚实信用原则。

3)等价有偿原则

这是《民法通则》对民事活动规定的必须遵循的原则。合同属于民事活动,同时施工合同又属于有偿合同,因而施工合同的制定或修订必须遵循这一原则。《合同法》规定:建设工程合同是承包人进行工程建设,发包人支付价款的合同。从这一规定可以看出工程造价是施工合同的核心。因此,在制定和修订施工合同示范文本时,从某种意义上讲,是围绕着工程价款来设置条款的。从确定合同价款方式,以及价款调整、违约责任和索赔等无不体现了等价有偿原则。

4)详细与简化相结合原则

制定施工合同示范文本,采取了"应细则不简、可简而不繁"的原则,为了便于合同的履行和分清双方的责任,对一些明确责任的程序,作了比较详细的规定。例如,承包人提出什么样的问题,发包人应在什么期限内答复,如逾期不答复如何处理;或发包人提出什么样的要求,承包人如何答复等,都有详细规定。至于有些工作或问题,不宜在相对固定条款内详细规定,则只作一些提示性的文字,具体内容在协商约定的条款内规定。如工程款支付现在有多种方式,具体工程只能选择一种在协商约定的条款内规定,因而就没有必要把多种工程款支付方式一一列在相对固定条款内。如果这样做,不仅造成相对固定条款繁琐,而且也是脱离实际的。

5)以我为主,借鉴为辅的原则

随着我国对外开放形势的不断发展,国内利用世界银行和国外贷款或投资的工程项目日益增多,同时我国对外承包市场也不断扩大。在这些承包工程中,使用了一些国外合同文本。目前使用最普遍的是国际咨询工程师联合会(FIDIC)制定并推荐的《土木工程施工合同条件》及相应的分包合同文本。这个合同文本条款经过多年推敲,文字严谨准确,许多国家根据它制定了本国的标准合同条件。经过认真研究,发现这个文本最大特点是把土木工程普遍适用的条款,逐条以固定性文字形成合同通用条件;把结合具体工程情况需要双方协商而约定的条款作为合同专用条款,同时还有一个内容比较简单的协议书构成合同文件的主要部分。这种文本格式比我国实行过的条文填空式文本有着很大的灵活性。因而我国在制定施工合同示范文本时,基本上借鉴了这个合同文本的结构。我国的施工合同示范文本的内容,除借鉴了 FIDIC 土木工程施工合同条件的通用条件的部分条款外,其余条款都是依据我国有关施工合同的法律、行政法规制定的。施工合同示范文本相对固定条款部分比 FIDIC 土木工程施工合同条件的运用条件的条款要少得多,这是因为我国有关建设工程施工的法律、行政法规与国外不同,还因为施工合同示范文本,只适用于国内工程,对承包商设备再出口、货币和汇率条款无需设置。

(4)施工合同示范文本的应用

《建设工程施工合同(示范文本)》由《协议书》、《通用条款》和《专用条款》三部分构成。

《协议书》作为合同文本的第一部分,是发包人与承包人就合同内容协商达成一致意见后,向对方承诺履行合同而签署的正式协议。包括工程概况、承包范围、工期、质量标准、合同价款等合同主要内容,明确了包括《协议书》在内组成合同的所有文件,并约定了合同生效的方式及合同订立的时间、地点等。

通用条款:是根据法律、行政法规规定及建设工程施工的需要订立的,通用于建设工程施工的所有条款。

专用条款:是发包人与承包人根据法律、行政法规规定,结合具体工程实际,经协商达成一致意见的条款,是对通用条款的具体化、补充或修改。

《协议书》、《通用条款》和《专用条款》三部分必须按要求认真、规范的填写,不得遗漏。

## 8.2 合同主体的变更与合同纠纷的处理

### 8.2.1 合同变更

(1)合同变更的概念

合同变更是指合同依法成立后,在尚未履行或尚未完全履行时,当事人依法经过协商,对合同的内容进行修订或调整所达成的协议。

合同变更时当事人应当通过协商对原合同的部分内容条款作出修改、补充或增加。例如,对原合同中规定的标的的数量、质量、履行期限、地点和方式、违约责任、解决争议的方法等作出变更。当事人对合同内容变更取得一致意见时方为有效。

(2)合同变更的法律规定

《合同法》规定:"当事人协商一致,可以变更合同","法律、行政法规规定变更合同应当办理批准、登记手续的,依照其规定。"

《合同法》第三章还规定:"当事人因重大误解、显失公平、欺诈、胁迫或乘人之危而订立的合同,受损害一方有权请求人民法院或者仲裁机构变更或撤销的专门规定。"

(3)合同变更必须遵守法定的形式

《合同法》规定,法律、行政法规规定变更合同应当办理批准、登记等手续的,依照其规定。因此,当事人变更有关合同时,必须按照规定办理批准、登记手续,否则合同之变更不发生效力。此外,在法律未做专门规定的情况下,当事人之间变更合同的形式,可经双方协商议定,通常变更的合同应与原合同的形式一致。如原合同为书面形式,变更后合同的形式也应为书面形式。如原合同为口头形式,变更合同的形式可以采用口头形式或者采用书面形式。在实践中,口头形式的合同欲变更时,采用书面形式更为妥当,因为书面形式的变更合同,有利于排除因合同变更而发生争议。

(4)合同变更内容约定不明确的法律规定

《合同法》规定:"当事人对合同变更的内容约定不明确的,推定为未变更。"《合同法》的此项规定,是指当事人对合同变更的内容约定含义不清,令人难以判断约定的新内容与原合同的内容的本质区别。

有效的合同变更,必须有明确的合同内容的变更。合同的变更,是指合同内容局部的、非实质性的变更,也即合同内容的变更并不会导致原合同关系的消灭和新的合同关系的产生。合同内容的变更,是在保持原合同效力的基础上,所形成的新的合同关系。此种新的合同关系应当包括原合同的实质性条款的内容。

### 8.2.2 合同纠纷的处理

(1)合同纠纷产生的原因和预防

合同纠纷,又称合同的争议。指合同当事人双方对合同履行的情况和不履行后果产生争议,或对违约负责承担等问题所产生的不同看法。

对合同履行情况发生的争议,一般是对合同是否已经履行、履行是否符合合同约定所产生的意见分歧。对合同违约责任承担问题所发生的争议,则是指合同当事人之间就没有履行合同或没有完全履行合同的责任,应由哪一方负责和该负多少责任而发生的意见分歧。合同依法订立后,双方或多方当事人就必须全面履行合同中约定的各项义务。但是,由于下列原因在合同订立后和履行过程中,难免产生一些纠纷。

1)选择订立形式不当

《合同法》规定当事人订立合同,有书面形式、口头形式和其他形式。口头合同虽然具有简便、迅速和易操作等优点,但缺点为:口说无凭,不易分清是非和责任,容易产生纠纷。书面合同虽然较口头合同具有形式复杂和繁琐的缺点,但有凭有据,举证方便,不易发生纠纷。因此,在订立合同时要根据合同标的、权利义务内容选择合同订立形式,才可以避免发生纠纷。不同行为的合同,具有不同的形式,在订立合同时更要注意选择合同订立的形式。如建设工程施工合同就有固定价格合同、可调价格合同和成本加酬金价格合同。在订立建设工程施工合同时,就要根据工程大小、工期长短、造价的高低、涉及其他各种因素多少,选择适当的合同形式。如对工期周期长、造价高、涉及其他各种因素多的工程,选择了固定价格合同,就会因在履行过程产生各种变化,而这些变化又是承包商难以承受的,从而造成合同纠纷。

2)主体不合法

《合同法》规定:合同当事人可以是公民(自然人),也可以是其他组织。《合同法》还规定:这些当事人订立合同,应当具有相应的民事权利能力和民事行为能力。也就是说,这是订立合同最基本的主体资格。除了基本主体资格外,一些法律、法规,对不同的合同当事人的主体资格,有着不同的规定。如对企业法人,《中华人民共和国企业法人登记管理条例》第二条规定:具备法人条件的企业,应当办理企业法人登记。第三条规定:申请企业法人登记,经企业法人登记主管机关审核,准予登记注册的,领取《企业法人营业执照》,取得法人资格,其合法权益受国家法律保护。也就是说,企业法人必须取得《企业法人营业执照》以后才能从事经营活动,这也是企业法人的具体主体资格。对经营不同行业的企业还有特殊的主体资格的规定。如(建筑法)对从事建筑活动的施工企业、勘察单位、设计单位和工程监理单位规定:除具备企业法人条件外,还特别强调了这些企业和单位,必须按照其拥有的注册资本、专业技术人员,技术装备和已完成的建筑工程业绩等资质条件,划分为不同的资质等级,经资质审查合格,取得相应等级的资质等级,方可在其资质等级许可的范围内从事建筑活动。"资质等级"就是对从事建筑活动的企业和单位的主体资格的特殊规定。但是,当前一些从事建筑活动的企业或单位,超越资质等级或无资质等级承包工程,造成合同主体资格不合法的现象很多。这种无效合同,如果履行就会产生严重的纠纷和不良后果。因此,在工程招标或非招标工程发包前,一定要对承包商进行严格的资格预审或后审,以预防订立合同主体不合法。

3)合同条款不全,约定不明确

在合同履行过程中,由于合同条款不全,约定不明确,引起纠纷是相当普遍的现象,也是造成合同纠纷最常见、最大量、最主要的原因。当前,一些缺乏合同意识和不会用法律保护自已权益的人或单位,在谈判或签订合同时,认为合同条款太多、繁琐,从而造成合同缺款少项;一些合同虽然条款比较齐全,但内容只作原则约定,不具体、不明确。从而导致履行合同中的纠纷。例如,在建设工程施工合同签订时,选择了固定的价格形式,在相应价格条款内,只约定了合同价格采取固定价格,即通常所谓的合同价格"一次包死",但不约定"包死"范围,也就是承包方承担风险有多大范围;也不约定按合同价格的一定比例,给予承包商风险费用,这种签订合同方法,就是只有原则约定,缺乏具体内容,属于约定不明确的条款,一旦工程施工过程中,发生承包商难于承受的变化情况,就会产生纠纷。为了防止这类纠纷,就需要签订合同双方或多方当事人,对合同条款详细推敲,认真约定,需要具体内容的,一定要尽量具体完善。

4)草率签订合同

前面已经讲过,签订合同的双方或多方当事人,合同一经签订,他们之间就产生了权利和义务关系。这种关系是法律关系,他们的权利受法律保护,义务受法律约束。但是当前一些合同当事人,对这种法律关系,还不十分清楚,法制观念淡薄,或因为其他原因,签订合同不认真,履行合同不严肃,导致合同纠纷不断发生。例如,签订建设工程施工合同的工程发包人对承包人的资质、业绩、信用、信誉等还不是十分了解,就匆忙将工程发包,并与承包人签订合同;或者是承包人对工程发包人的建设资金是否完全落实,还不十分清楚,就草率的承接工程,与发包人签订合同。以上种种匆忙草率签约,就会给合同埋下纠纷的种子。

5)缺乏违约具体责任

《合同法》第七章对合同违约责任,作了具体规定。如当事人可以约定违约时应当根据违约情况向对方支付一定数额的违约金。也就是说,在签订合同时,对某一项违约事件,除要求违约方要承担违约责任外,还要具体约定出现这一违约事件,违约方要支付若干金额的违约金,金额要具体,如果没有具体金额约定,一旦出现违约的事件,就会因违约方应该支付多少违约金而产生纠纷。如建设工程施工合同签订时,只约定承包人不能按约定日期竣工应该承担违约责任,但没有约定每延误一天,应支付给对方多少违约金,一旦发生这种延误,就可能造成双方在支付违约金的多少上产生纠纷。因此,在双方或多方强调合同违约条件时,不仅要求对方承担违约责任,还要对违约责任作出具体约定。

综上所述,合同订立或履行过程中,产生纠纷的原因是错综复杂的,但绝大多数纠纷是合同当事人主观原因所造成的。为了预防或避免合同纠纷,就要求当事人不断提高合同意识以及用法律手段保护自己权益的意识,避免签订合同时容易产生纠纷的因素,把合同纠纷控制在最低范围以内。但是,一旦发生合同纠纷,就要采取积极有效的方法加以解决。

(2)合同纠纷的和解与调解

《合同法》和《仲裁法》都对合同纠纷有可以和解或调解的规定:《合同法》第一百二十八条规定:当事人可以通过和解或者调解解决合同争议。《仲裁法》第四十九条规定:仲裁庭在作出裁决前,可以先行调解。《民事诉讼法》第八十五条对调解也有规定:人民法院审理民事案件,根据当事人自愿的原则,在事实清楚的基础上,分清是非,进行调解。从上述这些法律规定,可以看出,合同纠纷是可以通过和解或调解解决的。

1)和解

在原《经济合同法》中称为“协商”,可以认为“协商”是解决合同纠纷的方法,而“和解”是目的。即用协商的方法,使合同纠纷达到和解的目的。和解是解决合同纠纷的首选方法。因为其具有如下几个优点:

(*a*)简便易行

和解方法只需发生纠纷各方坐下来协商,不需要任何第三方介入,在什么地点和什么时间协商,合同纠纷各方自己决定就可以进行,十分方便,有利于合同纠纷的解决。

(*b*)有利于加强纠纷各方的协作

既然合同纠纷各方选择了协商方法解决纠纷,就会有和解的愿望,在协商过程中,就会增强对对方的理解,而采取互谅、互让的态度,不会使纠纷激化,有利于巩固双方协作关系,增强信任感,利于合同的顺利履行。

(*c*)利于合同履行

由于对合同纠纷的和解是在双方自愿协商的基础上形成的,因而双方一般都能自觉执行,使合同纠纷实现顺利解决,从而利于合同履行。

2)调解

解决合同纠纷采取调解方法与和解方法最大的区别是,前者是在第三人主持下,使合同纠纷得以解决,而后者则是由合同当事人自行解决。

调解合同纠纷有三种情况:第一种是在仲裁过程中发生的,即仲裁庭在作出裁决前,可以先行调解,也就是仲裁庭的组成人员作为第三人进行合同纠纷的调解。第二种是在诉讼过程中发生的,即人民法院进行审理案件时进行的调解,也就是由审判员或合议庭组成人员作为第三人进行合同纠纷的调解。以上两种调解方法的调解人,只能由仲裁机构或人民法院承办案件人员担任,合同纠纷当事人不能选择。第三种情况与以上两种情况最大的不同点,就是由仲裁机构或人民法院以外的任何第三人担任调解人,当事人可以选择。

用调解方法解决合同纠纷的优点,与和解方法的优点基本相同,不论是和解还是通过第三人调解,最根本的还在于当事人有彻底解决合同纠纷的愿望,能够相互理解和互谅互让地解决合同纠纷。不论是用和解的方法,还是用调解的方法解决合同纠纷,均必须坚持下列几项原则:

(*a*)自愿原则

虽然在《仲裁法》、《合同法》和《民事诉讼法》内都有对解决合同纠纷采取和解或调解的条款,但这不意味着和解或调解是必须采用的法定程序,因为和解或调解都是建立在当事人自愿的基础上的。特别是调解不同于仲裁或审判,因为任何一方不同意调解,都不能强迫调解。只有当事人自愿接受调解人调解时,才可以进行调解。调解合同纠纷时,要耐心倾听各方当事人和关系人的意见,并对这些意见进行分析研究、调查核实,然后据理说服各方当事人,使他们自愿达成协议,促使调解能成功。如果调解无效,当事人都可以请求仲裁机构裁决或由人民法院判决,任何人都不得阻止当事人行使这些权利。

(*b*)依法原则

当事人订立、履行合同,应当遵守法律、行政法规。解决合同纠纷是解决合同履行中对一些条款的争议。因此,不论是用和解方法或调解方法解决合同纠纷,都必须坚持依法原则。和解协议或调解协议都是合同的组成部分,都必须以遵守法律、行政法规为前提。决不允许以违反法律、行政法规为代价解决合同纠纷,否则这种和解或调解都是无效的。

(*c*)公平、公正原则

在采用和解方法解决合同纠纷时,各方当事人都要摆正自己的位置,采取公平的态度解决问题。采用调解方法时,调解人对各方当事人都要不偏不倚,立场公正,秉公办事。只有这样才能取得各方当事人的信任,作出的调解,才能为当事人各方所接受。倘若出现偏袒,就不会具有说服力,难于达成调解协议,即使勉强达成协议,也会因其基础不牢出现反复或出现不履行的情况。调解的不好,甚至适得其反,导致纠纷扩大,矛盾激化。

(*d*)制作调解书

《仲裁法》规定:当事人达成和解协议的,可以请求仲裁庭根据和解协议作出裁决书。对于调解《仲裁法》规定:调解达成协议的,仲裁庭应当制作调解书或者根据协议的结果制作裁决书。《民事诉讼法》规定:调解达成协议,调解书应当写明诉讼请求、案件的事实和调解结果。根据这些法律规定,凡是经和解或调解合同纠纷达成协议的都依法可以或应当制作调解书或裁决书。由于和解或调解都是建立在自愿的基础上,因此,在和解或调解书生效之前当事人对和解或调解反悔的,仲裁机构或人民法院应及时作出裁决或判决。

(3)合同纠纷的仲裁

仲裁又称"公断"。是解决民事纠纷,包括合同纠纷的方法之一。解决合同纠纷除采用和解或调解外,还可以采用申请仲裁机构审理的方法。仲裁则是指合同签约双方在签订合同时,或履行合同时发生纠纷后,达成协议,自愿将纠纷交给第三者作出裁决,双方有义务履行的一种解决合同纠纷的方法。

仲裁机构和法院不同。法院依法行使国家所赋予的审判权,只要合同纠纷当事人一方向有管辖权的法院起诉,经法院受理后,另一方必须应诉,无需双方当事人达成诉讼协议。仲裁一般是民间团体的性质,其受理案件的管辖权来自双方协议,也就是合同纠纷当事人必须有仲裁协议,仲裁机构才能受理。

我国《仲裁法》规定:中国仲裁协会是社会团体法人,仲裁委员会是中国仲裁协会的会员。仲裁依法独立进行,不受行政机关、社会团体和个人的干涉。《仲裁法》的这些规定,确立了仲裁机构的性质和独立进行仲裁的制度。

我国《仲裁法》对仲裁活动规定了三项基本原则和两项基本制度。三项基本原则:即自愿原则,尊重事实、依据法律和公平合理的原则,依法独立行使仲裁权原则。两项基本制度是或裁或审制和一裁终局制。

(4)合同纠纷的诉讼

诉讼是解决合同纠纷的一种方法。根据我国现行法律规定,选择诉讼方法解决合同纠纷来自以下四个方面:

1)合同纠纷当事人不愿和解或调解的可以直接向人民法院起诉。

2)合同纠纷当事人经过和解或调解不成的,可以向人民法院起诉。

3)当事人没有订立仲裁协议或者仲裁协议无效的,可以向人民法院起诉。

4)仲裁裁决被人民法院依法裁定撤销或者不予执行的,可以向人民法院起诉。

选择诉讼方法解决合同纠纷,可以在签订合同的同时,双方约定一旦在合同履行过程中发生纠纷时采用诉讼方法解决,并依法选择有管辖权的人民法院,但不得违反《民事诉讼法》对级别管辖和专属管辖的规定。

诉讼是指按照民事诉讼程序向人民法院对一定的人提出权益主张,并要求人民法院予以解决和保护的请求。诉讼有三个基本特征:第一,提出诉讼请求的一方是自己的权益受到侵犯和他人发生争议;第二,该权益的争议,应当适用民事诉讼程序解决;第三,请求的目的是为了使法院通过审判,保护受到侵犯和发生争议的权益。诉讼活动应当依照法定程序进行。

(*a*)只限于第一审合同纠纷案件;

(*b*)必须有书面合同协议选择内容;

(*c*)仅限于《民事诉讼法》第二十五条规定选择的范围;

(*d*)不得违反《民事诉讼法》对级别管辖和专属管辖的规定。

诉讼程序

合同纠纷诉讼应按程序进行。起诉人在符合起诉条件的情况下,向有管辖权的人民法院递交起诉状。

(5)管辖

在民事诉讼中,管辖是指确定法院审理第一审民事纠纷案件的权限。即各级法院和同级法院之间对审理第一审民事纠纷案件的内部分工。民事案件管辖权分为级别管辖和地域管辖。

1)级别管辖

级别管辖又称"审级管辖"。根据案件的性质、情节的轻重、影响的范围或诉讼标的的大小;划分上下级法院对案件的管辖。在我国,级别管辖主要解决各级人民法院之间对于第一审民事案件受理上的分工。我国《民事诉讼法》规定:基层人民法院管辖第一审民事案件,但是法律另有规定的除外。中级人民法院管辖的第一审民事案件是涉外案件和本管辖区有重大影响的案件。高级人民法院管辖在本辖区有重大影响的第一审民事案件。最高人民法院管辖在全国有重大影响的,以及它认为应当由自己审判的第一审民事案件。此外,上级人民法院认为必要时可以审判下级人民法院管辖的第一审案件,也可以把自己管辖的第一审案件交由下级人民法院审判;下级人民法院认为案情重大复杂,也可以请求移送上一级人民法院审判。

2)地域管辖

地域管辖又称"区域管辖",是指按行政区域划分法院管辖案件的权限。也就是确定同级人民法院之间在各自的区域内受理第一审民事案件的分工和权限。我国《民事诉讼法》规定:对公民提起的民事诉讼,由被告住所地人民法院管辖;被告住所地与经常居住地不一致的,由经常居住地人民法院管辖。对法人或者其他组织提起的民事诉讼,由被告住所地人民法院管辖。同一诉讼的几个被告住所地、经常居住地在两个以上人民法院管辖的,各地人民法院都有管辖权。

3)地域管辖权

《民事诉讼法》特别对合同纠纷案件的地域管辖权分别规定了选择地域管辖和协议地域管辖。

(*a*)选择地域管辖。《民事诉讼法》第二十四条规定:"因合同纠纷提起诉讼,由被告住所地或者合同履行地人民法院管辖。"

(*b*)协议地域管辖。《民事诉讼法》第二十五条规定:"合同的双方当事人可以在书面合同中协议选择被告住所地、合同履行地、合同签订地、原告住所地、标的物所在地人民法院管辖,但不得违反本法对级别管辖和专属管辖的规定。"协议地域管辖必须符合有关的条件。

4)诉讼程序

合同纠纷诉讼应按程序进行。起诉人在符合起诉条件的情况下,向有管辖权的人民法院递交起诉状。其内容如下:

(*a*)当事人的姓名、性别、年龄、民族、职业、工作单位和住所,法人或者其他组织的名称住所和法定代表人或者主要负责人的姓名、职务;

(*b*)诉讼请求和所根据的事实和理由;

(*c*)证据和证据来源,证人姓名和住址。

人民法院接到起诉状后,经审查,符合规定的受理条件的应依法立案,否则不予立案。人民法院受理合同纠纷案件,应着重进行调解,调解无效时才进行审理和判决。审理和判决一般按下列程序进行:

法庭调查

法庭调查按下列顺序进行:

①当事人陈述;

②告知证人的权利义务,询问证人,宣读未到庭的证人证言;

③询问鉴定人,宣读鉴定结论;

④出示书证、物证和视听材料;

⑤宣读鉴定结论。

当事人在法庭上,可以提出新证据。经法庭许可当事人可以向证人、鉴定人、勘验人发问,人民法院决定是否允许当事人要求重新进行鉴定、调查或者勘验。

法庭辩论

法庭辩论按下列顺序进行:

①原告及其诉讼代理人发言;

②被告及其诉讼代理人答辩;

③第三人及其代理人发言或者答辩;

④互相辩论。

法庭辩论终结,由审判长按原告、被告的先后顺序征询双方最后意见。可以再行调解,调解未达成协议的,依法作出判决。

判决

人民法院宣告判决,一律公开进行。判决应制作判决书,内容包括:

①案由、诉讼请求、争议的事实和理由;

②判决认定的事实、理由和运用的法律;

③判决结果和诉讼费用的负担;

④上诉期限和上诉的法院。

判决书由审判人员、书记员署名,加盖人民法院印章。上述为人民法院审理合同纠纷案件的第一审程序主要内容。

当事人不服地方各级人民法院第一审判决的,诉讼期限内,有权向上一级人民法院提起上诉。上一级人民法院依法进行审理,并作出终审判决。人民法院审理施工合同纠纷案件,必须以事实为根据,以法律为准绳;对于诉讼当事人在适用法律上一律平等;保障诉讼当事人平等地行使诉讼权利。在这个基础上,超过上诉期限没有上诉的判决或终审判决,是发生法律效力的判决,当事人必须执行。否则,人民法院采取强制执行措施,妨碍执行的依法处理,构成犯罪的,依法追究刑事责任。

## 实 训 课 题

1. 实训目的

通过合同管理的案例分析,让学生了解施工合同管理在住宅装饰装修工程当中应用的重要性。

2. 实训条件

任课教师为学生准备一份住宅装饰装修工程施工的合同,对合同进行逐条逐款的讲解,让同学知道每条每款在工程施工当中的重要性及后果。

3. 实训的内容及深度

要求同学准备(复印)一份合同示范文本,逐条逐款填写,弄清它们的含义。整理成册上交。要求结合实例填写。具有现实意义和操作性。

## 思考题与习题

1. 简述施工合同管理的概念和特点。
2. 承办合同文本分析主要有哪几个方面的内容?
3. 简述合同文本的完备性和合同条款的完整性。
4. 合同分析包括哪三个方面的内容?

# 单元9　工程价款结算

**知 识 点**:住宅建筑装饰装修工程预算的编制方法;工程价款的结算及竣工结算的基本概念;住宅建筑装饰装修工程价款的几种计算方法;住宅建筑装饰装修工程竣工结算的几种常用的审查方法。

**教学目标**:要求学生掌握住宅装饰装修预算的编制方法;工程价款的结算及竣工结算的基本概念;住宅建筑装饰装修工程竣工结算的几种常用的审查方法。

## 课题　住宅装饰装修预算的编制方法及工程备料款

### 9.1　装饰装修预算的编制方法及工程备料款

如同所有的装饰装修工程一样,住宅装饰装修同样要在设计和施工的同时提供装修预算。近年来,住宅装饰装修业迅速发展,住宅装饰装修的材料不断的更新换代,品种品牌的多样化,对住宅装饰装修的价格影响很大。在住宅装饰装修中合理选用装修的材料,编制合理的装饰装修预算,客观公平地确定人工、材料及机械消耗用量和价格,非常重要。

9.1.1　住宅装饰装修预算的作用

(1)确定住宅装饰装修工程造价,以及施工单位和户主进行工程结算的依据。

(2)双方签订合同的依据。

(3)住宅装修预算是业主向银行贷款的依据。

(4)是施工企业编制施工计划,加强企业经济核算的依据。

9.1.2　住宅装饰工程预算编制的方法

目前,住宅装修预算编制主要采用综合单价法。

综合单价的组成包括人工费、材料费、机械费、管理费和利润,以实体为计算单位,计算出综合单价。例如墙面乳胶漆,工作内容包括:基层清理、补缝、满刮腻子、打磨、找补腻子、刷乳胶漆等全部操作过程。管理费和利润是以费率形式计算。

综合单价编制方法有两种情况:

(1)参照现行的预算定额进行编制。

1)根据施工图纸计算各分部工程的工程量。

2)按照定额计算该分部工程中各分项的工程量。

3)参照现有的预算定额,根据材料市场价格和当地的取费标准,计算该分部工程的综合单价。

4)计算措施项目费用。

5)计算其他项目费用。

6)计算规费。

7)计算税金。

8)汇总以上各项费用得出单位工程造价。

(2)根据企业的实力和当地的市场行情来确定综合单价。

不同企业,由于管理水平的不同、工人施工技术水平的不同等因素,加之市场竞争,往往由企业自己组价。企业根据工程的具体特点计算人工、材料、机械的消耗数量,按照材料的市场价格,计算出人工费、材料费、机械费,加上企业管理费、利润,计算出综合单价。再加上其他一些费用,计算出该工程的单位工程造价。

### 9.1.3 住宅装修预算编制的步骤

(1)收集有关编制装饰装修工程预算的基础资料。

基础资料主要包括:业主同意的施工图纸,现行的装饰装修工程定额,现行的有关取费标准,材料价格,现场勘察资料,装饰装修工程施工合同等等。

(2)熟悉审核施工图纸。

熟悉审核施工图纸是计算施工量的依据。装饰装修预算人员在编制预算前必须认真、全面地审核图纸,了解设计意图,掌握工程的全貌。

(3)熟悉施工组织设计或方案。

施工组织设计或方案具体规定了组织拟建装饰装修工程的施工方法、施工进度、技术组织措施和施工现场的布置等内容。熟悉施工组织中影响造价的有关内容。严格按照施工组织设计确定的施工方法和技术组织措施的要求准确计算工程量。使施工图预算能真正反映客观实际情况。

(4)熟悉现行的预算定额。

确定工程造价的主要参考依据是预算定额。编制时,必须熟悉预算定额的内容、组成、工程量计算规则。

(5)工程量计算。

(6)参照定额进行综合单价计算。

(7)计算措施项目费用。

(8)计算其他各项费用。

(9)编制装饰装修工程预算书并装订成册。

预算书的内容包括:封面、编制说明、各工程造价计算表和汇总表、综合单价分析表、分部分项工程计价表、工程量计算书等。

当工程承包合同签订后,承包商在施工前应根据工程合同价向业主收取预付备料款;在工程施工进程中需拨付工程进度款;工程进度到一定阶段时,开始抵扣预付备料款并进行中间结算;承包工程全部完工后,应办理竣工结算。

### 9.1.4 工程备料款(或预付款)

按合同规定,在住宅装饰装修工程开工前,户主要支付一笔工程材料、预制结构构件的备料款给施工单位。需支付的工程备料款以形成工程实体的材料需用量及其储备的时间长短来计算,其计算公式如下:

$$\text{工程备料款}=\frac{\text{年(月)度工作量}\times\text{主要材料所占比重}}{\text{材料储备天数}}\times\text{年度施工日历天数}$$

上式中,材料储备天数可以根据当地材料供应情况确定。

在实际工程中,装饰装修工程备料款的额度,通常由各地区根据工程类型、施工工期、材料供应状况规定,一般为当月工作量的 25%左右,对于大量采用预制构件的装饰装修工程可以适当增加。

**【实例】**:某装饰装修工程承包合同规定,工程备料款按当月工作量的 28%计算,该装饰装修工程当月工作量为 4.5 万元,试计算该装饰装修工程备料款。

**【解】**:工程备料款 = 4.5 万元 × 28% = 1.26 万元

### 9.1.5 工程备料款的扣还

由于装饰装修工程备料款是按当月装饰装修工作量与所需占用的储备材料计算的,随着装饰装修工程的进展,材料储备随之减少,相应备料款也减少,因此,预收的备料款应当陆续扣还,直到工程全部竣工之前扣完。扣款的方法是,从未施工工程尚需的主要材料及构件的价值相当于备料款数额时起扣,从每次结算工程价款中,按材料比重扣抵工程价款。备料款的起扣点可按下列公式计算:

$$\text{预付备料款起扣点} = \text{承包工程价款总额} - \frac{\text{预付备料款的限额}}{\text{主要材料所占比重}}$$

需要说明的是,在实际工作中,情况比较复杂,有些工程工期较短,只有 1~2 个月,就无需分期扣还;有些工程工期较长,还可能跨年度,其备料款占用时间较长,根据需要可以少扣或不扣。在一般情况下,工程进度达到 65%时,开始抵扣预付备料款。

### 9.1.6 工程进度款

(1)按月完成工作量收取

该方法一般在中旬或月初收取上旬或上月完成的工程进度款,当工程进度达到预收备料款起扣点时,则应从应收工程进度款中减去应扣除的数额。收取工程进度款的计算公式为:

$$\text{本期工程进度款} = \text{本期完成工作量} - \text{应扣还的预收备料款}$$

**【实例】**:某装饰装修工程上个月末完成装饰工作量 15000 元(占总计划工作量的 8%),应扣还的预收备料款为 8000 元,本月初应向户主收进多少工程进度款。

**【解】**:本期工程进度款 = 15000 元 − 8000 元 = 7000 元

(2)按逐月累计完成工作量计算

以逐月累计完成工作量收取工程进度款是承包工程常用的方法之一。具体做法是:

1)户主不支付承包商的工程备料款,工程所需的备料款全部由承包人自筹或向银行贷款。

2)承包商进入施工现场的材料、构配件和设备,均可以报入当月的工程进度款,由户主负责支付。

3)工程进度款采取逐月累计倒扣合同总金额的方法支付。该方法的优点是,如果上月累计多支付,即可在下期累计工作量中扣回,不会出现长期超支工程款的现象。

4)支付工程进度款的同时,扣除按合同规定的保留金。保留金一般为工程合同价的 3%~5%,大工程可在合同中固定一个数额。

5)计算方法

①工程量计算方法:

累计完成工程量 = 本月完成工程量 + 上月累计完成工程量

未完工程量 = 合同工程量 - 累计完成工程量

②工作量计算方法:

累计完成工作量 = 本月完成工作量 + 上月累计完成工作量

未完工作量 = 合同总金额 - 累计完成工作量

**【实例】**:某装饰装修工程中花岗石板铺地面工程量为 $2600m^2$,4~6 月份累计完成工程量 $1800m^2$,本月(7 月份)完成 $500m^2$ 工程量,计算累计完成工程量和未完工程量。

**【解】**:花岗石地面累计完成工程量 = $1800m^2 + 500m^2 = 2300m^2$

花岗石地面未完工程量 = $2600m^2 - 2300m^2 = 300m^2$

施工单位完成合同规定的工程内容,交工后,应向户主办理竣工结算。在竣工结算时,若因某些条件变化使合同工程价款发生变化,则需按规定对合同价进行调整。

在实际工作中,当年开工、当年竣工的工程,只需办理一次性结算。跨年度的工程,在年终办理一次年终结算,将未完工程结转到下一年度,这样,竣工结算等于各年度结算的总和。

#### 9.1.7 工程价款的动态结算

现行的工程价款结算方法是静态结算,没有反映价格等因素变化的影响。因此,要全面反映工程价款的结算,应实行工程价款的动态结算。所谓动态结算就是要把各种动态因素渗透到结算过程中,使结算价大体能反映实际的消耗费用。

常用的动态结算方法有以下几种:

(1)按竣工调价系数办理结算

目前,有些地区按竣工调价系数办理竣工结算。这种方法是合同双方采用现行的概、预算定额基价作为合同承包价。竣工时,根据合理的工期及当地建设工程造价管理部门颁发的各个季度的竣工调价系数,以直接工程费为基础,调整由于人工费、材料费、机械费等费用上涨(或下降)及工程变更等影响造成的价差。

(2)按实际价格计算

由于建筑材料市场的建立和发展,材料采购的范围和选择余地越来越大。为了调动合同双方的积极性,合理降低成本,工程主要材料费可按地方工程造价管理部门定期公布的最高限价结算,也可由合同双方根据市场供应情况共同定价。只要符合质量和工程的要求,合同文件规定承包人可以按上述两种方法确定主要材料单价后计算工程材料费。

(3)按调价文件结算

该方法是合同双方按现行的预算定额基价确定承包价。在合同期内,按照工程造价管理部门颁布的调价文件结算工程价款。调价文件一般规定了逐项调整主要材料价差的指导价格,还规定了地方材料按工程材料费为基础用综合系数调整价差的方法。上述调价文件可按季或半年公布一次。当工程跨季或跨年时,还应分段调整材料价差后再计算竣工工程价款。

#### 9.1.8 竣工结算的审查

住宅装饰装修工程竣工后的结算审查相对来说比较简单。图纸及合同上注明的工程项目价格的变化一般主要集中在材料上,人工费、机械使用费基本不变,所以重点审查材料价格即可。对于工程变更(图纸或合同的变更)的项目,在变更前要签署协议,定死价格。

竣工结算审查的方法主要有:综合审查法、逐项审查法和对比审查法。住宅装饰装修工程的竣工结算审查一般都采用逐项审查法，既细致又全面。

**某住宅装饰装修工程预算表**

表 9-1

| 业主姓名： | | 装潢地址： | | | | | | | |
|---|---|---|---|---|---|---|---|---|---|
| 联系电话： | | BP/手机 | 编制时间 | | | 2005.7 | | | |
| 设计房型：三房两厅 | | 设计姓名 | 使用面积 | | | $102m^2$ | | | |
| 编号 | 项目名称 | 主材名称品牌等级规格 | 单位 | 数量 | 主材副材费 | | | 人工费 | |
| | | | | | 主价 | 副价 | 合价 | 单价 | 合价 |
| 一 | 客厅餐厅走道 $37m^2$ | | | | | | | | |
| 1 | 600×600 玻化砖 | 新粤 | $m^2$ | 38.85 | 80 | 20 | 3885.00 | 20 | 777 |
| 2 | 墙顶面批嵌腻子 | 壁丽宝、胶水、沙纸 | $m^2$ | 138.00 | 3.5 | 2 | 759.00 | 3 | 414 |
| 3 | 墙顶面乳胶漆 | 永得丽立邦漆 | $m^2$ | 128.21 | 4 | 3.5 | 961.54 | 3 | 384.62 |
| 4 | 进户柳桉浑水饰面门套 | 木工板、九厘板、柳桉木夹板 | $m^2$ | 1.68 | 100 | 10 | 184.80 | 20 | 33.60 |
| 5 | 进户门套油漆 | 欧龙全无苯油漆 | $m^2$ | 1.68 | 30 | 5 | 58.80 | 15 | 25.20 |
| 6 | 柳桉浑水饰面阳台套 | 木工板、九厘板、柳桉木夹板 | $m^2$ | 2.51 | 100 | 10 | 275.88 | 20 | 50.16 |
| 7 | 阳台门套油漆 | 欧龙全无苯油漆 | $m^2$ | 2.51 | 30 | 5 | 87.78 | 15 | 37.62 |
| 8 | 柳桉浑水饰面窗套 | 木工板、九厘板、柳桉木夹板 | $m^2$ | 2.51 | 100 | 10 | 275.66 | 20 | 50.12 |
| 9 | 窗套油漆 | 欧龙全无苯油漆 | $m^2$ | 2.51 | 30 | 5 | 87.71 | 15 | 37.59 |
| 10 | 柳桉浑水饰面门套(通阳台门) | 木工板、九厘板、柳桉木夹板 | $m^2$ | 1.6 | 100 | 10 | 176.00 | 20 | 32.00 |
| 11 | 门套油漆(通阳台门) | 欧龙全无苯油漆 | $m^2$ | 1.6 | 30 | 5 | 56.00 | 15 | 24.00 |
| 12 | 大理石窗台板(窄) | 金线米黄 | m | 2.96 | 100 | | 296.00 | 10 | 29.60 |
| 13 | 大理石磨边 | 磨双边 | m | 2.96 | 20 | | 59.20 | | |
| 14 | 柳桉浑水饰面踢脚板 | 九厘板、柳桉木夹板 | m | 28 | 11 | 0.5 | 322.00 | 3 | 84 |
| 15 | 踢脚线油漆 | 欧龙全无苯油漆 | m | 28 | 10 | 0.5 | 294.00 | 3 | 84 |
| 16 | 木龙骨石膏板吊顶 | 纸面石膏板 | $m^2$ | 22 | 50 | | 1100.00 | 15 | 330 |
| 17 | 电视背景墙 | (见图纸) | $m^2$ | 8.58 | 120 | | 1029.60 | 20 | 171.6 |
| 18 | 走道储藏柜 | 深度 60CM | $m^2$ | 3.65 | 220 | | 803.00 | 80 | 292 |
| 19 | 走道储藏柜壁柜移门 | 厂家订做 | $m^2$ | 3.65 | 350 | | 1276.80 | 80 | 291.84 |
| 20 | 鞋箱 | 含玻璃(见图纸) | $m^2$ | 2.88 | 220 | | 633.60 | 40 | 115.2 |
| 21 | 酒柜 | 厚度 30CM | $m^2$ | 2.88 | 240 | | 691.20 | 50 | 144 |
| | 小计 | | | | | | 13313.57 | | 3408.1 |
| 二 | 主卧 $17.7m^2$ | | | | | | | | |
| 1 | 900×90 菠萝格地板 | 琴牌(一级品) | $m^2$ | 18.59 | 138 | 3 | 2620.49 | 8 | 148.68 |
| 2 | 木龙骨紧固件地板钉 | 烘干处理成品落叶松 | $m^2$ | 18.59 | 20 | | 371.70 | 10 | 185.85 |
| 3 | 墙顶面批嵌腻子 | 壁丽宝、胶水、沙纸 | $m^2$ | 65.05 | 3.5 | 2 | 357.76 | 3 | 195.14 |
| 4 | 墙顶面乳胶漆 | 永得丽立邦漆 | $m^2$ | 65.05 | 4 | 3.5 | 487.86 | 3 | 195.14 |
| 5 | 柳桉浑水饰面窗套 | 木工板、九厘板、柳桉木夹板 | $m^2$ | 2.49 | 100 | 10 | 273.46 | 20 | 49.72 |

续表

| 业主姓名： | | 装潢地址： | | | | | | | |
|---|---|---|---|---|---|---|---|---|---|
| 联系电话： | | BP/手机 | 编制时间 | | 2005.7 | | | | |
| 设计房型：三房两厅 | | 设计姓名 | 使用面积 | | $102m^2$ | | | | |
| 编号 | 项目名称 | 主材名称品牌等级规格 | 单位 | 数量 | 主材副材费 | | | 人工费 | |
| | | | | | 主价 | 副价 | 合价 | 单价 | 合价 |
| 6 | 窗套油漆 | 欧龙全无苯油漆 | $m^2$ | 2.49 | 30 | 5 | 87.01 | 15 | 37.29 |
| 7 | 大理石窗台板(宽) | 金线米黄 | m | 2.56 | 220 | | 563.20 | 10 | 25.60 |
| 8 | 大理石磨边 | 磨双边 | m | 2.56 | 20 | | 51.20 | | |
| 9 | 柳桉浑水饰面门套 | 木工板、九厘板、柳桉木夹板 | $m^2$ | 2.2 | 100 | 10 | 242.00 | 20 | 44.00 |
| 10 | 门套油漆 | 欧龙全无苯油漆 | $m^2$ | 2.2 | 30 | 5 | 77.00 | 15 | 33.00 |
| 11 | 实芯工艺门 | 中艺木门 | 扇 | 1 | 250 | 10 | 260.00 | 30 | 30.00 |
| 12 | 门五金配件 | 铰链、门吸 | 套 | 1 | 40 | 10 | 50.00 | | 0.00 |
| 13 | 门油漆 | 欧龙全无苯油漆 | 扇 | 1 | 80 | 20 | 100.00 | 30 | 30.00 |
| 14 | 柳桉浑水饰面门套(通阳台门) | 木工板、九厘板、柳桉木夹板 | $m^2$ | 1.6 | 100 | 10 | 176.00 | 20 | 32.00 |
| 15 | 门套油漆(通阳台门) | 欧龙全无苯油漆 | $m^2$ | 1.6 | 30 | 5 | 56.00 | 15 | 24.00 |
| 16 | 柳桉浑水饰面踢脚板 | 九厘板、柳桉木夹板 | m | 17.4 | 11 | 0.5 | 200.10 | 3 | 52.2 |
| 17 | 踢脚线油漆 | 欧龙全无苯油漆 | m | 17.5 | 10 | 0.5 | 183.75 | 6 | 105 |
| 18 | 石膏线 | | m | 19 | 6 | | 114.00 | | |
| | 小计 | | | | | | 6271.52 | | 1187.63 |
| | | | | | | | | | |
| 三 | 次卧 $11.1m^2$ | | | | | | | | |
| 1 | 900×90 菠萝格地板 | 琴牌(一级品) | $m^2$ | 11.66 | 138 | 3 | 1643.36 | 8 | 93.24 |
| 2 | 木龙骨紧固件地板钉 | 烘干处理成品落叶松 | $m^2$ | 11.66 | 20 | | 233.10 | 10 | 116.55 |
| 3 | 墙顶面批嵌腻子 | 壁丽宝、胶水、沙纸 | $m^2$ | 40.79 | 3.5 | 2 | 224.36 | 3 | 122.38 |
| 4 | 墙顶面乳胶漆 | 永得丽立邦漆 | $m^2$ | 40.79 | 4 | 3.5 | 305.94 | 3 | 122.38 |
| 5 | 柳桉浑水饰面窗套 | 木工板、九厘板、柳桉木夹板 | $m^2$ | 2.49 | 100 | 10 | 273.46 | 20 | 49.72 |
| 6 | 窗套油漆 | 欧龙全无苯油漆 | $m^2$ | 2.49 | 30 | 5 | 87.01 | 15 | 37.29 |
| 7 | 大理石窗台板(宽) | 金线米黄 | m | 1.95 | 220 | | 429.00 | | |
| 8 | 大理石磨边 | 磨双边 | m | 1.95 | 20 | | 39.00 | | |
| 9 | 柳桉浑水饰面门套 | 木工板、九厘板、柳桉木夹板 | $m^2$ | 2.2 | 100 | 10 | 242.00 | 20 | 44 |
| 10 | 门套油漆 | 欧龙全无苯油漆 | $m^2$ | 2.2 | 30 | 5 | 77.00 | 15 | 33.00 |
| 11 | 实芯工艺门 | 中艺木门 | 扇 | 1 | 250 | 10 | 260.00 | 30 | 30 |
| 12 | 门五金配件 | 铰链、门吸 | 套 | 1 | 40 | 10 | 50.00 | | 0.00 |
| 13 | 门油漆 | 欧龙全无苯油漆 | 扇 | 1 | 80 | 20 | 100.00 | 30 | 30.00 |
| 14 | 柳桉浑水饰面踢脚板 | 九厘板、柳桉木夹板 | m | 13.2 | 11 | 0.5 | 151.80 | 3 | 39.6 |
| 15 | 踢脚线油漆 | 欧龙全无苯油漆 | m | 13.2 | 10 | 0.5 | 138.60 | 6 | 79.2 |

续表

| 业主姓名: | | 装潢地址: | | | | | | | |
|---|---|---|---|---|---|---|---|---|---|
| 联系电话: | | BP/手机 | 编制时间 | | 2005.7 | | | | |
| 设计房型:三房两厅 | | 设计姓名 | 使用面积 | | $102m^2$ | | | | |
| 编号 | 项 目 名 称 | 主材名称品牌等级规格 | 单位 | 数 量 | 主 材 副 材 费 | | | 人工费 | |
| | | | | | 主价 | 副价 | 合 价 | 单价 | 合 价 |
| 16 | 石膏线 | | m | 14 | 6 | | 84.00 | | |
| | 小 计 | | | | | | 4338.63 | | 797.36 |
| | | | | | | | | | |
| 四 | 书房 $9.45m^2$ | | | | | | | | |
| 1 | 900×90 菠萝格地板 | 琴牌(一级品) | $m^2$ | 9.92 | 138 | 3 | 1399.07 | 8 | 79.38 |
| 2 | 木龙骨紧固件地板钉 | 烘干处理成品落叶松 | $m^2$ | 9.92 | 20 | | 198.45 | 10 | 99.225 |
| 3 | 墙顶面批嵌腻子 | 壁丽宝、胶水、沙纸 | $m^2$ | 34.73 | 3.5 | 2 | 191.01 | 3 | 104.19 |
| 4 | 墙顶面乳胶漆 | 永得丽立邦漆 | $m^2$ | 34.73 | 4 | 3.5 | 260.47 | 3 | 104.19 |
| 5 | 柳桉浑水饰面门套 | 木工板、九厘板、柳桉木夹板 | $m^2$ | 2.2 | 100 | 10 | 242.00 | 20 | 44 |
| 6 | 门套油漆 | 欧龙全无苯油漆 | $m^2$ | 2.2 | 30 | 5 | 77.00 | 15 | 33.00 |
| 7 | 实芯工艺门 | 中艺木门 | 扇 | 1 | 250 | 10 | 260.00 | 30 | 30 |
| 8 | 门五金配件 | 铰链、门吸 | 套 | 1 | 40 | 10 | 50.00 | | 0.00 |
| 9 | 门油漆 | 欧龙全无苯油漆 | 扇 | 1 | 80 | 20 | 100.00 | 30 | 30.00 |
| 10 | 柳桉浑水饰面窗套 | 木工板、九厘板、柳桉木夹板 | $m^2$ | 1.55 | 100 | 10 | 169.95 | 20 | 30.90 |
| 11 | 窗套油漆 | 欧龙全无苯油漆 | $m^2$ | 1.55 | 30 | 5 | 54.08 | 15 | 23.18 |
| 12 | 大理石窗台板(窄) | 金线米黄 | m | 1.60 | 100 | | 160.00 | 10 | 16.00 |
| 13 | 大理石磨边 | 磨 双 边 | m | 1.60 | 20 | | 32.00 | | |
| 14 | 柳桉浑水饰面踢脚板 | 九厘板、柳桉木夹板 | m | 14.2 | 11 | 0.5 | 163.30 | 3 | 42.6 |
| 15 | 踢脚线油漆 | 欧龙全无苯油漆 | m | 14.2 | 10 | 0.5 | 149.10 | 6 | 85.2 |
| 16 | 石膏线 | | m | 15 | 6 | | 90.00 | | |
| | 小 计 | | | | | | 3596.42 | | 721.85 |
| | | | | | | | | | |
| 五 | 厨房 $6.2m^2$ | | | | | | | | |
| 1 | 250×330 墙砖 | 现代(优等品) | $m^2$ | 16.80 | 58 | 18 | 1276.80 | 15 | 252 |
| 2 | 300×300 地砖 | 现代(优等品) | $m^2$ | 4.40 | 62 | 20 | 360.80 | 14 | 61.6 |
| 3 | 花 砖 | 现代(优等品) | 片 | 2.00 | 30 | | 60.00 | | |
| 4 | 上下橱柜框架 | 三聚氢氨板 | m | 6.50 | 220 | 20 | 1560.00 | 40 | 260 |
| 5 | 厂家定做门板 | 美乐通丝 | $m^2$ | 5.20 | 120 | 20 | 728.00 | 10 | 52 |
| 6 | 人造石台面 | 琦 宝 石 | m | 3.80 | 280 | | 1064.00 | 10 | 38 |
| 7 | 脱排油烟机 | 帅 康 | 台 | 1 | 590 | 20 | 610.00 | 20 | 20 |
| 8 | 铝扣板吊顶 | 莱 斯 顿 | $m^2$ | 7.25 | 75 | 15 | 652.05 | 15 | 108.68 |
| 9 | 不锈钢水斗 | 摩恩(带龙头) | 只 | 1 | 699 | 30 | 729.00 | 20 | 20 |

续表

| 业主姓名： | | 装潢地址： | | | | | | | |
|---|---|---|---|---|---|---|---|---|---|
| 联系电话： | | BP/手机 | 编制时间 | | 2005.7 | | | | |
| 设计房型：三房两厅 | | 设计姓名 | 使用面积 | | $102m^2$ | | | | |
| 编号 | 项目名称 | 主材名称品牌等级规格 | 单位 | 数量 | 主材副材费 | | | 人工费 | |
| | | | | | 主价 | 副价 | 合价 | 单价 | 合价 |
| 10 | 热水器 | 林内 10L | 台 | 1 | 1250 | 20 | 1270.00 | 20 | 20 |
| 11 | 柳桉浑水饰面门套 | 木工板、九厘板、柳桉木夹板 | $m^2$ | 2.20 | 100 | 10 | 242.00 | 20 | 52.5 |
| 12 | 门套油漆 | 欧龙全无苯油漆 | $m^2$ | 2.20 | 30 | 5 | 77.00 | 10 | 22.00 |
| 13 | 实芯工艺门 | 中艺木门 | 扇 | 1 | 250 | 10 | 260.00 | 30 | 30 |
| 14 | 门五金配件 | 铰链、门吸 | 套 | 1 | 40 | 10 | 50.00 | 0.00 | |
| 15 | 门油漆 | 欧龙全无苯油漆 | 扇 | 1 | 80 | 20 | 100.00 | 30 | 30.00 |
| | 小计 | | | | | | 9039.65 | | 966.78 |
| | | | | | | | | | |
| 六 | 主卫生间 $4.98m^2$ | | | | | | | | |
| 1 | 250×330 墙砖 | 现代(优等品) | $m^2$ | 22.48 | 58 | 18 | 1708.78 | 15 | 337.26 |
| 2 | 300×300 地砖 | 现代(优等品) | $m^2$ | 4.22 | 62 | 20 | 345.88 | 14 | 59.05 |
| 3 | 花砖 | 现代(优等品) | 片 | 2.00 | 30 | | 60.00 | | |
| 4 | 成品玻璃台盆 | 广东 | 套 | 1 | 750 | 30 | 780.00 | 20 | 20.00 |
| 5 | 马桶 | TOTO 792/7821 | 套 | 1 | 918 | 30 | 948.00 | 30 | 30.00 |
| 6 | 浴缸 | TOTO | 套 | 1 | 1100 | 50 | 1150.00 | 50 | 50.00 |
| 7 | 铝扣板吊顶 | 莱斯顿 | $m^2$ | 5.83 | 75 | 15 | 524.70 | 15 | 87.45 |
| 8 | 车边防水镜 | | 片 | 1 | 100 | | 100.00 | 20 | 20 |
| 9 | 不锈钢毛巾架纸架皂架 | | 套 | 1 | 150 | | 150.00 | 30 | 30 |
| 10 | 实芯工艺门 | 中艺木门 | 扇 | 1 | 250 | 10 | 260.00 | 30 | 30 |
| 11 | 门五金配件 | 铰链、门吸 | 扇 | 1 | 40 | 10 | 50.00 | | 0.00 |
| 12 | 门油漆 | 欧龙全无苯油漆 | 扇 | 1 | 80 | 20 | 100.00 | 30 | 30.00 |
| 13 | 柳桉浑水饰面门套 | 木工板、九厘板、柳桉木夹板 | $m^2$ | 1.96 | 100 | 10 | 215.60 | 20 | 52.5 |
| 14 | 门套油漆 | 欧龙全无苯油漆 | $m^2$ | 1.96 | 30 | 5 | 68.60 | 15 | 29.40 |
| 15 | 浴霸 | 奥普 | 个 | 1 | 460 | | 460.00 | | 0 |
| | 小计 | | | | | | 6921.56 | | 775.66 |
| | | | | | | | | | |
| 七 | 次卫生产(干湿分开)$6m^2$ | | | | | | | | |
| 1 | 250×330 墙砖 | 现代(优等品) | $m^2$ | 30.58 | 58 | 18 | 2324.08 | 15 | 458.70 |
| 2 | 300×300 地砖 | 现代(优等品) | $m^2$ | 6.30 | 62 | 20 | 516.60 | 14 | 88.20 |
| 3 | 花砖 | 现代(优等品) | 片 | 2.00 | 30 | | 60.00 | | |
| 4 | 玻璃台盆 | 广东 | 套 | 1 | 800 | 20 | 820.00 | 20 | 20.00 |

续表

| 业主姓名: | | 装潢地址: | | | | | | | |
|---|---|---|---|---|---|---|---|---|---|
| 联系电话: | | BP/手机 | 编制时间 | | 2005.7 | | | | |
| 设计房型:三房两厅 | | 设计姓名 | 使用面积 | | $102m^2$ | | | | |
| 编号 | 项目名称 | 主材名称品牌等级规格 | 单位 | 数量 | 主材副材费 | | | 人工费 | |
| | | | | | 主价 | 副价 | 合价 | 单价 | 合价 |
| 5 | 马桶 | TOTO 792/7821 | 套 | 1 | 918 | 30 | 948.00 | 30 | 30.00 |
| 6 | 铝扣板吊顶 | 莱斯顿 | $m^2$ | 6.60 | 75 | 15 | 594.00 | 15 | 99.00 |
| 7 | 车边防水镜 | | 片 | 1 | 100 | | 100.00 | 20 | 20 |
| 8 | 不锈钢毛巾架纸架皂架 | | 套 | 1 | 150 | | 150.00 | 30 | 30 |
| 9 | 实芯工艺门 | 中艺木门 | 扇 | 2 | 250 | 10 | 520.00 | 30 | 60 |
| 10 | 门五金配件 | 铰链、门吸 | 扇 | 2 | 40 | 10 | 100.00 | | 0.00 |
| 11 | 门油漆 | 欧龙全无苯油漆 | 扇 | 2 | 80 | 20 | 200.00 | 30 | 60.00 |
| 12 | 柳桉浑水饰面门套 | 木工板、九厘板、柳桉木夹板 | $m^2$ | 3.92 | 100 | 10 | 431.20 | 20 | 52.5 |
| 13 | 门套油漆 | 欧龙全无苯油漆 | $m^2$ | 3.92 | 30 | 5 | 137.20 | 15 | 58.80 |
| 14 | 浴霸 | 奥普 | 个 | 1 | 460 | | 460.00 | | 0 |
| 15 | 8mm钢化玻璃冲淋房 | | $m^2$ | 3.6 | 320 | | 1152.00 | | |
| | 小计 | | | | | | 8513.08 | | 977.20 |
| | | | | | | | | | |
| 八 | 大阳台 $6.8m^2$ | | | | | | | | |
| | 300×300地砖 | 广东佛山 | $m^2$ | 7.14 | 28 | 20 | 342.72 | 14 | 99.96 |
| | 小计 | | | | | | 342.72 | | 99.96 |
| | | | | | | | | | |
| 九 | 小阳台 $2m^2$ | | | | | | | | |
| | 300×300地砖 | 广东佛山 | $m^2$ | 2.10 | 28 | 20 | 100.80 | 14 | 29.40 |
| | 小计 | | | | | | 100.80 | | 29.40 |
| | | | | | | | | | |
| 十 | 水电排放安装 | | | | | | | | |
| 1 | 敲墙 | | 项 | 1 | 300 | | 300 | | |
| 2 | 电线电料(增加部分) | 熊猫牌 | 项 | 1 | 600 | | 600 | 600 | 600 |
| 3 | 有线电视电话线 | | 项 | 1 | 200 | | 200 | | |
| 4 | 开关面板(约75个) | TCL | 项 | 1 | 1300 | | 1300 | 150 | 150 |
| 5 | 白碟PP-R冷热水管 | | 项 | 1 | 1200 | | 1200 | 150 | 150 |
| 6 | 煤气管 | | 项 | 1 | 60 | | 60 | 20 | 20 |
| 7 | 龙头四件套 | 绿太阳 | 项 | 1 | 1100 | | 1100 | 80 | 80 |
| 8 | 墙体打洞 | | 项 | 1 | 200 | | 200 | | |
| 9 | 灯具灶头门锁 | 客户自备 | 项 | 1 | | | | 100 | 100 |
| 10 | 垃圾清理费(小区内) | | 项 | 1 | 150 | | 150 | | |

续表

| 业主姓名: | | 装潢地址: | | | | | | | |
|---|---|---|---|---|---|---|---|---|---|
| 联系电话: | | BP/手机 | 编制时间 | | 2005.7 | | | | |
| 设计房型:三房两厅 | | 设计姓名 | 使用面积 | | $102m^2$ | | | | |
| 编号 | 项目名称 | 主材名称品牌等级规格 | 单位 | 数量 | 主材副材费 | | | 人工费 | |
| | | | | | 主价 | 副价 | 合价 | 单价 | 合价 |
| 11 | 材料搬运费 | | 项 | 1 | | | | | 300 |
| | 小计 | | | | | | 5410.00 | | 1400 |
| | | | | | | | | | |
| (一) | 材料费 | | 元 | | | | 57847.95 | | |
| (二) | 人工费 | | 元 | | | | | | 10364 |
| (三) | 管理费 | (材料费+人工费)×3% | 元 | | | | 2046.36 | | |
| (四) | 设计费 | | | | | | 0 | | |
| (五) | 税金3.41% | (一)+(二)+(三)+(四)×3.41% | | | | | 2395.81 | | |
| (六) | 工程总造价 | (一)+(二)+(三)+(四)+(五) | 元 | | | | 72654.12 | | 69949.28 |

# 实训课题

1. 实训目的

熟悉住宅建筑装饰装修工程预算的编制方法,并能熟练编制一般住宅建筑装饰装修工程的预算。

2. 实训条件

如图2-2所示某居室平面布置图,立面设计图自定,材料自定。

3. 实训内容及深度

(1)画出各房间的立面图及节点详图并标出材料的名称(3号施工图,比例自定)。

(2)编制该住宅工程的装饰装修预算。

(3)预算的编制方法:参照现行的定额编制。

# 思考题与习题

1. 简述住宅建筑装饰装修工程预算的内容。
2. 简述住宅建筑装饰装修工程预算的编制方法。
3. 在编制住宅建筑装饰装修工程预算时应注意哪些问题?

# 主要参考文献


1 建筑装饰构造.建筑装饰构造资料集.北京:中国建筑工业出版社,1991
2 冯美宇主编.建筑装饰装修构造.北京:机械工业出版社,2004
3 刘钦主编.工程招投标与合同管理.北京:高等教育出版社,2003
4 王朝熙主编.装饰工程手册.北京:中国建筑工业出版社,1991
5 徐长玉主编.家居装饰施工.北京:机械工业出版社,2003
6 朱治安主编.建筑装饰施工组织与管理.天津:天津科技出版社,1997
7 [美]约翰·派尔著.刘先觉等译.世界室内设计史.北京:中国建筑工业出版社,2003
8 刘甦编著.室内装饰工程制图.北京:中国轻工业出版社,2001
9 许亮,董万里编著.室内环境设计.重庆: 重庆大学出版社,2003
10 肖佳主编.计算机绘图.北京:中国铁道出版社,2000
11 孙鲁,甘佩兰主编.建筑装饰制图与构造.北京:高等教育出版社,1999
12 鲍国芳,堵效才等编著.现代家居装修全程指南.北京:机械工业出版社,2004
13 上海市室内装饰行业协会编著.居室环境篇.南京:东南大学出版社,2003
14 王海平,董少峰编著.室内装饰工程手册.北京:中国建筑工业出版社,1992
15 沈默编著.绿色家装.北京:地震出版社,2001
16 朱维益编.家庭居室装修.北京:中国建筑工业出版社,1999
17 来增祥,陆震纬编著.室内设计原理.北京:中国建筑工业出版社,1996
18 杨昭富主编.家庭装饰装修实用指南.北京:中国建筑工业出版社,2001
19 陈军,胡剑虹主编.住宅装修大全.南京:江苏科学技术出版社,2002